输电线路三维设计

李 炜 王红训 张要强 编著

吉林科学技术出版社

图书在版编目（CIP）数据

输电线路三维设计 / 李炜，王红训，张要强编著
. -- 长春：吉林科学技术出版社，2019.8
ISBN 978-7-5578-5769-1

Ⅰ. ①输… Ⅱ. ①李… ②王… ③张… Ⅲ. ①输电线
路—电路设计 Ⅳ. ① TM726

中国版本图书馆 CIP 数据核字（2019）第 160700 号

输电线路三维设计

编　著	李　炜　　王红训　　张要强	
出版人	李　梁	
责任编辑	端金香	
封面设计	刘　华	
制　版	王　朋	
开　本	185mm×260mm	
字　数	360 千字	
印　张	16.25	
版　次	2019 年 8 月第 1 版	
印　次	2019 年 8 月第 1 次印刷	
出　版	吉林科学技术出版社	
发　行	吉林科学技术出版社	
地　址	长春市福祉大路 5788 号出版集团 A 座	
邮　编	130118	
发行部电话/传真	0431—81629529　　81629530　　81629531	
	81629532　　81629533　　81629534	
储运部电话	0431—86059116	
编辑部电话	0431—81629517	
网　址	www.jlstp.net	
印　刷	北京宝莲鸿图科技有限公司	
书　号	ISBN 978-7-5578-5769-1	
定　价	65.00 元	

编委会

前　言

　　随着国民经济快速增长，各地电网建设迅猛发展，从过去的"几年建一条线路"到现在的"一年建几条线路"实现了跨越式发展：供电可靠性进一步提高，电网输送能力大大增强。"数字电力"也在不断地发展和完善。

　　本书分为三大部分，先概述了输电线路的基本知识，包括各种概念与理论，又从输电线路的测量、规划设计以及高压、架空输电线路设计几方面研究不同输电线路的设计方法与技术。之后重点阐述三维3S、GIS、RS等技术在输电线路设计与管理系统中的研究与应用，有针对地对输电线路计算机辅助设计与无人机影像在输电线路工程中的应用进行探讨，为我国数字电网的发展与规范做出突出贡献。

目　录

第一章　输电线路的基本知识

第一节　输电线路的分类与结构

　　输电线路是连接发电厂与变电所（站）的传送电能的电力线路，输电线路按架设方式可分为架空线路和电缆线路两类。架空线路的导线和避雷线架设在露天的杆塔上，电缆线路是把电缆埋在地下或敷设在沟道中。

　　由于架空线路的建设费用比电缆线路低得多，且施工、维护及检修方便。因此，不管是输电线路还是配电线路，多数都采用架空线路。当受环境限制不能采用架空线路时，才考虑采用电缆线路，如大城市配电系统难以解决线路所需的走向，或为了保持环境美观时，要求采用地下电缆网。下面主要介绍输电线路的结构和组成元件的作用。

一、电压等级

　　输电的基本过程是创造条件使电磁能量沿着输电线路的方向传输。线路输电能力受到电磁场及电路的各种规律的支配，以大地电位作为参考点（零电位），线路导线均需处于由电源所施加的高电压下，称为输电电压。

　　输电线路在综合考虑技术、经济等各项因素后所确定的最大输送功率，称为该线路的输送容量。输送容量大体与输电电压的平方成正比，因此，提高输电电压是实现大容量或远距离输电的主要技术手段，也是输电技术发展水平的主要标志。

　　从发展过程看，输电电压等级大约以两倍的关系增长。当发电量增至 4 倍左右时，即出现一个新的更高的电压等级。通常将 35 ~ 220KV 的输电线路称为高压线路 (HV)，330 ~ 750KV 的输电线路称为超高压线路 (EHV)，750KV 以上的输电线路称为特高压线路 (UHV)。一般地说，输送电能容量越大，线路采用的电压等级就越高。采用超高压输电，可有效地减少线损，降低线路单位造价，少占耕地，使线路走廊得到充分利用。我国第一条世界上海拔最高的"西北 750KV 输变电示范工程"——青海官亭至甘肃兰州东 750KV 输变电工程，于 2005 年 9 月 26 日正式投入运行。"1000KV 交流特高压试验示范工程"——晋东南—南阳—荆门 1000KV 输电线路工程，于 2006 年 8 月 19 日开工建设。该工程起自晋东南 1000KV 变电站，经南阳 1000KV 开关站，止于荆门 1000KV 变电站，线路路径全长约 650.677Km。

此外，还有 ±500kV 高压直流输电线路、±800kV 特高压直流输电示范工程。±500kV 主要有葛洲坝——上海南桥线、天生桥——广州线、贵州——广东线、三峡——广东线。向家坝-上海 ±800kV 特高压直流输电示范工程是我国首个特高压直流输电示范工程。工程由我国自主研发、设计、建设和运行，是目前世界上运行直流电压最高、技术水平最先进的直流输电工程。

二、输电种类

目前广泛应用三相交流输电，频率为 50 赫（或 60 赫）。20 世纪 60 年代以来直流输电又有新发展，与交流输电相配合，组成交直流混合的电力系统。

（一）按照输送电流的性质，输电分为交流输电和直流输电。19 世纪 80 年代首先成功地实现了直流输电，但由于直流输电的电压在当时技术条件下难于继续提高，以致输电能力和效益受到限制。19 世纪末，直流输电逐步为交流输电所代替。交流输电的成功，迎来了 20 世纪电气化社会的新时代 20 世纪 60 年代以来直流输电又有新发展，与交流输电相配合，组成交直流混合的电力系统。

1. 从经济方面考虑，直流输电有如下优点

（1）线路造价低。对于架空输电线，交流用三根导线，而直流一般用两根采用大地或海水作回路时只要一根，能节省大量的线路建设费用。对于电缆，由于绝缘介质的直流强度远高于交流强度，如通常的油浸纸电缆，直流的允许工作电压约为交流的 3 倍，直流电缆的投资少得多。

（2）年电能损失小。直流架空输电线只用两根，导线电阻损耗比交流输电小；没有感抗和容抗的无功损耗；没有集肤效应，导线的截面利用充分。另外，直流架空线路的"空间电荷效应"使其电晕损耗和无线电干扰都比交流线路小。

所以，直流架空输电线路在线路建设初投资和年运行费用上均较交流经济。

2. 直流输电在技术方面有如下优点

（1）不存在系统稳定问题，可实现电网的非同期互联，而交流电力系统中所有的同步发电机都保持同步运行。直流输电的输送容量和距离不受同步运行稳定性的限制，还可连接两个不同频率的系统，实现非同期联网，提高系统的稳定性。

（2）限制短路电流。如用交流输电线连接两个交流系统，短路容量增大，甚至需要更换断路器或增设限流装置。然而用直流输电线路连接两个交流系统，直流系统的"定电流控制"将快速把短路电流限制在额定功率附近，短路容量不因互联而增大。

（3）调节快速，运行可靠。直流输电通过可控硅换流器能快速调整有功功率，实现"潮流翻转"（功率流动方向的改变），在正常时能保证稳定输出，在事故情况下，可实现健

全系统对故障系统的紧急支援，也能实现振荡阻尼和次同步振荡的抑制。在交直流线路并列运行时，如果交流线路发生短路，可短暂增大直流输送功率以减少发电机转子加速，提高系统的可靠性。

（4）没有电容充电电流。直流线路稳态时无电容电流，沿线电压分布平稳，无空、轻载时交流长线受端及中部发生电压异常升高的现象，也不需要并联电抗补偿。

（5）节省线路走廊。按同电压 500kV 考虑，一条直流输电线路的走廊 -40m，一条交流线路走廊 -50m，而前者输送容量约为后者 2 倍，即直流传输效率约为交流 2 倍。

3. 下列因素限制了直流输电的应用范围

（1）换流装置较昂贵；这是限制直流输电应用的最主要原因。在输送相同容量时，直流线路单位长度的造价比交流低，而直流输电两端换流设备造价比交流变电站贵很多。这就引起了所谓的"等价距离"问题。

（2）消耗无功功率多。一般每端换流站消耗无功功率约为输送功率的 40% ~ 60%，需要无功补偿。

（3）产生谐波影响。换流器在交流和直流侧都产生谐波电压和谐波电流，使电容器和发电机过热、换流器的控制不稳定，对通信系统产生干扰。

（4）缺乏直流开关。直流无波形过零点，灭弧比较困难。目前把换流器的控制脉冲信号闭锁，能起到部分开关功能的作用，但在多端供电式，就不能单独切断事故线路，而要切断整个线路。

（5）不能用变压器来改变电压等级

直流输电主要用于长距离大容量输电、交流系统之间异步互联和海底电缆送电等。与直流输电比较，现有的交流 500kV 输电（经济输送容量为 1000kW、输送距离为 300 ~ 500km）已不能满足需要，只有提高电压等级，采用特高压输电方式，才能获得较高的经济效益。

4. 特高压交流输电的主要优点为

（1）提高传输容量和传输距离。随着电网区域的扩大，电能的传输容量和传输距离也不断增大，所需电网电压等级越高，紧凑型输电的效果越好。

（2）提高电能传输的经济性。输电电压越高输送单位容量的价格越低。

（3）节省线路走廊。一般来说，一回 1150kV 输电线路可代替 6 回 500kV 线路。采用特高压输电提高了走廊利用率。

特高压输电的主要缺点是系统的稳定性和可靠性问题不易解决。自 1965 ~ 1984 年世界上共发生了 6 次交流大电网瓦解事故，其中 4 次发生在美国，2 次在欧洲。这些严重的大电网瓦解事故说明采用交流互联的大电网存在着安全稳定、事故连锁反应及大面积停电等难以解决的问题。特别是在特高压线路出现初期，不能形成主网架，线路负载能力较低，电源的集中送出带来了较大的稳定性问题。下级电网不能解环运行，导致不能有效降低受端电网短路电流，这些都威胁着电网的安全运行。另外，特高压交流输电对环境影响较大。

由于交流特高压和高压直流各有优缺点，都能用于长距离大容量输电线路和大区电网间的互联线路，两者各有优缺点。输电线路的建设主要考虑的是经济性，而互联线路则要将系统的稳定性放在第一位。随着技术的发展，双方的优缺点还可能互相转化。两种输电技术将在很长一段时间里并存且有激烈的竞争。

（二）按照结构形式，输电线路可分为架空输电线路和电缆线路。

三、架空线路结构

架空线路由导线、避雷线（又称架空地线）、杆塔、绝缘子和金具等部件组成，它们的作用分别是：导线用来传导电流，输送电能；避雷线用来保护导线不受直接雷击；杆塔用来支持导线和避雷线，并使之对地及相间保持一定的安全距离；绝缘子用来使导线与杆塔间保持绝缘以及金具是起悬挂、耐张、固定、防震、连接等作用的金属部件。

（一）导线

对导线的主要要求是有良好的导电性能、足够的机械强度和抗腐蚀性能等。导线常用的材料有铜、铝和钢，在特殊条件下也使用铝合金。

铜的导电性能好，耐腐蚀、抗拉强度高，是理想的导电材料，但铜产量少，价格高，在我国只用于制造工业。除特殊地区外，一般不用铜材料作导线。

铝的导电性能也比较好，比重小，价格低。但铝材的机械强度差，并且其抗腐蚀能力也较差，因此一般用在挡距较小的 10kV 及以下电压等级的线路上，在沿海地区与化工厂附近不宜采用。

钢材的导电性能差，但机械强度大，一般用在跨越山谷、江河等承受大拉力的挡距中。

由于多股导线优于单股导线，架空线路大多是采用绞合的多股导线。为了充分利用铝与铜的优点，把两者结合制成了铝绞线，即将铝线绕在单股或多股钢线外层作为主要截流部分，机械负载则由钢芯和铝绞线共同承担。由于交流电的集肤效应，铝线在导电方面得到了充分利用。钢芯铝绞线被广泛地应用在 35kV 以上电压等级的线路上。

为了防止电晕和减少线路感抗，220kV 以上的输电线路常采用分裂导线，扩径导线和空心导线等。

（二）避雷线

避雷线架设在杆塔顶部，一般采用钢绞线，在某些情况下也用铝包钢线，其截面大小与导线相配合。在正常运行时，无电流通过；当雷击在避雷线上时，通过杆塔上的金属部分和埋在地下的接地装置将雷电流引入在地，使线路绝缘免遭大地过电压的破坏。

（三）杆塔

1.按所用材料对杆塔进行分类：可分为木杆、铁杆和钢筋混凝土杆。木杆易腐、易燃、强度低，目前已很少使用。铁塔由许多钢制构件组成，机械强度高，使用寿命长，运输安装方便，可用在大跨越、超高压输电线路，以及某些线路需要耐张、转角、换位等功能的杆塔上，但耗用钢材多，造价高，维护工作量大。钢筋混凝土杆采用分段制造、现场组装、寿命长、维护工作量大，但其质量大、不易运输。

2.按用途对杆塔进行分类：可分为直线杆塔、耐张杆塔、转角杆塔、终端杆塔、换位杆塔、跨越杆塔等。

直线杆塔又称为中间杆塔，用于线路走向成直线处，正常时只承担导线自重、露冰和风压，基本上不承担线路方向的拉力。在直线杆塔上，其绝缘子串和导线相互垂直。在线路上直线杆塔用得最多，通常约占线路杆塔总数的 80% 左右。

耐张杆塔又称承力杆塔，用来承受对导线的拉力。用它将线路分隔成若干个耐张段，这样可使断线故障的影响范围被限制在其断点所在的耐张段内，同时还便于施工和检修，在耐张杆塔上，两侧的导线是通过跳线连接的。

转角杆塔用在线路转角处。转角杆塔两侧导线拉力不在一条直线上，若做成耐张杆塔形式，杆塔外形和耐张杆塔相似，仅导线走向有转折；若做成直线杆塔形式，杆塔外形和直线杆塔相似，区别仅是绝缘子串不完全垂直地面且略有偏斜。前者用于转角较大处，后者则用于转角较小处。

终端杆塔是设置在进入发电厂或变电所线路末端的杆塔，它要求承受最初或最末一个耐张段中导线的拉力，承受的是线路单身的拉力，做成耐张型。

由于三相导线在杆塔上的排列常常是不对称的，所以会造成三相导线的感抗和容抗不对称，从而对线路运行和附近的通信线路带来不良影响，这就需要每隔一定距离将三相导线换位，就需要换位杆。

线路跨越河流，山谷等处时，由于跨越距离很大，就需要采用特殊设计的跨越杆塔。跨越杆塔的高度一般较高，因地形不同，有高达一二百米的。

（四）绝缘子

架空线路使用的绝缘子有针式、悬式和瓷横担等形式。针式绝缘子使用在电压不超过35kV 的线路上。悬式绝缘子是成串使用的绝缘子，用于电压为 35kV 及以上的线路上。

绝缘子所在的线路电压不同，每串绝缘子的片数也不同，直线杆塔上绝缘子片数与电压等级的关系如下表：

直线杆塔的悬式绝缘子片数与所在的线路电压的关系

同一电压等级的耐张型杆塔的绝缘子片数要比直线杆塔的片数多，通常 110kV 及以下线路耐张型杆塔的绝缘子片数要比直线杆塔的数量多一片，220kV 及以上线路的绝缘子片数要比直线杆塔的多 2 片。

瓷横担绝缘子的两端是金属做的，中间是瓷质做的，具有绝缘子和杆塔横担的双重作用。目前，瓷横担绝缘子使用于 35kV 及以下电压的线路上。

（五）金具

架空线路广泛使用的铁制或铝制金具附件，统称金具。金具的种类繁多，用途各异，常用的金具有悬垂线夹、耐张线夹、接续金具、防震金具等。

四、电缆线路的结构

电缆线路由电缆、电缆附件及线路构筑物组成，电缆是线路的主体，用来传输和分配电能；电缆附件（如电缆头、电抗器等）起连接电缆、绝缘和密封保护作用；线路构筑物（如引入管、电缆杆、电缆井等）用来支持和电缆和安装电缆。

电缆的结构主要包括导体、绝缘层和保护层。输电线路是连接发电厂与变电所（站）的传送电能的电力线路，输电线路按架设方式可分为架空线路和电缆线路两类。架空线路的导线和避雷线架设在露天的杆塔上，电缆线路是把电缆埋在地下或敷设在沟道中。

由于架空线路的建设费用比电缆线路低得多，且施工、维护及检修方便，因此，不管是输电线路还是配电线路，多数都采用架空线路。当受环境限制不能采用架空线路时，才考虑采用电缆线路，如大城市配电系统难以解决线路所需的走向，或为了保持环境美观时，要求采用地下电缆网。下面主要介绍输电线路的结构和组成元件的作用。

第二节　导线和地线

一、导线

（一）导线的相关概念

导线是将一系列测量控制点，依相邻次序连接而构成折线形式的平面控制图形。由一系列导线元素构成：导线点，是导线上的已知点和待定点；导线边，是连接导线点的折线边；导线角，指导线边之间所夹的水平角。与已知方向相连接的导线角称为连接角（亦称定向角）。导线角按其位于导线前进方向的左侧或右侧而分别称为左角或右角，并规定左角为正、右角为负；单一导线与导线网，其区别在于前者无结点，而后者具有结点。单一导线可布设成：附合导线，起始于一个已知点而终止于另一个已知点；闭合导线，起闭于同一个已知点；支导线，是从一个已知点出发，既不符合于另一个已知点，也不闭合于同一个已知点。导线网可布设为：附合导线网，具有一个以上已知点或具有其他符合条件；自由导线网，网中仅有一个已知点和一个起始方位角而不具有符合条件。

导线点是在地面上选系列的点（通常在点上设置测量标志），连成折线，依次测量各折线边的长度和转折角，这条线称为导线，这些点称为导线点。量出相邻两点间的水平距离及相邻两直线间的水平角，即可确定导线点平面位置。

（二）导线测量

导线测量是指将一系列测点依相邻次序连成折线形式，并测定各折线边的边长和转折角，再根据起始数据推算各测点平面坐标的技术与方法。

1. 简述

在测区范围内的地面上按一定要求选定的具有控制意义的点子称为控制点。将测区内相邻控制点连成直线所构成的折线称为导线，其中的控制点也称为导线点，折线边也称为导线边。导线测量就是依次测定各导线边的长度和各转折角值，再根据起始数据，推算各边的坐标方位角，求出各导线点的坐标，从而确定各点平面位置的测量方法。导线测量在建立小地区平面控制网中经常采用，尤其在地物分布较复杂的建筑区、视线障碍较多地隐蔽区及带状地区常采用这种方法。

使用经纬仪测量转折角，用钢尺测定边长的导线，称为经纬仪导线。若使用光电测距仪或全站仪测定导线边长，则称为电磁波测距导线。

导线测量平面控制网根据测区范围和精度要求分为一级、二级、三级和图根 4 个等级。

2. 导线布设形式

将相邻控制点连成直线所构成的折线称为导线，相应的控制点称为导线点。导线测量就是依次测定导线边的水平距离与两相邻导线边的水平夹角。根据起算数据，推算各边的方位角，求出导线点的平面坐标。

按照不同的情况和要求，单一导线可布设为附合导线、闭合导线和支导线。它是建立小地区平面控制网的常用方法，常用于地物分布复杂的建筑区，视线障碍多的隐蔽区和带状区。

（1）附合导线：导线起始于一个已知控制点 B 而终止于另一个已知控制点 C，已知控制点 E 可以有一条或几条定边与之相连接，也可以没有定向边与之相连接。该导线形式具有 3 个检核条件，包括 1 个坐标方位角条件和 2 个坐标增量条件。

（2）闭合导线：由一个已知控制点 A 出发，最终又回到这一点，形成一个闭合多边形在闭合导线的已知控制点上至少应有一条定向边与之相连接。该导线形式具有 3 个检核条件，包括 1 个多边形内角和条件和 2 个坐标增量条件。

（3）支导线：从一个已知控制点 c 出发，既不符合于另一个已知控制点，也不闭合于原来的起始控制点。由于支导线缺乏检核条件，故一般只限于在地形测量的图根导线中采用。

3. 外业

（1）导线施测前的准备工作

1）业务准备

①学习技术设计书，了解工程的性质、来源、目的、技术要求、质量要求、工期要求等。

②学习所涉及的各工程类别的相关规范，了解基本技术要求。

③学习各工种操作、配合基本要求。

④依据设计书要求，在已有的地形图上大概设计出导线点位。

⑤检查已知点平面成果的投影带号是否正确，各批已知点成果坐标系统是否统一，水准点等已知点高程系统与设计要求是否一致。

2）仪器设备检查及生产资料准备

①了解经纬仪、全站仪等型号，测距、测角精度，检查仪器加常数、乘常数等参数设置是否正确。

②在平坦的地面上钢尺量距4~5m，用全站仪测量平距，检查棱镜常数是否设置正确。若有问题应及时向生产负责人汇报，以获得正确棱镜常数，重新设置。

③实测前检验仪器在经过长途搬运后各项指标是否正常。

④检查棱镜、觇板、基座、脚架是否正常，数量是否满足生产要求。

⑤检查记录手簿是否带够。若为电子手簿，应熟悉记录手簿软件，检查软件运行情况台式机数据传输情况等。

⑥检查辅助测量的物品是否齐备，如记录板、铅笔、钢卷尺、做标记的红布、木桩、油漆、毛笔等。

⑦全站仪及对讲机等需充电设备应及时充电。

（2）导线测量的外业工作

导线测量的外业工作主要有踏勘选点并建立标志、测量导线边长、测量转折角和连接测量。

1）踏勘选点并建立标志：首先调查搜集测区已有地形图和高一级的控制点的成果资料，然后将控制点展绘在地形图上，并在地形图上拟定出导线的布设方案，最后到野外去踏勘，实地核对、修改、落实点位并建立标志。若测区没有地形图资料，则需到现场详细踏勘。根据已知控制点的分布、测区地形条件及测图和施工需要等具体情况，合理选定导线点的位置。实地选点时应注意以下几点：

①使相邻点间通视良好，地势平坦，方便测角和量距。

②将点位选在土质坚实处，便于安置仪器和保存标志。

③点所在处应视野开阔，便于进行碎部测量。

④导线点的密度应够，分布较均匀，便于控制整个测区。

⑤视线中间应无隆起，视线距地面最低不少于2m。

⑥ 导线各边长应大致相等，相邻边长的长度尽量不要相差太大，导线边长应符合有关技术要求。

选定导线点后，应马上建立标志。若是临时性标志，通常在各个点位处打上大木桩，在桩周围浇灌混凝土，并在桩顶钉一小钉；若导线点需长时间保存，就应埋设混凝土桩或石桩，桩顶刻"十"字，作为永久性标志。为了便于寻找，导线点还应统一编号，并做好点之记，即绘一草图，注明导线点与附近固定而明显的地物点的尺寸及相互位置关系。

2）测量导线边长：可用光电测距仪（或全站仪）测定导线边长，测量时要同时观测竖直角，供倾斜改正用。若用钢尺量距，钢尺使用前须进行检定，并按钢尺量距的精密方法进行量距。

3）测量导线转折角：导线转折角分左角和右角，在导线前进方向右侧的转折角为右角，在导线前进方向左侧的转折角为左角。可用测回法测量导线转折角，一般在闭合导线中均测内角，若导线前进方向为顺时针则为右角，若导线前进方向为逆时针则为左角；在附合导线中常测左角，也可测右角，但要统一；在支导线中既要测左角也要测右角，以便进行检核。各等级导线测角时应符合其相应的技术要求。

4）连接测量：当导线与高级控制点连接时，须进行连接测量，即进行连接边和连接角测量，作为传递坐标方位角和坐标的依据。若附近没有高级控制点，则应用罗盘仪施测导线起始边的磁方位角，并假定起始点的坐标作为起算数据。

（3）内业计算

内业计算的目的就是通过计算来消除各观测值之间的矛盾，最终求得各点的坐标。借助计算器进行手工计算的步骤和方法如下。

1）计算前的准备工作

① 检查外业观测手簿（包括水平角观测、边长观测、磁方位角观测等），确认观测、记录及计算成功正确无误。

② 绘制导线略图。略图是一种示意图，绘图比例尺、线划粗细没有严格要求，但应注意美观、大方，大小适宜，与实际图形保持相似，且与实地方位大体一致。所有的已知数据（已知方位角、已知点坐标）和观测数据（水平角值、边长）应正确抄录于图中，注意字迹工整，位置正确。

③ 绘制计算表格。在对应的列表中抄录已知数据和观测数据，应注意抄录无误。在点名或点号一列应按推算坐标的顺序填写点名或点号。

2）闭合导线计算

① 准备工作：将校核过的外业观测数据及起算数据填入闭合导线坐标计算表中。

② 角度闭合差的计算与调整。

③ 用改正后的转折角推算各边的坐标方位角。

④ 坐标增量闭合差的计算与调整。

3）附合导线计算

附合导线的计算步骤与闭合导线基本相同，只是角度闭合差及坐标增量闭合差的计算公式有区别。

① 角度闭合差的计算。

② 坐标增量闭合差的计算。

4）支导线计算

由于支导线既不回到原起始点上，又不符合到另一个已知点上，因此支导线没有检核限制条件，也就不需要计算角度闭合差与坐标增量闭合差，只要根据已知边的坐标方位角和已知点的坐标，由外业测定的转折角和导线边长，直接计算各边的方位角及各边坐标增量，最后推算出待定导线点的坐标即可。

二、地线

地线是在电系统或电子设备中，接大地、接外壳或接参考电位为零的导线。一般电器上，地线接在外壳上，以防电器因内部绝缘破坏外壳带电而引起的触电事故。地线是接地装置的简称。地线又分为工作接地和安全性接地。为防止人们在使用家电及办公等电子设备时发生触电事故而采取的保护接地，就是一种安全性接地护线。

（一）定义

地线是在电系统或电子设备中，接大地、接外壳或接参考电位为零的导线。一般电器上，地线接在外壳上，以防电器因内部绝缘破坏外壳带电而引起的触电事故。

地线的符号是 E(Earth Wire)；可分为供电地线、电路地线两种。按我国现行标准，GB2681 中第三条依导线颜色标志电路时，一般应该是相线—A 相黄色，B 相绿色，C 相红色。零线—淡蓝色，地线是黄绿相间。如果是三孔插座，左边是零线，中间（上面）是地线，右边是火线。

（二）三脚插头

三个脚中较长的脚是接地的，可称作接地脚，另外两个较短的脚是把家用电器接入电路，可称它们为导电脚。在设计电源插头时，为考虑到使用者的安全，有意识地将接地脚设计得比导电脚长几个毫米。这是因为在插入三脚插头时，接地脚先接触插座内的接地线，这样可先形成接地保护，后接通电源；反之，在拔出三脚插头时，导电脚先与电源插座内的导电端分开，接地脚后断开。如果家用电器的金属外壳由于绝缘体损坏等原因而带电，这时接地脚就会形成接地短路电流，使家用电器的金属外壳接地而对地放电，从而使人不被触电，起到安全保护地作用。

（三）分类

地线是接地装置的简称。地线又分为工作接地和安全性接地。为防止人们在使用家电及办公等电子设备时发生触电事故而采取的保护接地，就是一种安全性接地护线。安全性接地一般包括是防雷击接地和防电磁辐射接地。

1. 工作接地

工作接地是把金属导体铜块埋在土壤里，再把它的一点用导线引出地面，用它完成回路使设备达到性能要求的接地线。地线要求接地电阻 ≤4Ω。如六七十年代农村家家户户使用的广播有一根地线，并且在接地处要经常用水淋湿。

2. 安全性接地

用电规程规定保护接地电阻应 ≤4Ω，而人体的电阻一般大于 2000Ω，根据欧姆定律，绝缘损坏时通过人体的电流仅为总电流的 1/500，进而起到保护作用。家用电器和办公设备的金属外壳都设有接地线，如其绝缘损坏外壳带电，则电流沿着安装的接地线泄入大地，以达到安全的目的，否则会给人身安全造成危害。

防雷击接地为防止在雷雨季节，高大建筑物、各类通信系统以及架于建筑物上的各种天线和其他一些设施被雷击，需加装避雷针，然后用导线将其引到安装的防雷击接地系统。

另外，还有防电磁辐射接地。在一些重要部门为防止电磁干扰，对电子设备加装屏蔽网，安装的屏蔽网要接入相应的接地系统，并要求接地电阻 ≤4Ω。

（四）地线与零线的区别和特点

在 TN-S 供电系统中，一般情况下居民用电负载是不相同的，即三相负载不平衡。三相变压器一般采用 Y-YN0 接线，变压器的三相绕组的中性点接在一起，并且接地，这条线引出来就是零线 (N)。零线的干线部分也叫中线，中线保证了三相不平衡负载每一项的电压相等，都等于 220V，故中线上，不许安装保险丝或开关。这三相四线 (U、V、W、N) 从配电房来到民用建筑，每一幢建筑物正常的情况下都要有符合国家技术标准的接地装置，从接地装置拉出来的线就是地线 (PE)。一般在建筑物的一楼，地线和从配电房过来的零线，合二为一地连接在一起，然后又一分为二变为零线和地线提供给大楼的每一个单元，这样做的目的是让中线（零线的干线部分）重复接地，提高系统的接零保护水平，减轻故障时的触电危险。按国家标准要求零线用蓝色的外皮而地线是用黄绿双色线的外皮。

综上所述零线就是变压器的中性点接地所拉出来的线，而地线就是建筑物接地装置所拉出来的线。正常情况下，零线的干线部分将通过较小的不平衡电流，但每一项零线所通过的电流和这一相火线所通过的电流是相等的，而地线是没有任何电流通过的，和地线相连接的电气设备金属外壳在正常运行时不带电位。零线和地线不可以对调，如果对调漏电保护开关将会动作，切断电源。

（五）地铁架空地线雷电防护作用研究

文献采用电气几何模型法，研究得出架空地线安装位置与雷击闪电次数、避雷器放电电流的关系，提出了架空地线防雷接地解决措施，最后提出工程应用建议。并得出了以下结论：

1. 地铁架空地线可降低接触网雷击闪电次数，且导线高度越高时效果越明显，地铁工程中利用架空地线进行雷电防护是有益的。

2. 架空地线安装在导线上方和安装在支柱顶部时接触网总闪络次数差别不大，工程中推荐采用安装在支柱顶部方案。

3. 架空地线对保护绝缘子用带串联间隙金属氧化物避雷器的动作冲击电流具有分流作用，架空地线安装在支柱顶部高度以绕击的次数低于 0.1 次 /100km·a（以 40 个雷暴日计）为指标进行校验取值，推荐安装位置为高出导线 1m。

第三节　绝缘子和绝缘子串

一、绝缘子

安装在不同电位的导体或导体与接地构件之间的能够耐受电压和机械应力作用的器件。绝缘子种类繁多，形状各异。不同类型绝缘子的结构和外形虽有较大差别，但都是由绝缘件和连接金具两大部分组成的。

绝缘子是一种特殊的绝缘控件，能够在架空输电线路中起到重要作用。早年间绝缘子多用于电线杆，慢慢发展于高型高压电线连接塔的一端挂了很多盘状的绝缘体，它是为了增加爬电距离的，通常由玻璃或陶瓷制成，就叫绝缘子。绝缘子不应该由于环境和电负荷条件发生变化导致的各种机电应力而失效，否则绝缘子就不会产生重大的作用，就会损害整条线路的使用和运行寿命。

（一）分类

绝缘子按安装方式不同，可分为悬式绝缘子和支柱绝缘子；按照使用的绝缘材料的不同，可分为瓷绝缘子、玻璃绝缘子和复合绝缘子（也称合成绝缘子）；按照使用电压等级不同，可分为低压绝缘子和高压绝缘子；按照使用的环境条件的不同，派生出污秽地区使用的耐污绝缘子；按照使用电压种类不同，派生出直流绝缘子；尚有各种特殊用途的绝缘子，如绝缘横担、半导体釉绝缘子和配电用的拉紧绝缘子、线轴绝缘子和布线绝缘子等。此外，按照绝缘件击穿可能性不同，又可分为 A 型即不可击穿型绝缘子和 B 型即可击穿型绝缘子两类。

悬式绝缘子广泛应用于高压架空输电线路和发、变电所软母线的绝缘及机械固定。在悬式绝缘子中，又可分为盘形悬式绝缘子和棒形悬式绝缘子。盘形悬式绝缘子是输电线路使用最广泛的一种绝缘子。棒形悬式绝缘子在德国等国家已大量采用。

支柱绝缘子主要用于发电厂及变电所的母线和电气设备的绝缘及机械固定。此外，支柱绝缘子常作为隔离开关和断路器等电气设备的组成部分。在支柱绝缘子中，又可分为针式支柱绝缘子和棒形支柱绝缘子。针式支柱绝缘子多用于低压配电线路和通信线路，棒形支柱绝缘子多用于高压变电所。

瓷绝缘子绝缘件由电工陶瓷制成的绝缘子。电工陶瓷由石英、长石和黏土做原料烘焙而成。瓷绝缘子的瓷件表面通常以瓷釉覆盖，以提高其机械强度，防水浸润，增加表面光滑度。在各类绝缘子中，瓷绝缘子使用最为普遍。

玻璃绝缘子绝缘件由经过钢化处理的玻璃制成的绝缘子，其表面处于压缩预应力状态，如发生裂纹和电击穿，玻璃绝缘子将自行破裂成小碎块，俗称"自爆"。这一特性使得玻璃绝缘子在运行中无须进行"零值"检测。

复合绝缘子也称合成绝缘子，其绝缘件由玻璃纤维树脂芯棒（或芯管）和有机材料的护套及伞裙组成的绝缘子。其特点是尺寸小、重量轻，抗拉强度高，抗污秽闪络性能优良，但抗老化能力不如瓷和玻璃绝缘子。复合绝缘子包括：棒形悬式绝缘子、绝缘横担、支柱绝缘子和空心绝缘子（即复合套管）。复合套管可替代多种电力设备使用的瓷套，如互感器、避雷器、断路器、电容式套管和电缆终端等。与瓷套相比，它除具有机械强度高、重量轻、尺寸公差小的优点外，还可避免因爆碎引起的破坏。

低压绝缘子和高压绝缘子低压绝缘子是指用于低压配电线路和通信线路的绝缘子。高压绝缘子是指用于高压、超高压架空输电线路和变电所的绝缘子，为了适应不同电压等级的需要，通常用不同数量的同类型单只（件）绝缘子组成绝缘子串或多节的绝缘支柱。

耐污绝缘子主要是采取增加或加大绝缘子伞裙或伞棱的措施以增加绝缘子的爬电距离，以提高绝缘子污秽状态下的电气强度。同时还采取改变伞裙结构形状以减少表面自然积污量，来提高绝缘子的抗污闪性能。耐污绝缘子的爬电比距一般要比普通绝缘子提高20%～30%，甚至更多。中国电网污闪多发的地区习惯采用双层伞结构形状的耐污绝缘子，此种绝缘子自清洗能力强，易于人工清扫。

直流绝缘子主要指用在直流输电中的盘形绝缘子。直流绝缘子一般具有比交流耐污型绝缘子更长的爬电距离，其绝缘件具有更高的体电阻率（50℃时不低于$10\Omega \cdot m$），其连接金具应加装防电解腐蚀的牺牲电极（如锌套、锌环）。

A型绝缘子和B型绝缘子A型即不可击穿型绝缘子，其干闪络距离不大于击穿距离的3倍（浇注树脂类）或2倍（其他材料类）；B型即可击穿型绝缘子，其击穿距离小于干闪络距离的1/3（浇注树脂类）或1/2（其他材料类）。绝缘子干闪络距离指经由沿绝缘件外表面空气的最短距离。击穿距离指经由绝缘件绝缘材料内的最短距离。

（二）功能及要求

绝缘子的主要功能是实现电气绝缘和机械固定，为此规定有各种电气和机械性能的要求。如在规定的运行电压、雷电过电压及内部过电压作用下，不发生击穿或沿表面闪络；

在规定的长期和短时的机械负荷作用下，不产生破坏和损坏；在规定的机、电负荷和各种环境条件下长期运行以后，不产生明显的劣化；绝缘子的金具，在运行电压下不产生明显的电晕放电现象，以免干扰无线电或电视的接收。因为绝缘子是大量使用的器件，对其连接金具还要求具有互换性。此外，绝缘子的技术标准还根据型号和使用条件的不同，要求对绝缘子进行各种电气的、机械的、物理的以及环境条件变化的试验，以检验其性能和质量。

（三）维护管理

在潮湿天气情况下，脏污的绝缘子易发生闪络放电，所以必须清扫干净，恢复原有绝缘水平。一般地区一年清扫一次，污秽区每年清扫两次（雾季前进行一次）。

1. 停电清扫

停电清扫就是在线路停电以后工人登杆用抹布擦拭。如擦不净时，可用湿布擦，也可以用洗涤剂擦洗。如果还擦洗不净时，则应更换绝缘子或换合成绝缘子。

2. 不停电清扫

一般是利用装有毛刷或绑以棉纱的绝缘杆，在运行线路上擦绝缘子。所使用绝缘杆的电气性能及有效长度、人与带电部分的距离，都应符合相应电压等级的规定，操作时必须有专人监护。

3. 带电水冲洗

大水冲和小水冲两种方法。冲洗用水、操作杆有效长度、人与带电部距离等必须符合业规程要求。

（四）产业发展

国内已有近200多家线路绝缘子制造企业，其中具有一定生产规模的企业约40家左右。世界上已有一百多个国家采用钢化玻璃绝缘子，数量超过了2亿片。由于电网建设加快，相比瓷绝缘子，国内玻璃绝缘子的发展更为迅猛，其市场供不应求，不断吸引着其他企业竞相踏入这一领域。

自2004年以来，我国绝缘子避雷器行业主要企业主营业务收入持续快速增长，年均增长率接近25%。随着我国绝缘制品制造业技术水平的提高，以及东亚、南亚等国家经济发展速度的加快，国内主要企业抓住时机，积极开拓国际市场，行业的出口交货值逐年上升。据相关研究预测，2012~2015年我国绝缘子避雷器制造行业销售收入年复合增长率为17.83%。2015年，国内绝缘子避雷器行业销售收入将达到403亿元。

近几年来，我国电力工业发展迅速，发电机装机容量逐年增加。据统计，2010年我国发电装机容量为9.62亿千瓦，同比增长10.08%。绝缘子避雷器作为输变电设备不可缺少的组成部分，与电力工业的发展密不可分。

电力工业是绝缘子避雷器产品最为主要的应用市场，我国现阶段的许多电力工程，例如城乡电网的建设和改造、西电东送工程、电气化铁路建设工程以及特高压产品市场的启动不仅为绝缘子避雷器行业的发展提供了广阔的市场空间，同时也对行业产品市场提出了新的要求，促进了绝缘子避雷器产品市场结构的调整以及新技术的研发力度。

二、绝缘子串

绝缘子串指两个或多个绝缘子元件组合在一起，柔性悬挂导线的组件。绝缘子串是带有固定和运行需要的保护装置，用于悬挂导线并使导线与杆塔和大地绝缘。

使用在输电线路中的绝缘子串，由于杆塔结构、绝缘子结构形式、导线大小和每相子导线的根数以及电压等级的不同，使绝缘子串的组装形式有所不同，但归纳起来可分为悬垂绝缘子串和耐张绝缘子串两大类。

（一）悬垂绝缘子串

悬垂绝缘子串只适用于直线杆塔（或耐张杆塔的跳线）中，正常运行情况下，它只承受导线及附加的垂直荷重和风荷载；在事故断线情况下，要承受导线的断线张力，所以悬垂绝缘子串要同时满足这两个条件。

由于垂直荷重的不同，所以每相悬垂绝缘子串可能用单串、双串或多串的不同组装形式。使用单联绝缘子串有许多优点：1.所需要的金具和绝缘子数量较少，所以费用较低；2.相应的破损率也较少，更换、维护及检修所需的费用也同时降低；3.由于闪络概率与绝缘子数量和串的数量成正比，绝缘子数量减少，使闪络概率也就较低。然而单联绝缘子串一旦在串中出现破损绝缘子时，其可靠性较低。一般在挡距较大、受力较为严重以及重要跨越处，可采用双联或多联绝缘子串。采用双联绝缘子串后，会使串长增加，相对于杆塔高度降低 0.3 ~ 1m。所以，一般多采用单联悬垂绝缘子串。只有当垂直荷重较大，单串强度不能满足时，或在重要跨越处，才有必要使用双联或多联绝缘子串。有时，在山区当悬垂角不能满足要求时，还采用双联双线夹。

（二）耐张绝缘子串

耐张绝缘子串受力情况与悬垂绝缘子串完全不同，在正常运行情况下，悬垂绝缘子串只承受垂直荷重不承受导线张力，而耐张绝缘子串恰恰相反，它主要承受导线的全部水平张力。

与悬垂绝缘子串一样，当每串所需绝缘子联数确定之后，就要选好挂线点的方法。因为挂线点是绝缘子串受力较为集中地地方，因此我们要选择结构简单、转动灵活、施工方便、受力清晰的挂线方式。正因为如此，架空输电线路的挂线方式虽然很多，但通常所用的主要一点挂线方式和两点挂线方式两种。这两种挂线方式由于上下、左右都可以自由转动，所以这种挂线结构既适合于转角的变化，又适合于导线向下倾角的需要。

（三）V 形绝缘子串

V 形绝缘子组装形式有多种，V 形绝缘子串是常见的一种。采用这种 V 形绝缘子串具有下列优点：

1. 能限制绝缘子串摇摆，从而减小塔头尺寸。

2. 可以缩小线路走廊，从而减少林区的树木砍伐宽度，也可改善山区边坡的开挖。

3. 可以减少修建线路时收购走廊所花费的资金，从而起到节省投资的目的。

然而在另一方面，使用 V 形绝缘子串后，将使绝缘子需要量增加一倍。因此，V 形绝缘子串一般用在杆塔窗口受到限制的酒杯型、门型、猫头型的中相导线。若用在变相时，是变相横担要加长，反而不经济，所以使用 V 形绝缘子串前要作综合技术经济比较。当对旧线路改造或在升压线路上，使用 V 形绝缘子串较为适合。

（四）链状形绝缘子串

随着输电线路的电压等级的不断提高，当今还出现一种链状形的绝缘子串的杆塔。其绝缘子串既起到绝缘作用，又代替杆塔横担，它省略了复杂的钢结构横担。若用合成绝缘子替代横担，它还具有质量轻、运输轻便、存放地方小、施工方便等优点，作为高压输电线路的杆塔，尤其作事故抢修用的杆塔是很适合的。我国 500kV 紧凑型线路中也有用这种塔形。

因绝缘子串是柔性组合构件，不能承受压力，所以当用链状形绝缘子串作这种杆塔时，也同样应不使绝缘子串承受压力。

第四节　常用金具

一、电力金具

（一）金具定义

电力金具，是连接和组合电力系统中各类装置，以传递机械，电气负荷或起到某种防护作用的附件，简称金具。

（二）基本概括

输电线广泛使用的铁制或铝制金属附件，统称为金具。金具种类繁多，用途各异，例如，安装导线用的各种线夹，组成绝缘子串的各种挂环，连接导线的各种压接管、补修管，分裂导线上的各种类型的间隔棒等。此外还有杆塔用的各类拉线金具，以及用作保护导线的大小有关，须互相配合。

大部分金具在运行中需要承受较大的拉力，有的还要同时保证电气方面接触良好，它关系着导线或杆塔的安全，即使一只损坏，也可能造成线路故障。因此，金具的质量、正确使用和安装，对线路的安全送电有一定影响。

二、分类

（一）按作用性能及结构可分为悬垂线夹、耐张线夹、连接金具、接续金具、保护金具、设备线夹、T 型线夹、母线金具、拉线金具等类别。

1. 悬垂线夹

悬垂线夹是将导（地）线悬挂至悬垂绝缘子串（组）或金具串（组）上的金具。

悬垂线夹常有的定型产品，现在保留了 U 型螺栓式样固定悬垂一种（通常叫船型线夹）。它是由挂架 U 型螺栓，船体组成。另一种就是预绞式悬垂线夹。

2. 耐张线夹

耐张线夹是将导（地）线连接至耐长串（组）或金具串（组）上的金具。耐张线夹按结构和安装条件的不同，大致上可分为两类。

第一类：耐张线夹要承受导线或地线的全部拉力，线夹握力不小于被安装导线或地线额定抗拉力的 90，但不作为导电体。这类线夹在导线安装后还可以拆下，另行使用。该类线夹有螺栓型耐张线夹和楔形耐张线夹等。

第二类：耐张线夹除承受导线或地线的全部拉力外，又作为导电体。因此这类线夹一旦安装后，就不能再行拆卸，又称为死线夹。由于是导电体，线夹的安装必须遵守有关安装操作规程的规定认真进行。

3. 连接金具

连接金具是将绝缘子、悬垂线夹、耐张线夹及防护金具等连接组合成悬垂或耐长串（组）的金具。

分类及用途：U 型挂环、二联板、直角挂板、延长环、U 型螺丝等金具称为通用金具，用于绝缘子串同金具之间，线夹与绝缘子串之间，地线与杆塔之间的连接。球头挂环、碗头挂板等是联结球窝型绝缘子的专用金具。

4. 接续金具

接续金具用于导（地）线之间的连接或补休，并能满足导（地）线一定的机械及电气性能要求的金具。

5. 防护金具

用于对导线、地线、各类电气装置或金具本身，起到电气性能或机械性能保护作用的金具。

6. 拉线金具

由杆塔至地锚之间连接、固定、调整和保护拉线的金属器件，用于拉线的连接和承受拉力之用。

7. 母线金具

固定、悬挂及支撑母线等的金具。

（二）按用途可用为线路金具和变电金具

1. 输电线路金具

输电线路金具便产生共振，锤头运动消耗的功率起到抑制导线振幅和消振的作用。

（1）金具耗能原因

① 电阻损耗和电晕损耗

接续金具的接头在长期运行过程中受到外界环境的污秽、氧化和腐蚀作用后，其导电性能会下降，电阻会增大，导致电压损失和电能损耗。当导线电流增大时，接头处发热增加，有可能引起导线烧伤甚至断裂，从而降低线路的使用寿命，影响电网运行的安全性。

在超高压输电线路中，因为电压很高，金具的尖端及导线表面电位梯度大于临界值时，就会产生强烈的电晕放电，引起导线和金具的损伤，还会产生光和无线电干扰及导线的电晕振动，这些现象都消耗电能。

② 磁滞损耗和涡流损耗

采用铸铁和螺栓组合成的耐张线夹和悬垂线夹（包括防震锤），用这种材料制成的金具在导线通过交变电流时形成一个闭合磁回路，铁磁物质在交变磁场作用下反复磁化，其磁感应强度的变化总是滞后于磁场强度的变化，即磁滞现象。构成闭合磁路的电力金具在反复磁化的过程中，由于磁畴的反复转向，铁磁物质内部的分子摩擦发热而造成能量损耗，即磁滞损耗。

通入交变电流的导线产生了交变磁场，金具内部会产生感应电动势和感应电流。由于钢铁材料电阻的存在，必然会产生有功损耗，即涡流损耗。

（2）几种节能电力金具介绍

① 铝合金金具

铝合金材料无磁性、相对磁导率小，可隔断磁路，有效消除磁损，降低涡损。铝合金金具具有节能、质轻高强、安装简便、耐腐蚀等优点。在使用时温升低，过载能力强，通过电流（尤其短路）时热稳定性要比传统铁磁金具好很多，避免造成导线过热烧伤导致机械强度降低，增加线路的使用寿命。

② 无磁钢金具

无磁钢是一种以碳素钢为主材，通过加入锰、铬等元素所得到的铸钢奥氏体合金材料。无磁钢金具磁性较弱，磁导率低，机械强度高，加工性好，而且产品价格是铝合金金具的一半，仅比铸铁金具高一些。在低压电网铺设和农网改造中代替铝合金金具，既保证节能降耗，又减少铝用量，降低投资成本。

③复合材料金具

复合材料是以塑料为基材，经过加工和改性制成的材料，其优异的可设计性，具有轻质高强、防腐耐热、绝缘无磁等多重特性，使其可作为输电金具的制造材料。复合材料金具无磁滞性、低导磁性、电绝缘，在运行时无电晕放电，涡损和磁损极少，可最大限度降低电能损耗，节能降耗效果极佳。近年，国内研发出的改良型复合材料已用于制造输电金具。其中，PAGF200 型改性增强型复合材料和玻纤增强 PA66 改性复合材料表现突出，制作出的悬垂线夹和间隔棒等产品均满足国家标准和电力行业标准要求。CGF4T 和 CGF100 型悬垂线夹已在 35kV 和 220kV 线路挂网运行，使用效果良好。

（3）金具节能降耗的主要措施

①降低导体连接处接触电阻

在金属导体连接处涂敷电力复合脂，能改善连接导电体的接触状况，降低接触电阻，避免接触面电化腐蚀，提高接头处的导电性，降低接头处的电能损耗和电压损失，改善接头处的发热现象。

②减少电晕发生

为了有效减少电晕，将金具的曲率半径设计得大一些，在制造加工过程中，铸件表面平整不出现多肉、毛刺等缺陷，作圆处理使其表面呈流线型，使其表面电位梯度低于电晕起始电位梯度。安装屏蔽环和均压屏蔽环可使其自身硬屏蔽，被屏蔽范围内不出现电晕，控制金具上的电晕从而保护金具。

③采用节能型线路金具

传统铸铁金具会产生磁损和涡损，消耗大量电能。因此，节能型金具因其相对磁导率小、无磁滞现象而逐渐推广应用到输电线路工程。其中，铝合金金具具有很多优点，使用范围最广，应用数量最多。在保证机械强度情况下，复合材料金具将是一种最节能的。虽然在使用时面临机械强度有待提高、耐久性不足等问题，但因其质轻价廉、节能显著等优点让它仍有深入研发的价值，发展前景广阔。

④更换金具部件以隔断磁路

把传统铸铁、铸钢悬垂线夹中的导线压板和 U 形螺栓更换成无磁钢材料部件来隔断金具中闭合磁力线回路，从而减少涡流的产生，降低涡损，达到节能降损目的。这种金具部件组合模式对于老旧运行路线的节能改造是十分有利的。运检部门只需更换两个线夹部件，并不更换线夹本体和挂板，降低改造成本，简化停电更换工作程序，让施工可操作性更高，方法更简单。

⑤优化金具结构设计

金具结构设计除了强调结构强度和电气性能外，还应考虑到体积重量和节能问题。采用镂空和加强筋等制造工艺，可减少金具材料的横截面积和厚度，从而有效减少金具中涡流的产生，降低涡损。

⑥ 优化金具选型方法

遵循全寿命周期的设计理念，准确计算金具全寿命期内的总动态投资费用（包括建设成本、运行损耗成本、故障维护及损失成本、技改报废成本等），统筹考虑金具的总费用成本、使用寿命、安全可靠性、环保节能等全过程要素，建立一种输电线路金具全寿命周期综合效益评价模型。在输电线路工程金具选型时，要结合该工程的相关数据和情况，对多个不同型号金具进行多方案比选，展开全方位、全过程的综合性评价。在满足机械强度和电气性能等使用功效下，兼顾到节能环保问题，将全寿命周期内综合成本最优作为金具的推荐选型依据，有利于提高输电线路工程资产总体经济、社会和环保效益。

2. 变电金具

变电金具主要用于变电所母线引下线与电气设备（如变压器、断路器、隔离开关、互感器）的出线端子接续。因常用电气设备的出线端子为铜质和铝质两类，而母线引出线分为铝绞线或钢芯铝绞线，故设备线夹从材质上分为铝设备线夹和铜铝过渡设备线夹两个系列。根据安装方法和结构形式的不同，设备线夹分螺栓型、压缩两种类型。每种形式的线夹又按引下线与安装电气设备端子所成角的不同分为 0°、45°、90° 三种。

（三）按电力金具产品单元划分为可锻铸铁类、锻压类、铝铜铝类和铸铁类，共四个单元。

（四）还可分为国标与非国标，即我们常说的标金及非标金具。

第五节　杆　塔

杆塔是架空输电线路中用来支撑输电线的支撑物。杆塔多由钢材或钢筋混凝土制成，是架空输电线路的主要支撑结构。

一、简介

杆塔 (Pole and Tower) 是支撑架空输电线路导线和架空地线并使它们之间，以及与大地之间保持一定距离的杆形或塔形构筑物。世界各国线路杆塔采用钢结构、木结构和钢筋混凝土结构。通常对木和钢筋混凝土的杆形结构称为杆，塔形的钢结构和钢筋混凝土烟囱形结构称为塔。不带拉线的杆塔称为自立式杆塔，带拉线的杆塔称为拉线杆塔。中国缺少木材资源，不用木杆，而在应用离心原理制作的钢筋混凝土杆以及钢筋混凝土烟囱形跨越塔方面有较为突出的成就。

杆塔是架空配电线路中的基本设备之一，按所用材质可分为木杆、水泥杆和金属杆三种。水泥杆具有使用寿命长，维护工作量小等优点，使用较为广泛。水泥杆中使用最多的是拨梢杆，锥度一般均为 1/75，分为普通钢筋混凝土杆和预应力型钢筋混凝土杆。

二、分类

（一）按结构材料

按结构材料可分为木结构、钢结构、铝合金结构和钢筋混凝土结构杆塔几种。木结构杆塔因强度低、寿命短、维护不便，并且受木材资源限制，在中国已经被淘汰。钢结构有桁架与钢管之分。格子型桁架杆塔应用最多，是超高压以上线路的主要结构。铝合金结构杆塔因造价过高，只用于运输特别困难的山区。钢筋混凝土电杆均采用离心机浇注，蒸汽养护。它的生产周期短，使用寿命长，维护简单，又能节约大量钢材，采用部分预应力技术的混凝土电杆还能防止电杆裂纹，质量可靠。中国使用最多，占世界首位。

（二）按结构形式

按结构形式可分为自立塔和拉线塔两类。自立塔是靠自身的基础来稳固的杆塔。拉线塔是在塔头或塔身上安装对称拉线以稳固支撑杆塔，杆塔本身只承担垂直压力。这种杆塔节约钢材近40%，但是拉线分布多占地，对农林业的机耕不利，使用范围受到限制。由于拉线塔机械性能良好，能抗风暴袭击和线路断线的冲击，结构稳定，因而电压越高的线路应用拉线塔越多。加拿大魁北克在735kV线路上又新创出一种悬链塔，经济效益很好。各国在研究1000kV以上线路时，多以这种塔形为主要对象。

（三）按使用功能

按使用功能可分为承力塔、直线塔、换位塔和大跨越高塔。按同一杆塔所架设的输电线路的回路数，还可分为单回、双回和多回路杆塔。承力塔是输电线路上最重要的结构环节。它分段设立，将导线的耐张绝缘子串锚挂在塔上，承担两侧导线、地线的挂线张力和事故时的不平衡拉力。这种杆塔便于分段施工，可制约运行中发生事故的范围。承力塔又可分为耐张塔、转角塔和终端塔。直线塔是线路上用得最多的结构，它只承担导线、地线的悬挂作用以及气象荷载。直线塔的技术设计数据是决定全线路杆塔经济指标的关键。换位塔是实现导线换位，以使输电线路参数平衡的杆塔。中国以60～80km为一个整循环换位段（有的国家有200km不换位的线路）。大跨越高塔指跨越通航的江河的大跨度高塔，这样可以避免在江河中安装铁塔所带来的一系列不便（如设计复杂、基础施工费用大、工期长等），通常设计双回路跨越线路。世界上220kV、挡距在1000米以上的大跨越约90处，中国有10处。中国在跨越塔中最先采用钢筋混凝土烟囱式塔形（武汉跨长江和汉江的跨越塔），耗钢指标低，运行维修方便。之后又采用钢管塔（南京跨长江，高193.5米）、拉线钢结构塔（黄埔跨珠江，高190米）。

三、杆塔接地

输电线路杆塔接地对电力系统的安全稳定运行至关重要。降低杆塔接地电阻是提高线路耐雷水平、减少线路雷击跳闸率的主要措施。由于杆塔接地不良而发生的雷害事故所占线路故障率的比例相当高，这主要是由于雷击杆顶或避雷线时，雷电流通过杆塔接地装置入地，因接地电阻偏高，从而产生了较高的反击电压所致。这一点从 110kV 线路到 500kV 线路雷害事故调查可以得到证实，即易发生雷击故障的杆塔，大都接地电阻偏高。杆塔接地电阻偏高的原因是多方面的，既有设计方面的原因，又有施工方面的原因，还有运行维护方面的原因。但外界自然条件如土壤电阻率较高、地质情况复杂、施工不便是其主要原因。

输电线路的雷击跳闸率与输电线路杆塔接地电阻密切相关。输电线路杆塔接地电阻偏高的地段，往往是地形复杂、交通不便，土壤电阻率较高的地段，这些地方往往也是雷电活动强烈的地区。因而，研究杆塔接地电阻偏高的原因并采取有效的降阻措施是摆在我们面前亟待解决又非常艰难的任务。

降低杆塔接地电阻的措施主要有：

1. 水平外延接地。如杆塔所在的地方有水平放设的地方，因为水平放设施工费用低，不但可以降低工频接地电阻，还可以有效地降低冲击接地电阻。

2. 深埋式接地极。如地下较深处的土壤电阻率较低，可用竖井式或深埋式接地极。

四、杆塔结构强度的分析方法

杆塔结构中存在有大量的不确定因素，传统的满应力设计方法很难反映设计参数的不确定性因素，由此所得到的结构是不安全或不经济的。结构的可靠性设计方法，考虑了载荷、结构中的不确定因素，从统计学与可靠性理论出发，对杆塔的可靠性进行分析与设计是杆塔结构设计的一个新方向。

杆塔结构是一种超静定结构，某一杆件的破坏并不能导致整个结构的破坏，只有当破坏的杆件达到一定数目时，杆塔不能再承受载荷，才算杆塔破坏。美国"输电铁塔设计导则 (ASCE)"对实验铁塔的破坏条件就表明了这一点：传统的满应力设计方法无法满足工程结构的这一特征。研究杆塔结构极限分析方法，确定杆塔结构的最大承载能力是必要的。

作用在杆塔上的载荷主要有风载、冰雪载荷、地震载荷和导线自重载荷，它们都是随时间变化的动载荷。对杆塔的动力学特性研究不深，而在设计过程中盲目地选取过大动载荷影响因子，不仅增加了杆塔的重量，而且也不能避免由动态应力、应变引起的杆塔破坏。研究杆塔结构的动力学特性是新型杆塔结构设计由静态设计走向动态设计的关键步骤。

大型工程结构的极限分析方法、可靠性分析方法和动力学分析方法已成功应用到航天、航空等工程中，取得了显著的经济效益。如何将这些新方法应用到杆塔结构强度的分析中是一个值得研究的课题。

第六节　接地装置

一、接地装置

接地装置是指埋设在地下的接地电极与由该接地电极到设备之间的连接导线的总称。

（一）定义

接地装置也称接地一体化装置：把电气设备或其他物件和地之间构成电气连接的设备（建筑电气施工技术）。接地装置由接地极（板）、接地母线（户内、户外）、接地引下线（接地跨接线）、构架接地组成。它被用以实现电气系统与大地相连接的目的，与大地直接接触实现电气连接的金属物体为接地极。它可以是人工接地极，也可以是自然接地极。对此接地极可赋以某种电气功能，例如用以作系统接地、保护接地或信号接地。接地母排是建筑物电气装置的参考电位点，通过它将电气装置内需接地的部分与接地极相连接。它还起另一作用，即通过它将电气装置内诸等电位连接线互相连通，从而实现一建筑物内大件导电部分间的总等电位联结。接地极与接地母排之间的连接线称为接地极引线。

安全隔离变压器 safety isolating transformer、供给工具、其他设备及配电电路安全特全低电压的变压器。它的输入绕组和输出绕组至少由相当于双重绝缘或加强绝缘在电气加以隔离。

（二）分类

接地装置是由埋入土中的接地体（圆钢、角钢、扁钢、钢管等）和连接用的接地线构成。

按接地的目的，电气设备的接地可分为：工作接地、防雷接地、保护接地、仪控接地。

工作接地：是为了保证电力系统正常运行所需要的接地。例如中性点直接接地系统中的变压器中性点接地，其作用是稳定电网对地电位，从而可使对地绝缘能力降低。

防雷接地：是针对防雷保护的需要而设置的接地。例如避雷针（线）（现称接闪杆、线、带）、避雷器的接地，目的是使雷电流顺利导入大地，以利于降低雷过电压，故又称过电压保护接地。

保护接地：也称安全接地，是为了人身安全而设置的接地，即电气设备外壳（包括电缆皮）必须接地，以防外壳带电危及人身安全。

仪控接地：发电厂的热力控制系统、数据采集系统、计算机监控系统、晶体管或微机型继电保护系统和远程通信系统等，为了稳定电位、防止干扰而设置的接地，也称为电子系统接地。

接地电阻的基本概念：

接地电阻是指电流经过接地体进入大地并向周围扩散时所遇到的电阻。大地具有一定的电阻率，如果有电流流过时，则大地各处就具有不同的电位。电流经接地体注入大地后，它以电流场的形式向四处扩散，离接地点愈远，半球形的散流面积愈大，地中的电流密度就愈小，因此可认为在较远处（15～20m以外），单位扩散距离的电阻及地中电流密度已接近零，该处电位已为零电位。曲线 U=f(r) 即表示地表面的电位分布情况（r 表示离雷电流注入点的距离）。

接地点处的电位 Um 与接地电流 I 的比值定义为该点的接地电阻 R，R=Um/I。当接地电流为定值时，接地电阻愈小，则电位 Um 愈低，反之则愈高。接地电阻主要取决于接地装置的结构、尺寸、埋入地下的深度及当地的土壤电阻率。因金属接地体的电阻率远小于土壤电阻率，故接地体本身的电阻在接地电阻中可以忽略不计。

（三）装设

1. 一般要求

首先充分利用自然接地体，节约投资，如果实地测量的自然接地体电阻已满足接地电阻值的要求而且又满足热稳定条件时，不必再装设人工接地装置，否则应装设人工接地装置作为补充。

人工接地装置的布置应使接地装置附近的电位分布尽量均匀，以降低接触电压和跨步电压，保证人身安全。

2. 自然接地体的利用

建筑物的钢结构和钢筋、行车的钢轨、埋地的金属管道（可燃液体和可燃可爆气体的管道除外）以及敷设于地下而数量不少于两根的电缆金属外皮等，均可作为自然接地体。变配电所可利用它的建筑物钢筋混凝土基础作为自然接地体。利用自然接地体时，一定要保证电气连接良好。

3. 人工接地体的装设

人工接地体有垂直埋设和水平埋设两种基本结构形式。

常用的垂直接地体为直径 50mm、长 2.5m 的钢管或 L50×5 的角钢，为了减少外界温度变化对流散电阻的影响，埋入地下的垂直接地体上端距地面不应小于 0.7m。

对于敷设在腐蚀性较强的场所的接地装置，应根据腐蚀的性质，采用热镀锡、热镀锌等防腐蚀措施，或适当加大截面。

当多根接地体相互靠近时，入地电流的流散相互排挤，这种影响称为屏蔽效应。这使接地装置的利用率下降，所以垂直接地体的间距不宜小于 5m，水平接地体的间距也不宜小于 5m。

接地网的布置，应尽量使地面的电位分布均匀，以减小接触电压和跨步电压。人工接地网外缘应闭合，外缘各角应做成圆弧形。35 ～ 110kV/6 ～ 10kV 变电所的接地网内应敷设水平均压带。为了减小建筑物的接触电压，接地体与建筑物的基础间应保持不小于 1.5m 的水平距离，一般取 2 ～ 3m。

（四）等电位连接

等电位连接是一种不需增加保护电器，只要增加一些连接导线，就可以均衡电位和降低接触电压，消除因电位差而引起电击危险的措施。它既经济又能有效地防止电击。

等电位连接通常包括总等电位连接和辅助等电位连接两种。所谓总等电位连接是将电气装置的 PE 线或 PEN 线与附近的所有金属管道构件（例如接地干线、水管、煤气管、采暖和空调管道等，如果可能也包括建筑物的钢筋及金属构件），在进入建筑物处和等电位连接端子板（即接地端子板）连接。总等电位连接靠均衡电位而降低接触电压，并消除从电源线路引入建筑物的危险电压。

总等电位连接的主要目的不在于缩短保护电器的动作时间，而是使人所能同时触及的外露导电部分和外部导电部分之间的电位近似相等，即将接触电压降到安全值以下。正常条件下安全电压值为 50V，在潮湿环境中为 25V。当采用自动切断电源作为防止间接电击的措施时，总等电位连接是不可缺少的。

辅助等电位连接又叫局部等电位连接，是在一个局部范围内将 PE 线或 PEN 线与附近所有能触及的外露导电部分和外部导电部分相互连接，使其在局部范围内处于同一电位，作为总等电位连接的补充。局部等电位连接的主要目的在于使接触电压降低至安全电压以下。

装有防雷装置的建筑物，在防雷装置与其他设施和建筑物内人员无法隔离的情况下，也应采取等电位连接的方法。

当部分电气装置位于总等电位连接作用区以外时，应装设漏电断路器，并且这部分的 PE 线应与电源进线的 PE 线隔离，改接至单独的接地极，杜绝外部窜入的危险电压。

（五）质量标准

GB50169-92《接地装置施工及验收规范》

1. 接地体顶面埋设深度应符合设计要求。当无规定时，不宜小于 0.6m。角钢及钢管接地体应垂直配置。除接地体外，接地体引出线的垂直部分和接地装置焊接部位应作防腐处理；在作防腐处理前，表面必须除锈并去掉焊接处残留的焊药。

2. 垂直接地体的间距不宜小于其长度的 2 倍。水平接地体的间距应符合设计规定，当无设计规定时不宜小于 5m。

3. 接地线应防止发生机械损伤和化学腐蚀，接地线在穿过墙壁、楼板和地坪处应加装钢管或其他坚固的保护管，有化学腐蚀的部位还应采取防腐措施。

4. 接地干线应在不同的两点及以上与接地网相连接。

5. 每个电气装置的接地应以单独的接地线与接地干线相连接，不得在一个接地线中串接几个需要接地的电气装置。

6. 接地体敷设完后的土沟其回填土内不应夹有石块和建筑垃圾等；外取的土壤不得有较强的腐蚀性；在回填土时应分层行实。

7. 接地体（线）的连接应采用焊接，焊接必须牢固无虚焊。接至电气设备的接地线，应用镀锌螺栓连接。

8. 接地体（线）焊接应采用搭接焊，其搭接长度必须符合下列规定：

（1）扁钢为其宽度的 2 倍（且至少 3 个棱边焊接）。

（2）圆钢为其直径的 6 倍。

二、接地装置的防雷检测

（一）接地装置防雷检测和维护的重要性

众所周知，在防雷工程中，除了严格的验收制度外，定期的维修和检测制度也对系统防雷具有重大意义。防雷接地装置也是如此，为了保证接地装置防雷保护功能的可靠性，在合理设计和精确施工的前提下，定期的监测和维护也十分必要。如果没有防雷装置定期检测和维护制度，接地防雷装置受到的损伤就不能被人们所及时察觉。一旦受到雷击，接地装置不仅不能有效地防止雷电损坏建筑物，严重时，还有可能造成设备损坏，建筑物坍塌，甚至是人员伤亡。

（二）接地装置的检测

接地装置的检测主要包括两个部分：一部分是接地装置的检查；另一部分是接地装置的测量。关于这两个部分的检测数据应准确全面的记录在检测报告中，为判断接地系统的是否需要维修提供依据。

1. 接地装置的检查

对接地装置进行检查主要包括四个部分：

第一部分主要是检查关于隐蔽工程的相关记录和接地装置的全部图纸，确定接地装置的设计是否合理。然后，详细检查接地体的布置形状、接地深度和埋设间距，保证实际的工程施工与图纸的一致性。最后，对接地装置的连接方法、材质、结构、防腐处理和安装位置进行检查，确保其达到规定的指标。

第二部分是对共用接地装置进行检查。所谓的共用接地系统，通常由两个或两个以上的地网组成。对共用接地装置进行检查，主要是检查接地装置和地网的连接材料、组成结构、包围面积和网格尺寸。此外，在没有进行等电位连接时，相邻接地体的地中距离也是检查的重点项目。

第三部分主要是对不同接地装置的地中距离的检查。其中，最重要的工作就是检查其他独立的接地装置与第一类防雷建筑物的接地装置是否保持了足够的地中距离。

第四部分主要是对接地线路进行检查。其主要工作是检查接地线路是否正常连接，有没有因敷设管线或挖土方等原因被挖断，填土时有没有线路沉陷等情况的发生。

2. 接地装置的测量

接地装置的测量主要包括测量土壤的电阻率、测量相邻接地体的电气连接、测量独立接地体的地中距离、测量接地线的直径、测量接地电阻五个部分。

通常情况下，如果土壤不同，其电阻率也不相同。即使是同一种土壤，由于其物理性质和化学性质，如温度、湿度、电解质含量和紧密程度的不同，土壤的电阻率也不相等。其中，对土壤电阻率影响最大的因素是土壤的含水量。在实际的工程中，接地装置经常敷设在不同的土壤中，此时，人们应对土壤的等效电阻率和接地体的有效长度进行分段计算。常用的测量土壤电阻率的方法为 4 极法，测量公式为 $\rho = 2\pi aR$。其中，ρ 为土壤的电阻率，a 为电极间距，R 为所测的电阻。

对相邻接地体之间的电气连接进行测量，其主要目的是判断接地体的类型。若测量的电阻值较小，则相邻接地体电气连通，为共用接地系统；若测量的电阻值偏大，则相邻接地体电气不连通，为独立接地系统。

通常情况下，测量独立接地体的地中距离是对接地体进行首次检测时的重要检测内容之一。对于不同的防雷类别，接地体地中距离的计算公式各不相同，要求规定的最小间距也不相同。

测量接地线直径最常用的工具是游标卡尺。设 hx 为计算点或被保护物的高度，Ri 为第 i 段接地线的半径，$Sa1$ 为第 1 类防雷建筑物的引下线在地上空气中的距离。当 $hx<5Ri$ 时，满足公式 $Sa1 \geq 0.4(Ri+0.1hx)$，当 $hx \geq 5Ri$ 时，满足公式 $Sa1 \geq 0.1(Ri+hx)$。

接地电阻主要由接地极本身电阻、接电线电阻、散流电阻和接地极表面与土壤的接触电阻四部分组成。其中，相对于接地装置电阻而言，散流电阻和接触电阻极大，使接地电阻的主要组成部分。接地电阻最主要的测量方法是接地电阻仪 3 极法。

（三）接地装置的维护

1. 装设接地装置的要求

装设接地装置的第一个要求是严格选择自然接地体，并对其进行充分的利用。在使用自然接地体时，为了得到符合要求的接地电阻值，在接头处另外跨接导线是十分必要的措施，它可使自然接地体转化为具有优良导电性的连续导体。

装设接地装置的第二个要求是自然接地体不能出现在直流回路中。由于直流电具有电介的作用，当自然接地体被当作直流回路的接地线、接地体、零线使用或者与直流回路的接地线、接地体、中性线相连接时，容易造成金属管道和地下建筑物的蚀损。

装设接地装置的第三个要求是合理布置人工接地体。在接地体接地短路时，较高的分布电压会在接地体的周围形成，对人们的安全造成了极大的危害。合理布置人工接地体，可最大程度的均匀分布接地体附近的电位，降低电位差，尽可能地减小跨步电压和接触电压。

2. 接地装置的维护措施

在实际中，装设接地装置并不意味着防雷工程的完成，接地装置是否良好，对保证人员和设备的安全，维持系统的稳定运行具有重大的意义。所以，对接地装置进行定期或临时的检查和维护必不可少。

作为过电压保护装置的关键环节，接地装置的维护主要依靠接地电阻的测量结果来判断。根据季节变化和接地装置的重要程度等因素，所有接地装置都应进行不同周期、不同程度的检查维护，主要的维护内容包括避免接地线的过度损伤和腐蚀、保持接地点土壤的紧密程度、确保所有连接点的螺栓紧固连接等。

（四）接地装置防腐蚀措施

所谓接地装置的腐蚀，是指接地装置在自然环境中所受到的腐蚀现象。根据环境的不同，接地装置的腐蚀主要分为土壤腐蚀和大气腐蚀两种。在接地装置之中，最容易受到腐蚀的部位包括设备连接螺丝和接地引下线、各个焊接头、电缆沟内均压带和接地网。

接地装置防腐蚀措施就是指能一定程度上减弱甚至避免自然环境腐蚀接地设备的措施。如：在具有明显腐蚀作用的自然环境中避免使用不适宜的金属材料；在焊接点的位置刷上银粉漆或沥青，防止焊接点被腐蚀；在接地体周围洒适量的石灰；在接地体上包复合钢体；在接地引下线上套绝缘材料，防止其被土壤腐蚀。此外，阴极保护也是一种有效的防腐蚀措施。

总之，作为雷电防护系统最为重要的环节之一，接地装置的防雷直接关系到设备、建筑物和人员的安全，对我国防雷技术具有十分重大的意义。所以，接地装置的防雷检测和定期维护对避免接地事故和减少雷电危害具有重要作用。接地装置的防雷检测和维护不是一个单位的工作，它需要设计单位、施工单位、检测机构和使用单位相互配合才能实现。只有各个单位密切联系，相互配合，严格遵守有关的国家规定，才能保证接地装置正常。

第二章　输电线路测量

第一节　输电线路测量及其新技术

输电线路测量是指输电线路在设计、施工、运行维护等过程中所进行的测量工作。

一、水准仪的应用

（一）水准仪的功能及结构

1. 自动安平水准仪的功能

自动安平水准仪的主要用途就是水准测量，目的是测定一个点的高程或两个点之间的高差。自动安平水准仪装有水平度盘，可用于角度测量，也以用于视距测量。它是利用仪器视距丝配合带分划刻度的尺子（如水准尺或视距尺）测量距离。

2. 自动安平水准仪的组成包括目镜、目镜调焦螺旋、粗瞄器、调焦螺旋、物镜 、水平微动螺旋、脚螺旋、反光镜、圆水准器、刻度盘以及基座。

3. 自动安平水准仪的操作要点包括安装自动安平水准仪→粗平自动安平水准仪→瞄准目标 (A/B) →读书记录→数据处理。

4. 数据处理：

A、B 两点的高差：

$$\Delta h = b - a$$

Δh—A、B 两点的高差

a—前视读数

b—后视读数

已知 A 点的高程 H_a ，则 B 点的高程 H_b 为：

$$H_b = H_a + \Delta h$$

（二）测量操作

1. 两点间的水准测量

（1）测量原理

在两个被测点上竖立水准尺，然后在两点之间取一个合适的位置安置水准仪，利用水准仪的水平视线读取两点处水准尺上的刻度值，它们的差值，即为两点的高差。如果已知其中一点的高程即可推出另一点的高程。

（2）器材与用具

测量时所用的工具主要有水准仪、水准尺、记录本、计算器、铅笔等。

（3）测量步骤

1）安置水准仪：在 AB 连线约中点处，打开三脚架，高度适中，架头大致水平，脚架腿安置稳固，拧紧脚架伸缩螺旋，用连接螺旋将水准仪牢固地连在三脚架头上。

2）整平：松开制动螺旋，转动望远镜使圆水准器气泡在基座的任意两脚螺旋中间，两手按相对方向转动这一对脚螺旋，使水准管气泡至中央。再调节 3 个脚螺旋，使圆水准气泡居中，从而使视准轴水平。

3）瞄准水准尺：

① 目镜对光：转动目镜对光螺旋，使十字丝清晰。

② 大致瞄准：使望远镜筒上的照门和准星成一线，用以瞄准 A 点处水准尺，瞄准后拧紧制动螺旋。水准尺形状如右图所示。

③ 物镜对光：转动物镜对光螺旋进行对光，使目标清晰。

④ 精确照准：转正微动螺旋，使竖丝对准 A 处水准尺。为了清晰，可使十字丝竖丝瞄准水准尺中央或边缘。

⑤ 消除视差：当眼睛在目镜端上下微微移动时，若发现十字丝与 A 处水准尺影像有相对运动，这种现象称为视差。消除的方法是重新仔细地进行物镜对光。

4）读数：用十字丝的中丝在 A 处水准尺上读数。读数 a 以 m 为单位，毫米位估读，总共四位数。

5）数据记录：测量后，将后视读数 a 填入表 2-1-1。

6）前视读数的测量：松开制动螺旋，旋转望远镜瞄准 B 处水准尺，然后按前 5 个步骤进行，并将测量数据 b 填入表 2-1-1。

7）计算高差：假定此处 B 点水准尺读数 b 为 0.785m，读数 a 为 1.583m，则

$\triangle h = b-a = 1.583-0.785 = 0.798(m)$

若 A 点高程为 21.034m，则 B 点高程 HB=21.034+0.798=21.832m。

表2-1-1 两点间水准测量高差记录表 单位：m

测站	点号		后视读数 a	前视读数 b	高差		高程	备注
1	后	A	1.583	0.785	+	-	21.034	A点高程 已知
	前	B			0.798		21.832	

2. 连续的水准测量

（1）测量原理

实际水准测量中，A、B 两点间高差较大或相距较远，安置一次水准仪不能测定两点之间的高差。此时需要沿 A、B 的水准路线增设若干个必要的临时立尺点，即转点 TP（用作传递高程）。根据水准测量的原理依次连续地在两个立尺中间安置水准仪来测定相邻各点间高差，求和得到 A、B 两点间的高差值。如图 2-1-1 所示。

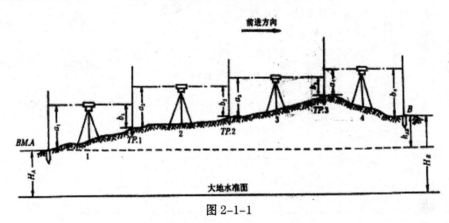

图 2-1-1

$h_1=a_1-b_1$

$h_3=a_2-b_2$

$H_3=a_3-b_3$

······

$h_n=a_n-b_n$

则 $h_{AB}=h_1+h_2+h_3+\cdots+h_n=\Sigma_h=\Sigma_a-\Sigma_a$

（2）器材与用具

测量时所用的工具主要有水准仪、水准尺、尺垫、记录本、计算器、铅笔等。

（3）测量步骤

测量步骤如上图所示，设 n=4。

① 安置水准仪。在 A 和 TP1 点间安置，为"测站 1"。

② 整平。

③ 瞄准水准尺。中转点处水准尺要安置尺垫，以便后视、前视读数精确。

④ 读数。将读到的 a 值填入表 2-1-2。

⑤ 数据记录。如表 2-2-2 所示。

⑥ 前视读数的测量。将读到的 b 值填入表 2-1-2。

⑦ 在 TP1 和 TP2 间安置水准仪。为"测站 2"。重新进行整平、瞄准水准尺（TP_1 点）、读数（TP_1 点 a 读数）、数据记录和前视读数的测量（TP_2 点 b 读数）等步骤，并将 a、b 值填入表 2-1-2。

⑧ 在 TP_2 和 TP_3 间安置水准仪。为"测站 3"。同理可得 a 和 b 并填入表 2-1-2。

⑨ 在 TP_3 和 B 间安置水准仪。为"测站 4"。同理，可得 a 和 b 并填入表 2-1-2。

⑩ 计算高差并填入表 2-1-2。

B 点对 A 的高差等于后视读数之和减去前视读数之和，也等于各转点之间高差的代数和。因此，此式可用来作为计算的检核。

表 2-1-2 连续水准测量高差记录表 单位：m

测站	点号		后视读数 a	前视读数 b	高差		高程	备注
					+	−		
1	后	A	1.583	0.785	0.798		21.034	
	前	TP_1					21.832	
2	后							
	前							A 点高程已知
3	后							
	前							
4	后							
	前							
校验	Σ							
	计算		Σa-Σb=		Σh+-Σh-=			

（三）水准测量的实施

1. 器材与用具

测量时所用的工具主要用水准仪、水准尺、尺垫、钢筋混凝土桩（或石料桩）、油漆、记录本、计算器、铅笔等。

2. 水准测量实施的原理

"连续水准测量"中 B 点对 A 点得高差可用计算来检核，但计算检核只能检查计算是否正确，不能检核观测和记录时是否产生错误。"水准测量的实施"则通过实施适当的水准路线，运用"成果检核"来对检测过程进行检核。

水准测量路线的形式：

（1）符合水准路线：由一个已知高程的水准点 BM 开始，沿一条路线进行水准测量，最后连测到另一个已知高程的水准点 BM 上。如图 2-1-2(a) 所示。

（2）闭合水准路线：从一个已知高程的水准点 BM 开始，沿一个环形路线进行水准测量，最后又回到该点。如图 2-1-2(b)。

（3）支水准路线：从一个已知高程的水准点 BM 开始，沿一条路线进行水准测量既不回到起点，有不符合到另一个水准点上。支水准路线应往返测量。如图 2-1-2(c) 所示。

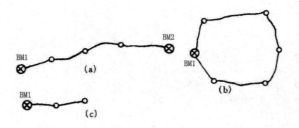

图 2-1-2

3. 水准测量实施的步骤

（1）外业工作

① 埋设水准点：水准点 (Bench Mark)，简记为 BM。用钢筋混凝土桩（或石料桩）埋设，点位处涂上油漆。

② 拟定水准路线：根据特定高程点的位置，拟定合适的水准路线。如下图所示，要测 1、2 点高程，埋设好了 BM 点。根据现场情况拟定为闭合水准路线。

③ 观测、记录并计算。具体的观测情况如图 2-1-3 所示，记录及计算如表 2-1-3 所示。

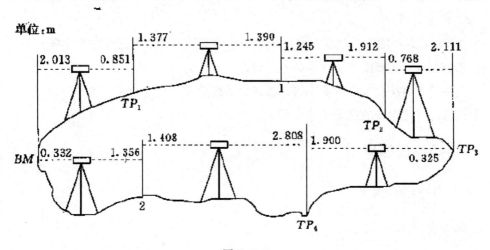

图 2-1-3

表2-1-3　连续水准测量高差记录表 单位：m

测站	点号		后视读数 a	前视读数 b	高差 +	高差 −	高程	备注
1	后	BM	2.013	0.851	1.162			
	前	TP_1						
2	后	TP_1	1.377	1.390		0.013		
	前	1						
3	后	1	1.245	1.912		0.667		
	前	TP_2						
4	后	TP_2	0.768	2.111		1.343		BM 高程已知为100m
	前	TP_3						
5	后	TP_3	0.325	1.900		1.575		
	前	TP_4						
6	后	TP_4	2.808	1.408	1.400			
	前	2						
7	后	2	1.356	0.332	1.024			
	前							
校验	Σ		9.892	9.904	3.586	3.598		
	计算		$\Sigma h=\Sigma a-\Sigma b=-0.012$		$\Sigma h=\Sigma h+-\Sigma h-=-0.012$			

（2）内业工作

外业结束后，不能作为水准的测量成果，根据测量结果必须进行内业计算。

① 先根据外业的观测高差计算高差闭合差。

② 当高差闭合符合规定的要求时，再调整该闭合差，以求改正高差。

③ 最后计算待定点的高差（或高程）。

二、经纬仪的应用

（一）水平角的观测

1. 器材与用具

观测时所用的工具主要有经纬仪、花秆、记录本、计算器、铅笔等。

2. 水平角的观测步骤

（1）经纬仪的安置

经纬仪的安置。包括对中和整平。

1）对中：使仪器的中心点与测站点中心位于同一铅垂线上。具体方法如下：

① 将三脚架置于测站点上，将垂线挂在三脚架安装螺丝的钩子上，调节垂绳长度，使垂球尖头悬垂于贴近与测站点齐平的位置，移动并踩实三脚架，使垂球尖粗略对准测站点，保持架头大致水平。

② 将仪器安置于三脚架顶上，旋转中心螺旋，但不宜过紧。仔细在三脚架上微微平移仪器，直至激光点（或垂球尖端）精确对准测站点。

③ 拧紧中心螺旋，以防仪器从架头摔下。

2）整平：利用基座上 3 个脚螺栓，使照准部在相互垂直的两方向上气泡都居中。从而使仪器的竖轴竖直，达到水平度盘处于水平位置。

① 松开照准部制动螺旋，转动照准部使水准管与基座的任意两脚螺旋的连线平行，两手按相对方向转动这一对脚螺栓，使水准管气泡居中。

② 将照准部旋转 90，调节第 3 个脚螺栓，使气泡居中。

③ 重复前两步骤，直到照准部转到任何位置气泡都居中方可。

（2）正镜照准目标

正镜照准目标：用望远镜瞄准目标，读取水平角。

1）正镜瞄准目标 M 的观测步骤。

① 目镜对光：松开照准部的制动螺栓和望远镜的制动螺栓，让望远镜面对明亮的背景，转动目镜调焦螺旋，是十字丝成像清晰。

② 物镜对光：用望远镜粗略瞄准目标 M，调节照准部和望远镜的制动螺旋，旋转目镜的微动螺旋，使物体成像清晰，调节照准部和望远镜的制动螺旋，使目标与十字丝重合。为减少目标竖立不直的影响，尽量用十字丝交点瞄准底部，双丝夹住轴线或与单竖丝重合。

③ 消除视差。

④ 读数：从电子显示器读出水平角度数（调整水平角度数为零）或光学经纬仪打开反光镜，转动读数显微镜调焦螺旋，使读数划分清晰。读水平度盘 H 读数 b（可以旋转基座上的水平度盘手轮，使读数为 0 附近。如要测 n 个测回，则每次按 180/n 递增），然后记录好数据，以备后期处理，如表 5 所示。

2）正镜瞄准目标 N。

顺时针转动，瞄准 N 点。具体的观测步骤同正镜瞄准目标 M 的步骤，得到水平度盘 H 读数 c。

（3）倒镜照准部目标

倒镜照准目标：用望远镜瞄准目标，读取水平角。

1）倒镜瞄准目标 N。倒转望远镜，逆时针旋转瞄准 N 点。具体的观测步骤同正镜瞄准目标 M 的步骤、可得水平度盘 H 读数 c。

2）倒镜瞄准目标 M。同理，可得水平度盘 H 读数 b。

（4）计算并填表

设测得的 $m_左=0°\ 00'\ 36''$ ，$n_左=68°\ 42'\ 48''$ ；$n_右=248°\ 42'\ 30''$ ，$m_右=180°\ 00'\ 24''$ ；

则水平角 $β_左=n_左-m_左=68°\ 42'\ 12''$ ；$β_右=n_右-m_右=68°\ 42'\ 06''$ ；

一测回角值：$β=\dfrac{β_左+β_右}{2}=68°42'09''$

3. 注意事项

（1）一起本身的误差。一起本身的误差是不可避免的，对于一起产生的误差，只要将仪器经过完善的检验和矫正，就可以将测量误差限制在允许范围之内。此外，多测几次取平均值也可有效地减小仪器误差。

（2）安置一仪器的误差。是指在安置仪器过程中得对中以及整平产生的误差，同时会导致对水平角的观测误差。因此，必须要做好对中及整平，以减小误差。

（3）标志杆倾斜误差以及观测和读数上的误差。

（4）在实际作业时，为了保证精度往往需要观测几个测回，为了减弱度盘刻度不均匀而引起的误差，往往在没测回开始时，应变换水平度盘位置，每测回递增 180/n。

（三）竖直角的观测

1. 竖直角测量原理

竖直角是指同一竖直面内视线与水平线间的夹角。

（1）观测原理

利用目标视线与水平面分别在竖盘上的读数，两读数之差即为竖直角。其角值为 0 ~ 90。视线向上倾斜，为仰角，符号为正；视线向下倾斜，为俯角，符号为负。

（2）竖直角与水平角观测的异同

竖直角与水平角一样，其角值也是度盘上两个方向读数之差。不同的是竖直角的两个方向中必须一个是水平方向（任何类型的经纬仪，当竖直指标水准管气泡居中，视线水平时，其竖盘读数就是一个固定值）。因此，在观测竖直角时，只要观测目标点一个方向并读取竖盘读数，便可算得目标点的竖直角。

2. 器材与用具

竖直角的测量时所用的工具主要有经纬仪、花杆、记录本、计算器、铅笔等。

3. 竖直角观测步骤

竖直角观测步骤以图中测 B 点为例。

（1）在 O 点安置好经纬仪（包括对中、整平）

（2）正镜瞄准目标

1）目镜对光；

2）物镜对光；

3）消除视差；

4）读数。

①打开反光镜每转动读数显微镜调焦螺旋，使读数分画清晰。（适用于光学经纬仪）

②在显示器上读出竖直角值。调竖盘指标水准管微动螺旋，使竖盘指标水准管气泡居中。然后读竖直度盘 V 度数 L。（适用于光学经纬仪）

③然后记录好数据，以备后期处理。

（3）倒镜照准目标

倒镜望远镜，逆时针旋转瞄准 B 点，同理可得竖盘 V 读数 R。

4. 注意事项

（1）在测量过程中一定要认真仔细，尽量避免不必要的误差。正常情况下，视准轴水平指标水准管气泡居中时，指标所指读数为 90 的倍数。若此读数比 90 整数倍大于一个整数值 I，其差值就为竖盘指标差。

（2）存在指标查得仪器至少必须测一个测回，用来抵消指标差的影响。

（四）高差及视距的观测

1. 测量原理

视距测量是利用望远镜内的视距线装置，配合视距丝，根据几何光学和三角学中得相似原理，可同时测定两点间的水平距离以及高差。

（1）水平视距测量

在待测两点上分别安置仪器和视距尺，当视距水平时读取一起上丝、中丝及下丝的数值，然后通过三角形关系计算得出视距和高差。

（2）倾斜视距测量

同水平测量相似，不过望远镜视线是倾斜的。观测时读取仪器上丝、中丝以及下丝的数值，还有竖直角的值，然后通过三角形关系计算得出视距和高差。

2. 器材与用具

测量时所用的工具主要有经纬仪、视距尺、钢尺、记录本、计算器、铅笔等。

3. 正镜观测

（1）目镜对光。

（2）物镜对光。用望远镜粗略瞄准目标点视距尺，拧紧照准部和望远镜的制动螺旋，旋转目镜的微动螺旋，使物体成像清晰，调节照准部和望远镜的微动螺旋，使十字丝双丝夹住视距尺轴线，或与单竖丝重合。

（3）消除视差。

（4）读上、下中丝数。望远镜瞄准视距尺，分别读取上、下丝的数值（将上丝读数减去下丝读数，即使视距间隔1），再读取中丝读数。

（5）读竖盘读数。在中丝读数不变的情况下，转动竖盘指标水准管微动螺旋，使气泡居中，读竖盘读数L，计算竖直角。

4. 倒镜观测

倒转望远镜，逆时针转动照准部瞄准视距尺。

（1）目镜对光。正镜调好后，此时一般不用再调。

（2）物镜对光且调整上、下中丝读数，使上、下、中丝读数与正镜观测时一致，确保正倒镜瞄准的是视距尺上的同一点。

（3）消除视差。

（4）检查上、下、中丝数。确保读数没发生变化。

（5）读竖盘读数，计算竖直角。

三、其他常用距测量方法

（一）三角分析测距

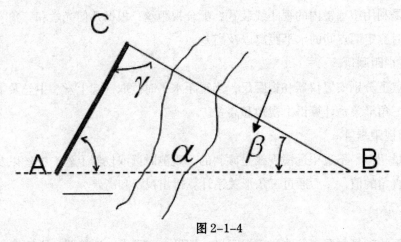

图 2-1-4

三角形分析法测距：A、B 两点间的距离为待测距离，A、C 是根据现场地形布设测定基线。

测量步骤：

1. 选择基线 AC 或 BC。

2. 分别在 B、C 点测量

3. 按照正弦定理知

$$\frac{AB}{\sin \gamma} = \frac{AC}{\sin \beta} = \frac{BC}{\sin \alpha}$$

$$AB = AC \frac{\sin \gamma}{\sin \beta}$$

注意：小角应不小于 1°，基线与所求边夹角应在 70° ~ 110° 之间，对两个小角需进行实测。

（二）横基线法测距

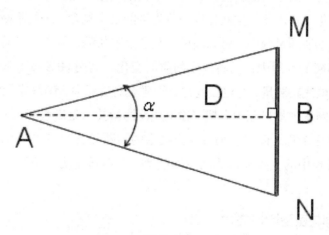

图 2-1-5

1. 横基线法测距：MN 为专用横基线尺，长度 2 米。

2. 使横基线尺的边缘与望远镜的十字丝横丝重合

$$D = \frac{l}{2} \cot \frac{\alpha}{2}$$

（三）钢尺测距

在平坦地面上丈量：

首先进行直线定线，丈量时后尺手拿尺的零端点，前尺手拿尺的末端点，后尺手目视终端滑竿，以手势指挥前尺手拉在 AB 直线上；

两尺手蹲下，后尺手把零点对准点，喊"预备"，前尺手把尺通过所做的记号，两人同时拉紧尺子（约 50N），尺稳后，后尺手喊"好"，前尺手对准尺的终点刻画将一测钎垂直插在地面上。这样就丈量完了第一尺段；

用同样的方法，继续向前量第二、第三……第 N 尺段，量完每一尺段时，后尺手必须将插在地面上的测钎拔出收好，用来计算量过的整尺段数。

四、架空输电线路测量技术发展现状及展望

（一）架空输电线路测量技术的发展过程

在 20 世纪 90 年代，由于我国经济较为落后，我国电力行业发展的速度较为缓慢，相关的监测仪器较为落后。同时，在测量的过程中，我国电力行业测量的单位，都是传统的测量单位为主，例如：经纬仪、塔尺、花杆和旗语为主，这样严重地影响了我国电力行业的发展。但是，在 20 世纪 90 年代以后，架空输电线路测量技术的精准度、测距远等各个方面都有着很大程度上的提高，逐渐的取代了电力行业传统的测量形式，向现代化技术不断地转变。但是，在不断发展的今天，我国经济得到了高速的发展，人们的生活水平也不断地提高，对我国电力工程的建设也提出了较高的要求。

我国电力行业为了满足人们的需求，对架空输电线路测量技术的发展形式，进行了不断地创新，对信息化、自动化、空间化等一些先进的技术概念，进行不断地提出，这无疑对电力行业在不断发展的过程中，带来新的挑战和发展机遇。在这样的情况下，架空输电线路测量技术在不断的发展中，已将发生的质的变化，利用 GPS 技术和航空摄影测量技术进行电力架空输电线路测量，这也在电力工程建设的过程中，较为常见的一种测量技术。在我国电力行业不断发展的过程中，架空输电线路测量技术是以数字化为主，将电力工程逐渐地转变为信息化工程。同时，随着电力技术的不断发展，3S 技术也是架空输电线路测量技术在发展过程中的，重要形式和发展趋势，为我国电力行业开创了一个新的发展方向。

（二）架空输电线路测量技术

1. 电力工程检测技术

近几年，随着我国电力行业的不断发展，架空输电线路测量技术作为我国电力工程建设的重要部分，也得到了有效的发展。并且在架空输电线路测量技术运行的过程中，主要是以 GPS 技术和全站仪技术为主，对电力工程的建设的情况进行检查，在利用相应的卫星图和地图等形式，作为架空输电线路测量技术运行的辅助手段。这样电力工程检测技术，在我国电力行业发展的过程中，被广泛地使用，其效果非常的显著。

2. 航空摄影技术

航空摄影技术是架空输电线路测量技术中重要的技术形式，是利用照相机进行航空拍摄，在按照相应的测量流程，对电力工程进测量，利用计算机技术对电力工程的进行全面的定位，这样可以在最大程度上保证了测量的数据，和拍摄影响的保持一致。其实这一技术的产生，也就证明了我国电力行业得到了很大程度上的提升，成为我国经济发展的领先军。

（三）架空输电线路测量技术未来发展的趋势

1. 无人机技术

无人机技术是我国架空输电线路测量技术发展重要技术之一，也是我国电力行业重要的发展方向。无人机技术的提出主要是针对我国一些海拔较高的地区，这对架空输电线路的测量，起到了重要的作用和意义。其实无人机技术在运行的过程中，其工作的原理大致是和航空摄影技术是相同的，都属于低空数字航空测量，其运行的速度较快，操作流程相对较为简单，所拍摄影的分辨率也相对较高，制作的时间也相对较短，这样在很大程度上节约电力工工程建设的成本，也将架空输电线路测量技术的功能的得到充分的展现，比较适合我国四川、贵州、福建等地区。

2. 电力信息平台技术

电力信息平台技术作为架空输电线路测量技术中重要的发展形势，在我国电力行业不断发展的过程中，起到了重要的意义和作用。电力信息平台技术是以 GIS 技术为主的，对电力工程建设过程中的信息、数据等，进行不断地更新、处理、分析、显示等一系列分析，并通过利用计算机技术构建立体的三维模型，这样对相关信息和数据的查找，提供了便利的条件。另外，电力信息平台在电力工程线路选择的过程中，起到了重要的作用，利用的电子遥感技术，对地貌和地形可以进行全面分析，在最大程度上保持了地貌和地形的一致。对于那些看不清的电力工程线路，电力信息平台可以进行准确的描绘，这样不仅仅促进了我国电力行业的发展，也使架空输电线路测量技术得到了进一步的提高。

第二节　输电线路设计测量

一、概述

输电线路在勘测设计中所进行的测量工作，称为输电线路设计测量。

输电线设计测量一般分为线路初勘测量、终勘测量和杆塔定位测量三个部分。

初勘测量的主要任务是根据地形图上初步选择地路径方案，进行现场实地踏勘或局部测量，以便确定最合理的路径方案，为初步设计提供必要的测绘资料。

终勘测的主要任务是根据批准的初步设计方案，在现场进行选线测量、定线测量、交叉跨越测量、平断面测量，并绘制平断面图，为施工图设计提供必要的资料。

杆塔定位测量的主要任务是根据平断面图上排定的杆塔位置，现场验证或调整图上杆塔的定位方案，最后在地面上标定出杆塔的中心桩，以便日后进行施工。

对于 220kV 及以下的输电线路，由于设计技术和杆塔形式已基本定型化，为了加快工程进度，往往把终勘测量和杆塔定位测量合并为一道工序，即在平断面测量时，根据现场绘制的平断面图，立即在图上排定杆塔的位置并确定杆塔的形式，然后就地将平断面图上的杆塔位置标定在地面上。这种把终勘测量和杆塔定位测量结合起来的测量方法称为现场一次终勘测量。

现场一次终勘测量的优缺点：

优点：可以减少杆塔定位测量是往返现场的时间，明显的缩短设计周期。另外，若在现场排定杆塔的位置并确定高杆塔的形式遇到问题时可以就地解决，避免了因终勘测量漏测或失误等原因造成室内杆塔定位的返工。即采用现场一次终勘测量不仅能提高终勘测量的效率还能保证设计质量。

缺点：对于电压等级较高的线路，或地形复杂、交叉跨越较多、受客观制约因素较多的线路，不宜采用现场一次终勘测量。

二、线路的初勘测量

在输电线路的起讫点之间选择一条能满足各种技术条件、经济合理、运行安全、施工方便的线路路径是线路初勘测量的主要任务，所以线路初勘测量也称为选择路径方案测量。

（一）收集资料

1. 线路可能经过地区的地形图。

2. 线路可能经过地区已有的平面及高程控制点资料。

3. 了解线路两端变电站（或发电厂）的位置，进出线回路数和每回路的位置，变电站线路可能经过地区（或发电厂）附近地上、地下设施以及对线路端点杆塔位置的要求。

4. 了解线路附近的通信线路网，并绘制输电线路与通信线路的相对位置图，以便计算输电线路对通信线路的干扰影响。

5. 了解沿线路厂矿企业、城市的发展规划，收集沿线路机场、电台、军事设施、公路、铁路、水利设施等资料，了解它们对线路路径的要求。

（二）室内选线

室内选线又称图上选线，它是根据线路的起讫点和收集的资料在地形图或航摄像片图上选择线路的路径。

1. 室内选线的步骤

（1）室内选线要有测量人员和设计人员共同进行。测量人员应协助设计人员在地形图上标出线路的起讫点、中间点和拟建巡线站、检修站的位置，标出城镇发展规划、新建和拟建厂矿企业及其他建筑物的范围，标出已运行的输电线路的路径、电压、回路数以及主要杆塔形式。

（2）然后，把拟设计线路较好的路径选择出来，并标记在地形图上，同时注明线路全长。

2. 室内选线注意事项

（1）选线时，要全面考虑国家和地方的利益以及输电线路对沿线地上、地下建筑物的影响，认真分析地形、地质、交通、水文、气象等条件，尽可能使线路接近于直线，使线路沿缓坡或起伏不大的地区布置。

（2）为了减少狂风和暴风对输电线路的影响，输电线路不宜设在高山顶、分水岭和陡坡上。

（3）所选择地路径除应满足现行规定的相关技术要求外，还应尽量使选择的线路路径长度最短，少占农田，转交、跨越少，避开居民区、大森林以及地质恶劣地带。

（4）此外为了便于施工和检修，线路路径应尽量布置在靠近公路、铁路、水路等交通方便的地带。

（三）现场选择路径方案

现场选择路径方案是初勘测量的主要工作，也称为踏勘选线。它是根据室内选择的路径方案，到现场实地察看，鉴定图上所选路径是否满足选线技术要求。通过反复比较，以便确定经济合理的路径方案。

实地察看时，应把沿线察看和重点察看相结合。

踏勘选线的原则：

（1）沿线察看时，一般可根据实地地物，先确定转角点的位置，然后目测两转角点之间沿线的路径情况。当线路较长或遇到障碍物时，若两转角点不能通视可在线路中间的高处，目测线路前后通过的情况。

（2）在城市规划区、居民区、拥挤地段以及地形、地质、水文、气象条件比较复杂的地段，或对线路走向要求严格的地方，应重点察看。

（3）若采用目测方法难以确定路径时，可采用仪器定线的方法测量确定路径的准确位置，然后判断是否满足有关要求，必要时收集或测绘大跨越平断面图或重要交叉跨越平断面图、发电厂或变电站两端进出线平面图、拥挤地段平面图等。

（4）若发现图上对路径有影响的地物与实际情况不符时，应现场修测地形图。

（5）现场实地察看时，应详细记录各个路径方案的优缺点，并提出可行的修改方案。根据踏勘选线的结果和路径协议情况，测量人员要协同设计人员，修改图上选线方案，并再次对各方案进行技术、经济比较，最后确定一条经济合理、施工方便、运行安全的路径方案，并将选好的路径标注在地形图上作为初步设计方案，然后将初步设计方案报上级有关部门审批。

三、选线测量

（一）选线测量主要工作

其主要工作是根据批准的初步设计路径方案，在地面上选定转角点的位置，钉转角桩。转角桩桩顶应与地面齐平，并在桩旁插红白旗作为标志。如遇树木、房屋等障碍物，转角点之间不能通视时，可在线路路径方向上另选方向点竖立标志，用来作为定线测量方向目标。

转角点的设置：

由于输电线路在转角点转向，所以转角点的选择极其重要。

1. 转角点的选择

技术上要求线路的转角点要少、转角要小，而且与前后相邻杆塔的距离避免出现过大或过小挡距。

为了便于施工，转角点应选在易易于开挖和安装杆塔的地方，而且要有一定的移动范围，以便调整线路。

2. 转角桩的编号通常用"J"表示；

为了防止转角桩日后遗失，一般在转角点沿路径前后 10 米处定方向线桩；

为了便于转角杆塔的施工和安装，在转角的角平分线 5 米处钉分角线桩，桩旁钉一书写"分"字的边桩。

3. 选线测量的任务

选线测量除了确定线路方向之外，还应及时消除沿线的障碍物，以便保证线路前后方向通视，为定线测量创造条件。

另外，当发现初勘测量选择的路径不够合理，或现场出现新的建筑物或其他设施时，应根据实际情况重新选线，调整初步设计的路径方案。

（二）选线测量的方法

在拥挤地段或规划区，对线路的转角点及路径位置要求严格时，选线测量可采用仪器定线确定转角点和线路方向。

1. 目测选线

利用室内选线确定的路径图，在现场找出转角点的实地位置。

由于平原和丘陵地段均能满足要求，因此，一般不必采用仪器选线。此时，可根据实地地形、地物相对位置关系，找出转角点的位置，并检查路径走向是否合理。

2. 仪器选线

在地形复杂地段，一般采用经纬异进行选线测量。其常用方法有以下几种。

（1）越角选线法

一般情况下，转角点之间距离往往很长，有时可达 15 ~ 30km，他们之间不能直接通视。当选线人员确定了某一转角点的位置后，可在该转角点设立标志，然后直接到线路前进方向距转角点的地形、地物、交叉跨越以及线路路径上的制高点，用经纬仪后视转角点，用仪器检查这段路径的地形、地物、交叉跨越以及线路指建筑物的距离等情况，游客贯穿线路前进方向的路径情况。若前后无特殊障碍物，结合已掌握的地形资料，证明路径前后方向基本正确时，即可确定这段路径。若路径上有不合适的地方，可移动仪器重新选线，直到满意为止。

（2）交角法

当线路通过山区、拥挤地段或大跨越地段时，若选线人员对前面一段路径走向没有把握，或为了避开建筑物等设施，悬线人员可以事先到前面踏勘，然后从前面复杂地段向回测定直线，与原线路交会处转角点，这种选线方法称为交角法。采用交角法时，应注意转角点必须选在平坦开阔地带，否则所交会出来的转角点往往不会令人满意。

四、定线测量

（一）定线测量的主要工作

定线测量应在选线测量之后进行，其主要工作是按照选线测量确定的路径，将线路路径落实到地面上。除了在地面上标定线路的起点、终点和中间点的桩位外，一般还应每隔 400 ~ 600m 在地面上标定一个直线桩，为便于以后进行平断面测量和交叉跨越装等桩点。同时测出转角点的转角大小，测出上述各方现状的高程和各桩点之间的水平距离，以此作为平断面测量、交叉跨越测量和杆塔定位测量的控制数据。

定线测量应尽量做到线位结合，即在定线测量的同时，要考虑到实地地形能满足立杆塔的可能性。

此外，在线路路径上标定的直线桩、测站桩、交叉跨越桩等均应分别按顺序编号。各种装的符号以汉语拼音的第一高大写字母表示，如 Z 表示直线桩、C 表示测站桩、JC 表示交叉跨越桩。

（二）定线测量的方法

定线测量需根据路径上障碍物的多少以及地形复杂程度而采样不同的方法，常用的方法有以下几种。

1. 前视法定线

如果相邻的转角点 J4、J5 互相通视，可在 J4 点安置经纬仪，在 J5 点树立标杆，然后用望远镜照准前视点 J5 的标杆，固定照准部，此时观测者通过望远镜利用竖直的竖直面，指挥定线扶杆人员在选定的路径附近移动标杆，直至标杆与十字竖丝重合，即可直接标定出路径方向桩的位置，然后用标杆尖端在桩顶上钻一小孔，并在孔中钉一小钉作为标志。小钉钉好后，必须重复照准一次，以防有误。

2. 分中法定线

采用正倒镜两次观测，以两次观测前视点的中分位置作为方向桩，以此确定直线的延长线，这种方法称为分中法定线。方向桩的位置应选在便于安置一前和便于观测且不易丢失的地方。方向桩一般选在山岗、路边、沟边、树林、坟地等非耕种地带。

3. 三角法定线

若线路上有障碍物不能通视时，可采用三角法间接定线。在施测过程中，各点的水平角应采用测回法观测一个测回，便长应往返丈量，且往返丈量的相对误差应小于 1/2000，且边长不得小于 20m。

4. 坐标定线法

坐标定线法用于线路中线的位置必须用坐标控制的地段，如线路再出发电厂或进、出变电站的规划走廊区以及城市规划区和建筑物拥挤地段等。当线路通过上述区域时，可根据线路附近现有控制点的坐标以及线路进出上述区域甘甜的设计坐标值反酸楚水平角和水平距离，根据控制点的坐标采用极坐标法在实地测设干他的位置。

（三）线路转角测量

线路上的转角点，均需进行水平角测量，以便进行转角塔的设计，同时检查方向点、转角点的平面位置精度有要求时，应按规定执行。有条件时，转角点应与已有的控制点连测，以便取得线路在地形图上的准确位置。

需要说明的是：所谓线路转角是指按线路前进方向，转角桩的前一直线的延长线和后一直线所夹的水平角。在前一直线延长线右边的角称右转角，在左边的称左转角。

（四）距离、高程测量

在定线测量时，测量人员还应及时测量出方向桩点间的水平距离和方向桩的高程，以作为后面工序的控制数据。

各桩点之间的水平距离和高差，一般采用经纬仪视距测量法施测。为了保证测量的精度，应采用对向观测或同向两次观测，取两次观测的平均值作为最后结果，两次测距的相对误差应小于 1/300。另外，竖直角应采用盘坐、盘右观测，且竖盘指标差变动范围应小于 25″。

若桩点间距离较远，可采用测距仪或全站仪，并用三角高程测量法测定桩点的高程。

五、平断面测量

平断面测量分为平面测量和断面测量。在定线测量的同时，测绘处沿线路路径反向的带状平面图、部分边线断面图及与线路路径垂直方向的部分横断面图是平断面测量的主要任务。其主要工作如下：

（一）复核定线测量的数据

在进行线路的平、断面测量之前，首先应复核定线测量所埋设的方向桩之间的水平距离、高差，转角点的转角读数。若与定线测量的数据相吻合时，则取定线测量的数据作为控制数据。复核的方法与定线测量时采用的方法相同。

（二）线路平面测量

进行线路平面测量时，一般对线路中心两侧各 50m 范围内的建筑物、经济作物、自然地物以及与线路平行的弱电线路，应测绘其平面位置，对房屋或其他设施应标记与线路中心线的距离及其高度。

线路中心线两侧 30m 内的地物可不必实测，对于不影响排定杆塔位的地位或在线路中心线两侧 30 ~ 50m 之间的地物可不必实测，而用目测方法勾绘其平面图。

当输电线路与弱电线路平行接近时，为了计算干扰影响，需测绘出其相对位置图。在线路中心两侧 500m 以内时，一般用仪器实测其相对位置；在 500m 以外时，可在 1/10000 或 1/50000 地形图上调绘其相对位置。

若变电站线路进、出线两端没有规划时，还应测绘进、出线平面图。将变电站的门形构造、围墙，线路的近、出线方向以及金、出线范围内的地物、地貌均应测绘在进、出线平面图上。进、出线平面图的比例尺为 1/500 ~ 1/5000，其施测方法和技术要求与地形测量相同，只是不注记高程。

（三）线路断面测量

在定线测量的同时，沿线路路径中心线及局部路径的边线或垂直于线路的方向，测量地形起伏变形点的高程和水平距离，以显示该线路的地形起伏状况，这种测量工作称为线路断面测量。其中，沿线路路径中心线施测，称为横断面测量。断面测量可以采用视距测量的方法测定断面点的距离和高程。

1. 纵断面测量

测量线路纵断面是为了绘制线路纵断面图，以供设计时排定杆塔的位置，使导线弧垂离地面或对被跨越物的垂直距离满足设计规范的要求。

（1）断面站的选择

线路纵断面图的质量取决于断面点的选择。断面点测得越多，则纵断面图越接近实际情况，但工作量太大；若断面点测得过少，则很难满足设计要求。在具体实测过程中，通常以能控制地形变化为原则，选择对排定杆塔位置或对导线弧垂有影响、能反映地形起伏变化的特点作为断面点。对地形无显著变化或对导线没有影响的地方，可以不测断面点；而在导线弧垂对地面距离有影响的地段，应适当加密断面点，并保证其高程误差不超过0.5m。

一般而言，对于沿线的铁路、公路、通信线路、输电线路、水渠、架空管道等各种地上、地下建筑物和陡崖、冲沟等与该输电线路交叉处以及树林、沼泽、旱地的边界等，都必须施测断面点。在丘陵地段，地形虽有起伏，但一般都能立杆塔，因此，除明显的洼地外，岗、坡地段都应施测断面点；对于山区，由于地形起伏较大，应考虑到相应地段立杆的可能性，在山顶处应按地形变化选择断面点，而山沟底部对排杆塔影响不大，因此适当减少或不测断面点；在跨河地段的断面，断面点一般只测到水边。若路径或路径两旁有突起的怪石或其他特殊的地形情况，往往导致导线弧垂对这些点的安全距离不能满足设计要求，这些点称之为危险断面点。在断面测量时应及时测定危险断面点的位置和高程，供设计杆塔时作为决定杆塔高度的参数。

（2）施测方法

纵断面测量是以方向桩为控制点，沿线路路径中心线采用视距测量的方法，测定断面点至方向桩间的水平距离和断面点的高程。为了保证施测精度，施测时应现场校核，防止漏测和测错。另外，断面点宜就近桩位施测，不得越站观测。视距长度一般不应超过200m，否则应增设测站点。

2. 边线断面测量

在设计排定线路杆塔位置时，除了考虑线路的中心导线弧垂对地面的安全距离外，还应考虑线路两侧的导线（边线）弧垂对地面的距离是否满足要求。线路两侧导线的断面称为边线断面。

边线断面测量应与线路纵断面测量同时进行。在测出线路中线某断面点后，扶尺者从该点沿垂直线路方向向外量出一个线距离，立尺测出其高程即为边线断面点的地面高程。

3. 横断面测量

当线路通过大于 1 : 5 的斜坡地带或接近豆油、建筑物时、应测量与线路路径垂直方向的横断面，以便在设计杆塔位置时，充分考虑边导线在最大风偏后对斜坡地面或对突出物的安全距离是否满足要求。为此，横断面测量前应根据实地地形、杆塔位置和导线弧垂等情况，认真选定施测横断面的位置和范围。施测的时将经纬仪安置在线路方向桩上，先测定横断面与中线交点的位置和高程，然后将经纬仪安置在横断面与中线的交点上，后视某一方向桩，再将照准不转动 90°，固定照准部，采用与纵断面测量相同的方法测出高于中线地面一侧的横断面。其施测宽度一般为 20 ~ 30m。

（四）线路平断面图的绘制

沿输电线路中心线、局部边线及垂直于线路中心线方向，按一定比例尺绘制的线路断面图和线路中心线两侧各 50m 范围内的带状平面图，称为线路平断面图。它是线路平断面图，它是线路终勘测量的重要成果，是设计和排定杆塔位的主要依据。

1. 线路断面图的绘制

线路断面图包括：线路纵断面图、局部边线断面图和横断面图。

（1）纵断面图的绘制

根据纵断面测量的记录，计算出各断面点之间的水平距离，依据水平距离、高程按一定的比例逐点将断面点展绘在坐标方格纸上，然后再将各断面点连接起来，就得到了线路纵断面图。绘图比例尺横向通常采用 1：5000，表示水平距离；纵向通常采用 1：500，表示高程。

在纵断面图上，除应显示线路方向的地貌起伏状况和高程外，还应注明方向桩的类型、方向桩的高程、相邻方向桩间的距离，注明相关交叉跨越物的名称、里程、高程或高度，线路与高压线路、通信线路交叉时还应分别注明高压线路电压的伏数和通信线路的级别。另外，危险断面点在纵断面图上也应绘出，表示方法为→。其中，→上方表示危险断面点的高程，→下方表示危险断面点至测站的距离，→指向测站方向。

对精度要求较高的大跨越地段，为了保证杆塔高度及位置的准确性，线路纵断面图的横向比例尺可采用 1：2000，纵向比例尺可采用 1：200。另外，当线路路径很长时，纵断面图可以分段绘制，连接处尽量选在转角点。

（2）边线断面图的绘制

根据边线断面点的高程，将边线断面点绘在相应的中线断面点所在点的竖线上。用虚线或点画线连接边线断面点，即得边线断面图。在边线断面图中，一般用点画线"—•—•—"表示右边线断面图，用"————"表示作边线断面图。

（3）横断面图的绘制

横断面图的纵向、横向绘图比例尺相同，且与纵断面图的纵向比例尺一致。通常采用 1：500 的比例尺将横断面图绘制在纵断面图的上方。横断面图上的中线点应与施测出的中线点在纵断面图的同一位置上。

2. 线路平面图的绘制

为了掌握线路走向范围内的地物、沟坎和地质情况，在纵断面图的下面根据需要对应绘出线路中线两侧各 50m 范围内的带状平面图。平面图的比例尺应与纵断面图的横向比例尺相同，一般用 1：5000 的比例尺绘制。线路转角点的位置、转角方向和转角度数，交叉跨越物的位置、长度及其线路的交叉角度，线路中线附近的建筑物、经济作物、自然地物及冲沟、陡坡等位置都应在平面图上表示出来。

第三节 输电线路卫星定位测量技术

一、GPS 技术

GPS 作为最新型的定位技术正在广泛地应用于军事、科学、汽车定位及我们生活的手机定位等等。GPS 的诞生使我们的生活发生了巨大的变化，科学研发也有了很大的突破，GPS 使很多事情变得更精准化，工作效率化，GPS 的灵活、方便使它的应用范围变的广泛起来。

GPS 又称为全球定位系统 (Global Positioning System，GPS)，是美国从 20 世纪 70 年代开始研制，于 1994 年全面建成，具有海、陆、空全方位实时三维导航与定位能力的新一代卫星导航与定位系统。GPS 是由空间星座、地面控制和用户设备等三部分构成的。GPS 测量技术能够快速、高效、准确地提供点、线、面要素的精确三维坐标以及其他相关信息，具有全天候、高精度、自动化、高效益等显著特点，广泛应用于军事、民用交通（船舶、飞机、汽车等）导航、大地测量、摄影测量、野外考察探险、土地利用调查、精确农业以及日常生活（人员跟踪、休闲娱乐）等不同领域。现在 GPS 与现代通信技术相结合，使得测定地球表面三维坐标的方法从静态发展到动态，从数据后处理发展到实时的定位与导航，极大地扩展了它的应用广度和深度。载波相位差分法 GPS 技术可以极大提高相对定位精度，在小范围内可以达到厘米级精度。此外由于 GPS 测量技术对测点间地通视和几何图形等方面的要求比常规测量方法更加灵活、方便，已完全可以用来施测各种等级的控制网。GPS 全站仪的发展在地形和土地测量以及各种工程、变形、地表沉陷监测中已经得到广泛应用，在精度、效率、成本等方面显示出巨大的优越性。

（一）系统组成

GPS 系统包括三大部分：空间部分—GPS 卫星星座；地面控制部分—地面监控系统；用户设备部分—GPS 信号接收机。

1. GPS 卫星星座

由 21 颗工作卫星和 3 颗在轨备用卫星组成 GPS 卫星星座记作 (21+3)GPS 星座。24 颗卫星均匀分布在 6 个轨道平面内轨道倾角为 55 度各个轨道平面之间，相距 60 度即轨道的升交点赤经各相差 60 度。每个轨道平面内各颗卫星之间的升交角距相差 90 度，一轨道平面上的卫星比西边相邻轨道平面上的相应卫星超前 30 度。

在两万 km 高空的 GPS 卫星当地球对恒星来说自转一周时，它们绕地球运行二周即绕地球一周的时间为 12 恒星时，这样对于地面观测者来说每天将提前 4 分钟见到同一颗

GPS 卫星。位于地平线以上的卫星颗数随着时间和地点的不同而不同，最少可见到 4 颗最多可见到 11 颗。在用 GPS 信号导航定位时为了结算测站的三维坐标必须观测 4 颗 GPS 卫星称为定位星座。这 4 颗卫星在观测过程中的几何位置分布对定位精度有一定的影响。对于某地某时甚至不能测得精确的点位坐标这种时间段叫作"间隙段"，但这种时间间隙段是很短暂的并不影响全球绝大多数地方的全天候、高精度、连续实时的导航定位测量。GPS 工作卫星的编号和试验卫星基本相同。

2. 地面监控系统

对于导航定位来说 GPS 卫星是一动态已知点。卫星的位置是依据卫星发射的星历——描述卫星运动及其轨道的参数算得的。每颗 GPS 卫星所播发的星历是由地面监控系统提供的。卫星上的各种设备是否正常工作以及卫星是否一直沿着预定轨道运行都要由地面设备进行监测和控制。地面监控系统另一重要作用是保持各颗卫星处于同一时间标准——GPS 时间系统。这就需要地面站监测各颗卫星的时间求出钟差，然后由地面注入站发给卫星再由导航电文发给用户设备。GPS 工作卫星的地面监控系统包括一个主控站、三个注入站和五个监测站。

3. GPS 信号接收机

GPS 信号接收机的任务是：能够捕获到按一定卫星高度截止角所选择地待测卫星的信号，并跟踪这些卫星的运行对所接收到的 GPS 信号进行变换、放大和处理以便测量出 GPS 信号。从卫星到接收机天线的传播时间解译出 GPS 卫星所发送的导航电文实时地计算出测站的三维位置甚至三维速度和时间。

GPS 卫星发送的导航定位信号是一种可供无数用户共享的信息资源。对于陆地、海洋和空间的广大用户只要用户拥有能够接收、跟踪、变换和测量 GPS 信号的接收设备即 GPS 信号接收机。它可以在任何时候用 GPS 信号进行导航定位测量。根据使用目的的不同，用户要求的 GPS 信号接收机也各有差异。目前世界上已有几十家工厂生产 GPS 接收机产品也有几百种。这些产品可以按照原理、用途、功能等来分类。

静态定位中 GPS 接收机在捕获和跟踪 GPS 卫星的过程中固定不变，接收机高精度地测量 GPS 信号的传播时间，利用 GPS 卫星在轨的已知位置解算出接收机天线所在位置的三维坐标。而动态定位则是用 GPS 接收机测定一个运动物体的运行轨迹。GPS 信号接收机所位于的运动物体叫作载体（如航行中的船舰空中的飞机行走的车辆等）。载体上的 GPS 接收机天线在跟踪 GPS 卫星的过程中相对地球而运动接收机用 GPS 信号实时地测得运动载体的状态参数（瞬间三维位置和三维速度）。

接收机硬件和机内软件以及 GPS 数据的后处理软件包构成完整的 GPS 用户设备。GPS 接收机的结构分为天线单元和接收单元两大部分。对于测地型接收机来说两个单元一般分成两个独立的部件观测时，将天线单元安置在测站上接收单元置于测站附近的适当地方用电缆线将两者连接成一个整机。也有的将天线单元和接收单元制作成一个整体观测时将其安置在测站点上。

GPS 接收机一般用蓄电池做电源，同时采用机内、机外两种直流电源。设置机内电池的目的在于更换外电池时不中断连续观测。在用机外电池的过程中机内电池自动充电，关机后机内电池为 RAM 存储器供电以防止丢失数据。

近几年国内引进了许多种类型的 GPS 测地型接收机。各种类型的 GPS 测地型接收机用于精密相对定位时，其双频接收机精度可达 5MM+1PPM.D，单频接收机在一定距离内精度可达 10MM+2PPM.D。用于差分定位其精度可达亚米级至厘米级。

目前各种类型的 GPS 接收机体积越来越小重量越来越轻便于野外观测。GPS 和 GLONASS 兼容的全球导航定位系统接收机已经问世。

（二）定位原理

GPS 的基本定位原理是：卫星不间断地发送自身的星历参数和时间信息，用户接收到这些信息后经过计算求出接收机的三维位置、三维方向以及运动速度和时间信息。

基于 ARM 的 GPS 定位系统，将其数据接收装置安装在待跟踪的物体上，数据接收装置通过接收 GPS 信号解析待跟踪物体的定位信息，数据接收装置再通过无线射频向数据处理装置发送待跟踪物体的定位信息，数据处理装置处理接收到的定位信息，实现物体远距离定位的目的。

也就是说，GPS 定位是在被定位的物体或是设备上提前安装 GPS 装置，通过卫星去获取 GPS 装置的位置信息，然后将位置信息传递给控制端的一个过程。被定位端要预先安装 GPS 装置才可以定位，而且装置必须得处于工作状态，否则是定位不到的。

（三）系统特点

GPS 系统具有以下主要特点：高精度、全天候、高效率、多功能、操作简便、应用广泛等。

定位精度高应用实践已经证明 GPS 相对定位精度在 50KM 以内可达 10 ~ 6m，100 ~ 500KM 可达 10 ~ 7m，1000KM 可达 10 ~ 9m。在 300 ~ 1500M 工程精密定位中 1 小时以上观测的解其平面位置误差小于 1mm，与 ME-5000 电磁波测距仪测定得边长比较其边长较差最大为 0.5mm，校差中误差为 0.3mm。

观测时间短随着 GPS 系统地不断完善软件的不断更新，目前 20KM 以内相对静态定位仅需 15 ~ 20 分钟。快速静态相对定位测量时当每个流动站与基准站相距在 15KM 以内时，流动站观测时间只需 1 ~ 2 分钟然后可随时定位每站观测只需几秒钟。

测站间无须通视 GPS 测量，不要求测站之间互相通视，只需测站上空开阔即可，因此可节省大量的造标费用。由于无须点间通视点位位置可根据需要可稀可密，使选点工作甚为灵活，也可省去经典大地网中的传算点、过渡点的测量工作。

可提供三维坐标经典大地测量将平面与高程采用不同方法分别施测，GPS 可同时精确测定测站点的三维坐标。目前 GPS 水准可满足四等水准测量的精度。

操作简便随着 GPS 接收机不断改进自动化程度越来越高，有的已达"傻瓜化"的程度，接收机的体积越来越小，重量越来越轻，极大地减轻测量工作者的工作紧张程度和劳动强度，使野外工作变得轻松愉快。

全天候作业目前 GPS 观测可在一天 24 小时内的任何时间进行不受阴天黑夜、起雾刮风、下雨下雪等气候的影响功能多、应用广。

从这些特点中可以看出 GPS 系统不仅可用于测量、导航还可用于测速、测时。测速的精度可达 0.1M/S 测时的精度可达几十毫微秒，其应用领域不断扩大。GPS 系统的应用前景当初设计 GPS 系统的主要目的是用于导航收集情报等军事目的，但是后来的应用开发表明 GPS 系统不仅能够达到上述目的，而且用 GPS 卫星发来的导航定位信号能够进行厘米级，甚至毫米级精度的静态相对定位；米级至亚米级精度的动态定位亚米级至厘米级精度的速度测量，和毫微秒级精度的时间测量。因此 GPS 系统展现了极其广阔的应用前景。

二、GPS—RTK 在线路测量中应用

（一）RTK 在线路测量中的实施

1. 定线测量

定线测量，就是精确测定线路中心线的起点、转角点和终点间各线段（即在两点之间写出一系列的直线桩）的工作。由于采用 GPS 定线不需要点与点之间通视，而且 RTK 能实时动态显示当前的位置，所以施测过程中非常容易控制线路的走向以及其他构筑物的几何关系。

如 J2、J3 为线路的两转角桩，欲在 J2、J3 之间定出一系列直线桩 z_1、Z_2、……
测设的方法如下。

在 J2、J3 之间架设基准站，用移动站分别测出转角点 J2、J3 点的坐标（如果转角点的坐标已知，则不必测量，可直接调用）。在获取转点的坐标信息后，将 J2、J3 坐标信息设置为直线的两点，然后以该直线作为参考线，根据现场情况，在电子手簿中输入测设直线桩的间隔后，即会生成包含各直线桩点坐标的折线文件。根据折线文件中直线桩的坐标，RTK 实时导航指示，就可测设出直线桩 z_1、z_2、……

2. 断面测量

测出沿线路中心线及两边线方向或线路垂直方向的地形起伏特征变化点的高度和距离，称为断面测量；沿线路中心线施测各点地形变化状态，称为纵断面测量；沿线路中心的垂直方向施测各点地形变化状态，称为横断面测量。输电线路的断面测量中，主要测定地物、地貌特征点的里程和高程，对高程精度要求不很高，而且主要测定各特征点与输电

线路导线间的相对距离。因此，可以用 RTK 快速测定断面。

断面测量一般与定线测量同时进行，故不需要另外设置基准站。RTK 进行断面测量时，有两种测量方式如下。

（1）有可直接利用数据采集功能，采集特征点的坐标，然后在内业数据处理中，输出断面图。

（2）可以利用 RTK 数据处理软件中断面测量功能模块进行断面测量。不同品牌的 RTK 在性能及使用上有所不同，功能大同小异。在进行断面测量时，一般在文件设置中调入断面所依附的线路和纵断面设计文件和断面所依附的线路文件，在纵断面文件名中调入设计的断面文件，文件名设置完毕后进入断面测量界面。断面测量界面的状态显示与线路放样显示方式相同。移动仪器，若当前点的偏离距在设计的偏离阈值范围内时，可以根据线路的起伏进行纵断面数据采集工作。采集完毕后，用户可以根据自己的需求把数据格式进行转换，例如生成普遍使用的纬地断面数据格式。

3. 杆塔定位测量

杆塔定位测量，是根据线路设计人员在线路平断面图上设计线路杆塔位置测设到已经选定的线路中心线上，并钉立杆塔位中心桩作为标志的工作。

用 RTK 测设杆塔位的方法与定线测量类似，一般在相邻两张杆塔之间架设基准站，用移动站分别测出直线段两端点的坐标（如果已经有坐标则可直接调用）。在获取转点的坐标信息后，将两端点的坐标信息设置为直线的两点，然后以该直线作为参考线。设计图在电子手簿中输入测设的杆塔位置与端点之间的间隔后，即会生成包含各杆塔位桩点坐标的折线文件。根据折线文件中杆塔位桩的坐标，信 RTK 实时导航指示，可测设出各杆塔位桩，并标定之。

4. 杆塔施工测量

输电线路施工中，首先要进行塔位复测，如果遇到线路中心桩丢失的情况，还需要通过测量来恢复。应用 RTK 技术，将使这方面的工作快速、高效。

（1）从 2 个已确定的相邻桩位校验或寻找（定位）第 3 个桩位，定位方法如下。

① 用移动站分别校验已确定的 1、2 号桩的位置，并自动记录在移动站"电子手簿"测量软件中。

② 根据线路平断面定位图或杆塔明细表，可查出 3 号桩相对于 2 号桩（或 1 号桩）的相对位置值，将这些数值输入到测量软件中，即可得到 3 号桩的位置。

③ 通过移动站将自己的当前位置实时传送给测量软件，软件即可得出移动站当前实际位置偏离 3 号桩正确位置的偏差，实时引导移动站定位人员到达 3 号桩的正确位置，从而实现定位目的。

④ 如果是要校验 3 号桩位，直接将移动站放在 3 号桩上，软件就会给出这个位置与 3 号桩理论位置的偏差。

（2）在直线段内快速校验或定位各直线塔桩位

如果某个直线段两头转角塔的桩位已确定，只要用移动站得到两头转角塔桩位的位置，就可在电子手簿中新建一条线。然后移动站到段内任一直线塔桩位，就可直观得出该桩位偏离直线的偏差和与已确定桩位的距离。测得的这个距离即可与图纸相比较以校验桩位的正确与否。反过来，从图纸上查到的距离输入手簿中，也可方便地在这条线上定出待定的桩位点。

（3）校验转角塔的转角偏差

只要用移动站测定转角塔及其前后两基塔的桩位，用手簿中的软件即可计算出实际转角角度，与图纸相比即可校验转角偏差。

值得说明的是：目前，在购买 RTK 产品时，一般附带了专门针对输电线路测量而开发的软件包，使用这些专门的测量模块，将会使 RTK 测量的操作更加方便。

（二）RTK 在实施时应注意的问题

在输电线路测量中，应用 RTK 测量技术，在实际操作过程中应注意以下几方面的问题。

1. 实时动态 RTK 测量时选用的椭球基本参数（主要几何和物理常数）必须在同一工程各个阶段保持一致。

2. 基准站应选择在地势开阔和地面植被稀少，交通方便，靠近放样的网点或转角桩上。基准站应以快速静态或静态作业模式测定坐标和高程。

3. 基准站发射天线安装时，尽量避开其他无线电干扰源的干扰（如高压线、通信、电视转播塔、对讲机的发射使用）和强反射源的干扰。流动站在精确放样数据和采集数据时，应停止对讲机的使用。

4. 进行 RTK 测量，同步观测卫星数不少于 5 颗，显示的坐标和高程精度指标应在 ±30mm 范围内。放样塔位桩坐标值宜事先输入接收机控制器（电子手簿）中并认真校对。当放样显示的坐标值与输入值差值在 ±15mm 以内时，即可确定塔位桩，并应记录实测数据、桩号和仪器高。

第四节 输电线路摄影测量与遥感技术

20 世纪 60 年代以来，由于航天技术、计算机技术和空间探测技术及地面处理技术的发展，产生了一门新的学科——遥感技术。所谓遥感就是在远离目标的地方，运用传感器将来自物体的电磁波信号记录下来并经处理后，用来测定和识别目标的性质和空间分布。从广义上说，航空摄影是遥感技术的一种手段，而遥感技术也正是在航空摄影的基础上发展起来的。

一、摄影测量与遥感技术概念

摄影测量与遥感学科隶属于地球空间信息科学的范畴，它是利用非接触成像和其他传感器对地球表面及环境、其他目标或过程获取可靠的信息，并进行记录、量测、分析和表达的科学与技术。摄影测量与遥感的主要特点是在相片上进行量测和解译，无须接触物体本身，因而很少受自然和地理条件的限制，而且可摄得瞬间的动态物体影像。

二、摄影测量与遥感技术的发展

（一）摄影测量及其发展

摄影测量的基本含义是基于相片的量测和解译，它是利用光学或数码摄影机摄影得到的影像，研究和确定被摄影物的形状、大小、位置、性质和相互关系的一门科学和技术。其内容涉及被摄影物的影像获取方法，影像信息的记录和存储方法，基于单张或多张相片的信息提取方法，数据的处理和传输，产品的表达与应用等方面的理论、设备和技术。

摄影测量的特点之一是在影像上进行量测和解译，无须接触被测目标物体本身，因而很少受自然和环境条件的限制，而且各种类型影像均是客观目标物体的真实反映，影像信息丰富、逼真，人们可以从中获得被研究目标物体的大量几何和物理信息。

到目前为止，摄影测量已有近170年的发展历史了。概括而言，摄影测量经历了模拟法、解析法和数字化三个发展阶段。

如果说从模拟摄影测量到解析摄影测量的发展是一次技术的进步，那么从解析摄影测量到数字摄影测量的发展则是一场技术的革命。数字摄影测量与模拟、解析摄影测量的最大区别在于：它处理的原理信息不仅可以是航空相片经扫描得到的数字化影像或由数字传感器直接得到的数字影像，其产品的数字形式，更主要的是它最终以计算机视觉代替人眼的立体观测，因而它所使用的仪器最终只有通用的计算机及其相应的外部设备，故而是一种计算机视觉的方法。

（二）遥感及其发展

遥感是通过非接触传感器遥测物体的几何与物理特征性的技术，这项技术主要应用于资源勘探、动态监测和其他规划决策等领域，摄影测量是遥感的前身。遥感技术主要利用的是物体反射或发射电磁波的原理，在距离地物几千米、几万米甚至更高的飞机、飞船、卫星上，通过各种传感器接收物体反射或发射的电磁波信号，并以图像胶片或数据磁带记录下来，传送到地面。遥感技术主要由遥感图像获取技术和遥感信息处理技术两大部分组成。

遥感技术的分类方法很多，按电磁波波段的工作区域，可分为可见光遥感、红外遥感、微波遥感和多波段遥感等。按传感器的运载工具可分为航天遥感（或卫星遥感）、航空遥感和地面遥感，其中航空遥感平台又可细分为高空、中空和低空平台，后者主要是指利用轻型飞机、汽艇、气球和无人机等作为承载平台。按传感器的工作方式可分为主动方式和被动方式两种。

在遥感技术中除了使用可见光的框幅式黑白摄影机外，还使用彩色摄影、彩虹外摄影、全景摄影、红外扫描仪、多光谱扫描仪、成像光谱仪、CCD线阵列扫描和面阵摄影机以及合成孔径侧视雷达等手段，它们以空间飞行器作为平台，能为土地利用、资源和环境监测及相关研究提供大量多时相、多光谱、多分辨的影像信息。

（三）摄影测量与遥感的结合

遥感技术的兴起，促使摄影测量发生了革命性的变化，但由于测制地形图对摄影成果有着特别严格的要求，除必需的影像分辨率外，其关键环节是实现立体影像覆盖，以及构成立体交会的几何条件和摄像的几何精度，因此，虽然各类遥感影像的获取越来越快捷、分辨率越来越高，而真正满足定位测图的资料并不多。

航天遥感具有视野开阔、不受地理位置和疆界限制、可重复观测、能快速获取大面积甚至全球性地面动态信息等优点，但由于卫星摄影高度在几百km以上，采用较长的摄影焦距，作为立体量测的交会条件差，立体效应不好，影响高程量测精度。另外卫星只能按预定轨道飞行和摄影，要真正实现全球性动态监测和立体影像覆盖，必须拥有一个卫星组群。目前航天摄影测量多用于特殊困难地区的测绘或中小比例尺成图。

摄影测量与遥感的结合，还体现在解析摄影测量尤其是数字摄影测量对遥感技术发展的推动作用。遥感图像的高精度几何定位和几何纠正就是解析摄影测量现代理论的重要应用；数字摄影测量中的影像匹配理论可用来实现多时相、多传感器、多种分辨率遥感图像的复合和几何配准；自动定位理论可用来快速、及时地提供具有"地学编码"的遥感影像；摄影测量的主要成果，如DEM、地形测量数据库和专题图数据库，乃是支持和改善遥感图像分类效果的有效信息；相片判读和影像分类的自动化和智能化则是摄影测量和遥感技术共同研究的课题。一个现代的数字摄影测量系统与一个现代的遥感图像处理系统已看不出什么本质差别了，两者有机结合已成为地理信息系统（GIS）技术中数据采集和更新的重要手段。

三、摄影测量与遥感技术的主要研究

随着摄影测量步入全数字时代和遥感进入高分辨率、立体观测时代，摄影测量与遥感技术应用的广度和深度日益拓展。近30年来，摄影测量与遥感技术已在测绘、农业、林业、水利、气象、资源环境、城市建设、海洋、防灾减灾等领域得到广泛应用，在经济建设和社会发展中发挥了越来越重要的技术支撑作用。

（一）数字摄影测量

以航空影像和卫星米级高分辨率影像为数据源，扩展计算机立体相关理论与算法，发展立体几何模型确定和精化的新方法，以及研究困难地区数字立体测图的新技术。研究近景（地面）摄影测量中的数码相机的快速检校新算法，数字影像精确匹配问题，以及在工业生产过程自动监测和土木工程建筑物（如桥梁和隧道）形变监测中的问题。

（二）遥感技术及应用

以多光谱、多分辨率和多时相卫星影像为数据源，研究地表变迁及地质调查的遥感新方法；研究地球资源（如土地利用）变化检测的有效方法，发展半自动或全自动化的遥感监测手段；开发监测城市环境污染和自然灾害（如洪水与森林、农作物病虫害）的实用遥感系统等等。基于合成孔径雷达图像，开展干涉雷达 (InSAR) 等技术的地表三维重建、大范围精密地表形变（包括滑坡、城市沉降和地壳形变）探测和气象变化监测的研究。

（三）3S 技术及应用

研究车载 CCD 序列影像测图的方法和算法，为线性工程勘测和调查提供快速而有效的地面遥感测量手段；研究包括遥感 (RS)、全球定位系统 (GPS) 和地理信息系统 (GIS) 在内的 3S 技术集成的模式和方法，为我国西部大开发的铁路、公路建设探索全新的勘测设计手段。

四、摄影测量与遥感技术的展望

摄影测量与遥感开辟了人类认知地球的崭新视角，为人类提供了从多维角度和宏观尺度认识宇宙与世界的新方法、新手段。当前，我国信息化测绘体系的建设工作正如火如荼地开展起来，信息化测绘体系的建设内容包括很多方面，其中技术体系建设是非常重要的一项。信息化测绘技术体系建设将主要围绕地理空间信息的获取、处理、管理与服务这一信息流程来展开，摄影测量与遥感技术无疑将会得到新的发展，技术的应用与服务也将呈现新的景象。

第五节　输电线路三维优化测量技术

输电线路是在地理空间上的人为建筑物，其线路跨越距离长，所通过的地理环境复杂，与其他电力线路和通信线路形成交叉跨越，且会通过居民建筑物和其他特殊区域。输电线路杆塔位置与地理空间位置有着密切的关系，尤其在垂直方向的层次关系特别重要，这就使得二维地理信息系统无法满足其管理需求。近年来，计算机图形计算学与计算机硬件性能的飞速发展使得三维可视化技术日趋完善，通过这些技术，我们可以真实再现输电线路走廊全貌。地表模型以及各类设备模型能够为输电线路的规划、设计、检修和决策等提供最新的三维可视化信息，进一步提高输电线路的管理水平。

一、三维全景可视化现状

以计算机技术为基础的三维可视化技术，大多以软件的形式体现出来，目前主要分为建模软件、平台软件和应用软件3类。三维可视化的关键是建模，平台软件大多以模型为基础，实现漫游、观察、分析、决策等基本操作，而决定用软件主要是为了满足三维可视化技术在某一方面的应用而开发的应用程序，如数字校园、数字小区、三维城市景观仿真等。

二、三维全景可视化技术应用输电行业优势

从信息技术的角度出发，将三维全景化展示、虚拟现实及信息集成技术相结合，构建电网三维空间可视化信息平台，并结合建模、视景仿真、信息集成、可视化交互及多态计算等关键技术进行可视化展示，创新性地提出城市电网空间三维可视化信息平台的工程化建设思路，从而进一步提高电网安全运行水平，提高输电网运行状况的可控、在控、能控能力，真正实现城市电网空间三维可视化信息平台建设。

三、三维全景可视化技术在输电行业应用

（一）输电线路规划辅助设计应用

运用海量高精度的DEM数据、高分辨率的影像数据以及三维电力设备模型，对整个输电线路走廊在计算机上进行全景仿真模拟，从而实现对该线路走廊周围环境的真实再现。这样，设计部门可以在虚拟的三维可视化全景中实现对输电线路的规划和各种空间分析，使输电线路的走向更加合理化，从而达到优化线路，降低成本的目的。三维可视化技术同时还可以大量减少野外线上的勘察工作，减少不利影响，增强保护环境意识，直观还原三维地形地貌。

（二）线路及杆塔可视化应用

在输电线路网中线路及杆塔数量众多，而且架构模式占据绝大部分，线路的走向与杆塔的分布跟地形地貌有着密切的关系。针对这一特点，三维可视化技术应用高程数据、影像数据、矢量数据制作三维地图，在还原真实现场地形场景的基础上，提供批量导入杆塔及排位方法，使得杆塔导入后，依据地形的高程数据自动调整杆塔高度，自动形成线路走廊，并且自动计算出杆塔的方位、弧垂。

（三）输电线路设备管理应用

三维全景可视化技术对输电线路走廊所涉及的电网设施设备进行高精度建模仿真，并且实现三维数据的快速浏览。同时还可以融合丰富的电力设备属性信息，包括基础地理信息、设备信息、运行状态信息、自然环境信息等以及视频、照片等多媒体信息，为输电网设施设备管理减少外业工作量，从而提高管理效率，实现输电线路工程的智能化管理。

（四）输电线路安全生产管理应用

利用三维全景可视化技术可以快速而且直观地了解输电线路的走向情况。输电线路的线路通道距离长，通道的地理环境复杂，通过全景可视化技术展示的平台可以打破线路巡检人员的视角局限，可以完成多条输电线路的实时监控以及故障查看，电网监管等维护工作。因此，三维可视化技术可以清楚地反映外界的三维真实情况，从而使得输电线路运维工作人员更加准确地了解整条输电线路的情况，进而实现对输电线路的三维可视化管理。

（五）输电线路的安全运维应用

在整条线路走廊内，由于温度、湿度等外界因素的影响，当然也不排除一些外力对杆塔进行的破坏造成位置偏移等问题。很显然，以上因素对输电线路留下了极大的安全隐患。因此在整个输电线路运维的过程中，需要利用三维全景可视化技术，对这些因素进行分析。首先计算输电线路所处地形地貌对整条线路的影响，从而使在线路实施的人员发现这些隐含的安全问题。因此，采用三维全景可视化技术对线路的地形地貌变化检测对于提高输电线路的安全运维具有现实意义。

（六）空间信息与业务数据高度融合

以往的业务数据主要体现在表格或者文字叙述上，在数据的空间性与客观性的体现上相对欠缺。而三维全景可视化技术通过建立电网设备的空间信息和业务数据的关联关系，实现二者的高度融合，获得"即点即见"的效果。在宏观的观看场景下，可以查看电网设备的空间位置，并且可以查看其相应的业务数据；在微观观看场景下，通过点击相应设备的高精度模型，便可以查看所对应的业务数据信息。真正实现"可视化"和"直观管理"的协同工作。

四、三维全景可视化技术特点及实现难点

相对于二维 GIS 技术，三维可视化技术在实现过程中有着较为明显的特点和实现难点，其主要表现在以下几个方面。在三维可视化系统中，无论是矢量数据还是栅格数据以及其他不规则地学对象的表达都会遇到大量数据存储与处理问题。在输电线路中，一条完整的输电线路可能要绵延上百km，使得这条线路的模型数据非常巨大，外加其他矢量数据，以及成千的电力设备模型，导致三维场景的搭建相当复杂。所以，高精度的数据模型和管理策略，将对整个系统的运营以及可视化体验起着至关重要的作用。

二维 GIS 系统一般用抽象符号表示电力设备，根本无法直观显示输电线路中各设备的机构以及相互关系。所以利用三维可视化技术，真实模拟输电设备是最基本要求，这样使得模型本身变得很复杂。以杆塔为例，杆塔具有自身高度、塔头形状、绝缘子类型等特性，每个铁塔都有不同的表现形式。所以合理设计模式、组织方法梳理电力设备是实现输电三维可视化技术的一个重点。

利用三维可视化技术所呈现的系统是一个集输电设备模型、数字城市模型、矢量数据、地形数据、高程数据、设备信息属相管理于一体的综合展示管理平台，所以合理地组织这几种数据，提供良好的交互查询和维护功能，是实现输电三维可视化技术的基本要求。

五、三维全景可视化技术在输电行业的发展趋势

随着三维全景可视化技术在输电行业的应用越来越广泛，对可视化技术提出了更高的技术要求，未来可视化技术在输电行业的发展趋势主要表现在以下几个方面。

（一）精细化空间数据的三维表达

激光雷达技术可以通过扫描快速获取三维数据，可以提供更高精度的、多比例的空间数据。三维全景可视化技术实现最关键的一个环节就是三维模型的搭建，利用此项技术可以更加方便地实现输电线路走廊地形以及电力设备的三维建模。

（二）动态数据的三维可视化管理

巡检是输电作业外业中一项重要的工作，现在无人机巡检在电力行业中得到广泛应用。可以通过无人机搭载电力巡检设备，对地形复杂的线路进行巡检作业。在巡检的过程中实时地将巡检数据传回三维可视化平台，这样就实现了对线路走廊的动态管理，及时地了解线路现场的情况。

（三）三维全景可视化技术与 CAD 工程设计一体化

三维全景可视化技术为输电行业提供了可视化环境。电力行业拥有大量的二维和三维 CAD 数据资料，通过可视化技术可以将这些丰富的 CAD 数据集成到三维场景中，从而达到展示设计成果，提高工作效率。

第三章　输电线路的规划设计

第一节　输电线路设计问题

一、输电线路设计问题

（一）路径选择

路径选择和勘测是整个线路设计中的关键，方案的合理性对线路的经济、技术指标和施工、运行条件起着重要作用。因此，为了保证线路的合理性，做到缩短线路的同时又能够最大限度地降低投资并保证线路的安全性，作为线路勘察设计者应当有足够的耐心和责任感，要在线路的设计中要认真地做好勘察笔记，选出多种的设计方法，进行优化比较。

在工程选线阶段，设计人员要根据每项工程的实际情况，对线路沿线地上、地下、在建、拟建的工程设施进行充分搜资和调研，进行多路径方案比选，尽可能选择长度短、转角少、交叉跨越少、地形条件较好的方案。综合考虑清赔费用和民事工作，尽可能避开树木、房屋和经济作物种植区。在勘测工作中做到兼顾杆位的经济合理性和关键杆位设立的可能性（如转角点、交跨点和必须设立杆塔的特殊地点等），个别特殊地段更要反复测量比较，使杆塔位置尽量避开交通困难地区，为组立杆塔和紧线创造较好的施工条件。

（二）基础设计

塔杆结构形式及分类架空线路使用的杆塔按使用材料分类,有钢筋混凝土电杆和铁塔;按受力特点和用途可分为直线杆塔、耐张杆塔、转角杆塔和终端杆塔。

1.直线杆塔用于线路的直线段上，线路正常运行时有垂直荷载及水平荷载，能支持断线或其他顺线路方向的张力。

2.耐张杆塔除承受垂直荷载和水平荷载之外，还能承受更大的顺线路方向的张力，如支持断线时的张力，或施工紧线时的张力。

3.转角杆塔用于线路转角处，其受力特点与耐张杆塔相同，但其水平荷载包括角度合力，所以水平荷载值较大。

4.终端塔用于线路首末端，可以是耐张型的或转角型的，受力特点 35kV、110kV 输电线路设计要点分析与耐张、转角杆塔相同，但在正常运行情况下需承受单侧顺线路张力。

杆塔基础作为输电线路结构的重要组成部分，它的造价、工期和劳动消耗量在整个线路工程中占很大比重。其施工工期约占整个工期一半时间，运输量约占整个工程的 60%，费用约占整个工程的 20% ~ 35%，基础选型、设计及施工的优劣直接影响着线路工程的建设。

（三）杆塔选型

不同的杆塔形式在造价、占地、施工、运输和运行安全等方面均不相同，杆塔工程的费用约占整个工程的 30% ~ 40%，合理选择杆塔形式是关键。对于新建工程若投资允许一般只选用 1 ~ 2 种直线水泥杆，跨越、耐张和转角尽量选用角钢塔，材料准备简单明了、施工作业方便且提高了线路的安全水平。对于同塔多回且沿规划路建设的线路，杆塔一般采用占地少的钢管塔，但大的转角塔若采用钢管塔由于结构上的原因极易造成杆顶挠度变形，基础施工费用也会比角钢塔增加一倍，直线塔采用钢管塔，转角塔采用角钢塔的方案比较合理，能够满足环境、投资和安全要求。

针对多条老线路运行十几年后出现对地距离不够造成隐患的情况，在新建线路设计中适当选用较高的杆塔并缩小水平挡距可提高导线对地距离。在线路加高工程中设计采用占地小、安装方便的酒杯型（Y 型）钢管塔，施工工期可由传统杆塔的 3 ~ 5 天缩短为 1 天，能够减少施工停电时间。

（四）铁塔结构的设计

在高压电网的建设中，铁塔结构的设计为电路的架构起到了基础的支撑作用。在铁塔结构的设计中我们应当关注的问题有：塔身的坡度、传力面的设定、杆系传力对结点构造的影响、塔身斜材布置和分段模式间的选择以及横隔面杆件布置等因素。导线横担下平面斜材常见的布置形式为交叉斜材式，且交叉斜材布置到导线横担根部时，大多连接到导线横担的主材上。在纵向荷载作用下，其连接部位的主材或节点板极易变形。通常情况下我们通过在部位的节点上增设 1 根短角钢来加强其支撑纵向荷载的能力。为了保证设计的合理性，满足杆系传力的要求，在将横担下平面交叉斜材杆系布置到导线横担根部时，将其与塔身横隔面侧面横材的中点相连接，使导线纵向荷载通过塔身横隔材直接传递到塔身上去，从而解决主材和节点板弯曲变形的问题。斜材对外荷载的抵抗力矩和计算长度是制约塔身斜材的基本条件。其中，斜材和水平面之间形成的夹角是影响该空间主材分段和主材选择地重要影响因素，一般情况下保持在 40° ~ 50° 之间。在选择塔形时，要严格的控制选材的条件，例如塔身主材节间分段情况、主材计算的长度以及不同接腿配置不同的塔身等因素，进行优化组合。另外，还要注意认真选择塔身斜材布置的形式、外荷载的大小、材料截面的性质以及什么部位选择什么样的布置形式等。

在大坡度塔的设计中，尤其要注意这样几点问题：第一，是要在塔身主材和节点板之间加上斜垫；第二，如果塔身的主要材料是单钢板，可以采用设置双排螺栓，以主材肢端的螺栓保证主材轧制边为准制弯节点板的办法；第三，若是四角钢组合成十字断面，可直接采用制弯节点板的办法，若是双角钢组合十字断面，则只能使用前2种办法，使节点板和塔身斜材置于一个平面内共同工作。

（五）优化选择导线截面

架空电力线路的导线截面的大小直接影响着电路运行中的安全性、经济性和质量高低。因此在高压输电线路工作中，应当做好导线截面的选择。一般情况下，水电线路的导线截面的选择依据是经济电流密度，之后再根据具体的情况来检验发热的条件、机械强度等问题，最终确定导线截面和导线的型号。然而有时候这种方法也难以满足线路保护输出的功率，或者不具有经济适应性。因此在线路截面的选择上，要根据实际的设计环境并结合相关的指标进行优化选择。

（六）避雷问题

输电线路的避雷问题是实现安全有效的输电工作的关键。因此为了减少输电线路的雷击故障，应当采取多种防雷措施。在高压线路的防雷设计中措施可以从以下几点做起。

1. 将水平距离高压边相导线的38m以内地面上的物体列入防雷设计方位之内，任何可能造成雷击的物体应当采取防雷措施，例如树木、山丘、建筑等。

2. 降低杆塔的冲击接地电阻，加强避雷线的接地效果，加强避雷线的机械强度，防止雷击避雷线断股尤其是雷击避雷线断线的恶性事故发生，杆塔顶部设置塔顶避雷针，控制雷击点，减小杆塔处的绕击范围及避雷线的落雷次数等。

3. 采用具有消雷功能的新型避雷针，能够有效地减弱雷电对线路的伤害。

二、10kV配网输电线路规划设计

（一）实践过程中10kVP配网规划建设的原则

1. "基于电源点中心基础上，合理设置K型站"的原则

当前形势下电力系统服务功能的日趋完善及业务范围的扩大，对性能可靠的配网提出了更高要求。实践过程中若10kV配网建设规划中的输电线路出线仓位数量不足、电源点设置不合理时，会降低10kV配网中的仓位利用效率。因此，在10kV配规划建设应充分考虑其接线方式的有效性，并在继电保护方式作用下，实现故障点的快速查找及处理，满足较短时间内负荷转移要求，使其释放负荷的能力得以优化，满足"基于电源点中心基础上、合理设置K型站"的原则要求。

2.“分层分区、适度交替”的原则

结合 10kV 配网实践应用中的具体情况，可知其线路设置复杂，需要在科学的规划设计方案支持下，优化线路布局，避免给其正常运行埋下安全隐患。针对这种情况，需要在 10kV 配网规划建设中充分考虑地区差异性，在“分层分区、适度交替”的原则指导下，优化配网实践应用中的层次结构，避免其结构处于错综复杂、无序的状态，从而为 10kV 配网运行稳定性增强提供保障，实现配网结构及性能优化。

（二）10kV 配网实践应用中的连接模式综合评价

1. 不同类型的连接模式

在对 10kV 配网连接模式分析中，应了解其不同的类型。具体表现在：

（1）10kV 及高压配电网。实践过程中的 35kV、110kV 电压等级的配电位隶属于高压配电网范畴，而 10kV 配网的电压等级为中级。

（2）根据 10kV 配网的实际应用情况，可对其进行划分。像架空网络及电缆网络，隶属于 10kV 配电网范畴。

2. 接线模式实践应用中的评价方法

10kV 配网实践应用中接线模式的合理选择及应用，对于配网性能优化尤为重要，需要在评价的过程中确定 10kV 配网接线模式评价指标，确保其评价结果可靠性。这些评价指标包括：

（1）基于可靠性的评价指标。通过对系统供电、平均停电持续时间方面的考虑，确定相应的可靠性评价指标。

（2）基于经济性的评价指标。实践过程中应考虑单位负荷年费用，确定相应的经济性评价指标。

（3）基于电源质量的评价指标。在对 10kV 配电接线模式进行评价时，通过对其中节点最大电压偏移、各支路中最大电压降落的考虑，确定基于电源质量的评价指标；同时，也需要从最大短路容量、线路有功损耗等方面进行考虑，确定相应的配网线路运行指标。

在 10kV 配网综合评价中，也需要注重模糊隶属度函数使用，从而对配网运行国城中的供电能力进行综合评估，实现对不同评价指标在量纲上存在差异性的科学处理。实践过程中通过对模糊隶属度函数的合理使用，能够将配网评价中的各项指标及隶属度函数在计算机三维空间中进行全面分析，得到评价过程所需的模糊满意度值。

（三）不同区域 10kV 配网输电线路的规划设计

1. 工业区方面的规划设计

在进行工业区的 10kV 配网输电线路规划规划设计时，需要明确其设计要点。这些要点包括：

（1）对工业区的实际情况进行分析，结合电力行业技术规范要求，在配网输电线路规划设计中考虑控制性规划设计，并根据用户规模大小，确定负荷密度，实现输电线路规划设计方案制定。

（2）保持清晰的配网输电线路建设思路，采用开关站多布点的建设模式，在可靠的负荷预测结果支持下，确定工业区内对开关站的具体位置，并进行合理布点，促使输电线路运行中的开关站能够在自身的服务区域内发挥应有的作用，提高供电质量。

（3）注重工业区内负荷中心开关站供电方式的高效利用，配合使用环网形式，提升配网输电线路供电水平，并根据变电站的具体情况，注重各负荷中线开关站建设。

2. 农业区的规划设计

基于农业区的 10kV 配网输电线路规划设计，需要做到：

（1）加强区域特征分析，考虑用户用电需求及用电质量，合理设置架空线路好，确保输电线路供电质量可靠性。

（2）根据区域用户分散性特点，在农业区配网输电线路规划设计中应以架空线路为主，并在开关站的配合作用下，提高配网输电线路工作中的供电效率。

3. 住宅及商业区的规划设计

在住宅及商业区范围内进行 10kV 配网输电线路规划设计时，应做到：

（1）加强区域特征分析，根据接电负荷增长趋势，总结出其中的规律，进而制定出完善的区域控制规划。

（2）在考虑建设成本经济性的基础上，应在这些区域配电输电线路规划设计中考虑使用电缆与架空线路混合的供电方式，促使区域供电能力提高。

（3）在考虑住宅及商业区用地紧张的基础上，加强预留变电方式使用，并增加开关站，必要时采用环网供电形式。

第二节　杆塔规划设计

一、我国输电线路铁塔结构设计

（一）我国输电线路铁塔结构设计的现状

我国上百年来都是应用铁塔架空电线来输送电能，而且随着我国经济的增长，人们对电能的需求量也开始增加，相应的，这就促使着电容量也需要增加。但是受我国地域宽广的影响，我国使用的电源地点呈分散型特点，很多电量需要依靠电线来实现传输，因此铁塔就随之应运而生。正是我国这种地域宽广的特色，在铁塔的设计过程中，需要考虑到一条完整的线路，需要经过特别复杂的实际状况，才能实现传输。也就是说，设计过程中，一定要考虑到地形、气候、以及电压等级等带来的影响，因此这就给设计人员带来了挑战。其需要对当地的情况进行实地考察，根据考察的实际情况来设计出符合当地特点的输电线路，以此来实现电路的传输。

（二）优化输电线路铁塔结构设计的建议

1. 应用合理的材料

在输电线路铁塔结构设计过程中，为了提高塔身的抗风能力，提高铁塔的稳定性，需要应用新型的材料，充分发挥其性能，以此来保证铁塔结构的成功。这些新型的材料，既要有良好的动力学性能，还要有良好的抗弯能力。如角钢，在应用时，要综合角钢的材质、规格，还要考虑角钢的截面特性，以此来保证铁塔结构的稳定性。再比如圆截面钢管，但是钢管的造价比较高，会加大工程施工成本，因此大多是结构尺寸比较大的铁塔会选用它，一般的铁塔还是要选择角钢。

2. 合理地选择铁塔形式

众所周知，输电线路的作用就是安全输送电力，因此在设计输电线路铁塔结构时，一定要遵循安全的原则，将安全输送电力作为其设计的思想，来设计铁塔结构。因此首先要合理地选择铁塔形式。因为铁塔的费用占整个工程的 40% 左右，不同的铁塔形式在造价、占地、施工、以及运行安全方面都有不相同。如果是针对多条的老线路，采用高度较高的铁塔，以此来提高导线对地的距离，减少安全隐患。如果是线路加高的工程，可以安装 Y 型铁塔，不仅施工短，而且占地还小。

3. 合理地布置钢材

在输电线路铁塔结构设计过程中，要合理地布置钢材。首先，塔身需要的主材料的接头一定要比较少，要在保证长度的前提下，合理地设计分段，保证各个分段的受力情况。其次，主材和斜材要明确的分工，斜材跟主材不同，其承受能力取决于斜材跟地面之间的夹角，因此分割斜材长度时，切记要采用跟主材一样的分割方式。同时还要明确主材和斜材的承载力，要让其相互配合，而且为了降低偏心的现象，每个杠杆的准线还要相交在同一点上。

4. 优化铁塔结构设计

（1）酒杯型铁塔

我国的 500kV 的超高压输电线路的铁塔，绝大多数为猫头型和酒杯型。在相同的设计下，猫头型的铁塔不管是在塔头的尺寸、还是在线路的走廊方面都比较小，这样线路走廊赔偿的费用就会比较低，可以有效地减少一些电能的损失。但是其有两个缺点，一个就是高度比较高，抗雷效果不是很好，另一个就是其铁塔基础作用力大，单基的耗钢量会比较高。而酒杯型的铁塔，其导线呈水平排列，这样铁塔的高度就能降下来，跟猫头型的铁塔相比，虽然其整体刚度比较大，但是单基耗钢量比较低，而且线跟线之间的水平距离比较宽。众所周知，像酒杯型这种自力式的铁塔，其塔头的重量比较重，占了整个铁塔重量的 50% 左右，一般情况下会采用悬挂垂直绝缘子串摇摆角的方式来控制其塔头。有时也会采用在边导线横担比悬挂垂直串的方式，但是效果不是很好，而 M 型的布置是最好的，就是中间采用 V 型串，塔两边依然采用悬垂串，增加一串绝缘子，就整个里面设计成三角拱形，跨矢比在 0.2 左右，增加了钢的刚度。如果遇到起拱的现象，因为起拱就可以产生拱脚推力，而 V 型串的挂点跟拱脚为共点，因此两串拉力会产生向横担中心的水平力，以此来抵消拱脚的推力。

（2）拉线 V 型铁塔

拉线 V 型铁塔采用了竖向受压、横向受拉的设计方式，设计得非常合理，不但节省了钢材料，降低了成本，还有效地提高了铁塔的稳定性。其结合了压杆和钢绞线，而且钢绞线为高强度的钢绞线，结合在一起就能把二者的特性有效地发挥出来，既提高了铁塔的刚度，又提高了铁塔的稳定性，同时还提高了抗风能力。但是这种铁塔占地面积比较大，经常会占用一些农业用地，所以经常遭到农民们的投诉，需要赔偿农民的损失。

拉线 V 型塔的塔头因为用了导线横担，所以塔头比较重，因此在优化过程中，要从导线横担开始优化。横担的作用就是安装绝缘子和金具，以此来支撑避雷线、导线等，保证安全，因此在优化过程中，首先要选择主要材料的结点，材料的结构布置形式等。导线横担下平面斜材常见的布置形式为交叉斜材式，且交叉斜材布置到导线横担根部时，大多连接到导线横担的主材上。在纵向荷载作用下，其连接部位的主材或节点板容易变形，为了满足塔身传力的要求，只需将横担下平面交叉斜材塔身布置到导线横担根部时，与塔身横隔面侧面横材的中点相连接，使导线纵向荷载通过塔身横隔材直接传递到塔身上去，就可以有效地解决主材和节点板弯曲变形的问题。

二、高压输电线路杆塔的设计应用

（一）杆塔在南方电网标准化设计形势下的设计应用

1. 杆塔结构设计存在的问题及不足

输电线路杆塔结构是电力架空线路设施中特殊的支撑结构件，是导线、地线、绝缘子串和基础的联结纽带，其结构性能直接影响着输电线路的安全性、经济性和运行可靠性。随着我国电网的不断完善和发展，输电线路工程向大型化、规模化、长距离的趋势发展。由于我国地理条件复杂、山地及丘陵地貌较多，输电线路设计必须穿越大量的山地及河流，独立运行于人迹罕至的区域，为了保障杆塔的安全稳定性一般会留有裕度，但裕度控制不足则容易造成材料浪费。大量钢结构杆塔的使用不仅消耗大量矿产资源，也给角钢塔及钢管型杆塔的设计制造、运行维护带来了诸多困难。因此，杆塔结构设计选型及优化对工程投资起着重要影响。

2. 南方电网公司推广标准化设计的背景及优势

输电线路的杆塔设计是由工程的特点及工程实际需要所决定的。其具体的影响因素主要有电压等级、回路数、导线界面、地形条件、气象条件、铁塔形式、线路海拔高度及绝缘子串形式等。2010 年，南方电网公司发布《南方电网公司 110～500kV 输电线路杆塔标准设计工作大纲》，组织各设计单位及省公司，对电网基建工程常用杆塔模块进行针对性的全新设计并且备案。其标准化模块设计为广大杆塔结构设计节约了大量的计算及校核时间，优化了设计流程，促进输电线路结构设计的高速和高效发展。

3. 积极研究杆塔新型复合材料，抢夺技术制高点。

在推行标准化设计的同时，南方电网公司积极参与新型复合材料在输电线路设计中的应用研究。2012 年深圳供电局组织的"输电线路负荷材料杆塔的应用研究"项目顺利通过验收。该项目研制的复合材料杆塔具备了质量轻、强度高、耐腐蚀、温度适应性强、绝缘性能好、可设计性好、维护性好、防撞和抗冲击性能及耐细菌性能良好等方面的特点。在超高压及多回路输电线路杆塔设计中，采用钢管杆塔与新型环保复合材料杆塔相互结合，将成为输电线路工程应用发展的趋势。

（二）高压输电线路杆塔结构设计要点

1. 新型标准设计方案，充分考虑风压系数，优化裕度方案，避免材料浪费

在一般高压输电线路工程中，直线塔塔形采用较多，杆塔规划大都把直线塔的规划作为重点。而新型的标准设计则对直线塔采取"塔高每降低一定高度，杆塔水平挡距相应增大一定百分比"的新设计方案，充分利用铁塔塔身和导地线的风压高度系数随高度变化的特点，对规划的同一直线塔形，使由于呼称高降低而减小的塔身和导地线风压等于导地线水平荷载的增大值。这样每一个塔形的使用条件都包括若干组不同呼称高和水平挡距的组合，对这若干组使用条件均进行杆塔荷载和铁塔计算，以保证设计出的塔形能真正满足每组使用条件并达到满应力设计。这种先进的规划方法具有塔形种类不多且使用条件丰富的特点，能有效提高杆塔的利用系数，节约投资，响应国家低碳环保的节能主张。

2. 优化城区线路设计，采用同塔多回路设计，减少土地占用

输电线路在城区线路部分沿城市道路或者绿化带走线时，应采用钢管杆塔以减少对于城市用地面积的占用。跨越城市的送出线路设计应采用窄基铁塔或钢管型杆塔。在旧城区配电线路改造设计中，要进行设计核算，正确选择和使用杆塔形式，采用双回线同杆架设。例如多回路杆塔，可以同时架设和运行同一个或多个电压等级的线路。由于多回路杆塔的杆塔身具有很大的承受力，能承受各个不同方向的弯矩，一般为大拔销杆，钢管杆，窄基自立塔。其尺寸结构比较紧凑，重量较大，因此必须对杆塔基础进行相应的加固措施。

3. 采用统一模块设计，结束杆塔类型千姿百态的混乱局面

在推行标准化模块结构设计之前，各个设计单位均根据自己的计算进行核算，导致杆塔名称五花八门，杆塔类型千姿百态，不利于电网的运行维护及更换。南方电网公司按照各种主要影响因素，采用树状结构，建立杆塔模块库，将相同电压等级、回路数、自导线界面和还把高度范围的杆塔模块划分为一个大模块，再根据风速、覆冰情况、导线型号的不同进行子模块划分。待所有的模块及子模块均建立并且完善之后，南方电网公司可以统筹规划各个设计单位，也可以相互借鉴使用，结束了以往形式混乱的杆塔设计历史。杆塔命名和主要设计原则统一，结构设计优化也为杆塔的设计、制造、审查、施工、生产、运行等各阶段工作带来了极大的便利。杆塔的统一化标准化，也便于闲置物资的重复利用，是今后杆塔材料及物资信息优化的重要基础。而统一的设计原则则保障了各个设计单位设计成果的通用性和一致性，规范了图纸的内容和形式，保证了设计图纸的清晰及完整。

4. 积极应用新材料可研成果，结合新理论创新塔形应用

随着高强钢、钢管、耐候钢和冷弯型钢以及复合材料的研发及在工程上的应用，杆塔结构设计在荷载取值、节点构造、结构优化、风致振动等领域也取得了一些技术突破。设计人员应充分钻研前沿技术，将最新的技术成果应用于工程实际，使杆塔结构设计在设计理论和方法、承载性能试验以及新材料应用、新塔形等方面获得进步和优化空间。

5. 充分利用二维及三维软件，对输电线路路径进行优化选择

设计人员应针对路径范围内的地形采用计算机软件进行优化设计，对平地、山区、跨河段、转角点、覆冰地区、森林及特殊地带的输电线路路径，选择采用不同的建模方式处理，采取不同的应对措施。输电线路杆塔定位设计主要程序包括制作定位弧垂模板、在平断面图上依序确定各种杆塔的位置及选型，定位后的挡距、杆塔上拔、风偏、邻挡断线和耐张绝缘子串倒挂等常规校验。在标准化模块设计的基础上，对路径进行优化选择，可以有效减少塔形选择地裕度浪费。

6. 杆塔结构设计应充分考虑覆冰情况，杆塔结构的横担部分要进行强度计算校核

杆塔的横担主要采用斜株型锥柱形箱型截面，其结构类型大致分直线型、耐张型和终端型三种。横担是一种悬臂梁结构，它因受自重和导线及附件重量或导线张力等构成的固定荷载和覆冰重量、检修人员、吊物重量等活动荷载的作用而发生弯曲变形，只有充分考虑这种变形，在设计上采取措施进行限定，才能使横担安全运行。特别是在广西 2008 年的冰灾中，由于原先的线路横担设计没有考虑如此严重的覆冰情况，横担强度不足，造成线路破坏和损伤，影响用电安全。因此，在南方电网最新的线路杆塔设计中，要求必须对横担进行强度计算以及校核，避免覆冰对线路造成的损坏和影响。

第三节　基于遗传算法的输电网规划方法

电网规划的研究内容直接关系到实际网络的建设和运行。从工程角度看，电网规划是一个大规模、涉及多领域的复杂工程项目；从数学角度看，电网规划是一个多约束、计算复杂的整数规划问题，根据规划方案的侧重点不同，可以列出不同的规划模型。目前比较常用的电网规划模型求解方法包括：模拟退火法、分解方法、线性规划法、遗传算法、Tabu 搜索法 (TS)、蚂蚁算法、粒子群算法、人工神经网络法、禁忌搜索法等。

一、遗传算法简介

（一）遗传算法概述

一切生物在大自然的发展中繁衍生存，通过不断的基因变异来适应自然变化，适应力强的物种很好的生存了下来，适应力差的物种逐渐被自然所淘汰。人们受自然启发，模仿生物生存机理和特性，为人工自适应算法提供了重要的模型基础，遗传算法就是模拟这种行为机理的重要成果。世间的生物从亲代继承特性和性状，即遗传。构成生物基本结构的是细胞，里面包含染色体，基因信息由基因组成。遗传算法通过对生物遗传和进化过程中选择、交叉、变异机理的模仿，来完成对问题最优解的自适应搜索过程。遗传算法诞生于20 世纪 60 年代，由 Holland 教授首先提出。人们对人工自适应系统的研究是遗传算法的理论基础，经过人们的不断改进总结，80 年代初步形成了遗传算法的框架。90 年代，是遗传算法发展的鼎盛时期。今天，遗传算法已经发展成为一种成熟算法，在很多领域都得到了应用。在遗传算法的思想是模拟自然界优胜劣汰的原则，对全局进行搜索，按照一定规则或模型计算每个个体的适应度，适应度越大，个体被保留的概率越大，适应度越小，则个体被淘汰的概率越大，经过多轮的迭代淘汰后，找出全局最优解。

（二）考虑同塔多回输电线路的遗传算法的参数选择

对于遗传算法而言，初始参数的设定至关重要，初始参数的设定直接影响到算法计算的速度，甚至影响到解的最优性，使结果失去参考意义。不仅遗传算法如此，对于大多数智能算法亦是如此，所以在对算法进行应用研究时，要首先确定算法的初始参数根据遗传算法在实际中应用的经验，总结出遗传算法的参数设定范围。一般遗传算法染色体条数取20 ~ 100；最大迭代次数取 100 ~ 500；交叉率取 0.4 ~ 0.9；变异率取 0.001 ~ 0.1，则根据遗传算法在输电网规划中的应用经验，选择合适的参数。如表 3-1 所示：

表 3-1 遗传算法的参数选择

遗传算法参数	合理参数范围	选取参数值
染色体条数	20 ~ 100	40
最大迭代次数	100 ~ 500	100
交叉率	0.4 ~ 0.9	0.6
变异率	0.001 ~ 0.1	0.01

（三）遗传算法的计算步骤：

遗传算法的步骤：

第一步：设置参数。设置群体，确定个体长度和数量，设置最大迭代次数。基本遗传算法的染色体是由随机的二进制符号串组成，其等位基因均是由符号集 {0，1} 所组成。根据不同的模型可以设定不同的基因长度，例如 (x1.x2，x3，x4，x5…xn) 可转变成 x=10011010011 表示，该二进制一共有 10 位，则该条染色体的长度为 n=10。一个基因群体由多条染色体组成，则 m 条长度为 n 的染色体组成的基因库为一个 m×n 的矩阵，如下所示：

$$x = \begin{bmatrix} 10011010011……011 \\ 01001001110……010 \\ 10110110010……100 \\ 01101100101……011 \\ …… \\ 10101110010……110 \end{bmatrix}_{m \times n}$$

第二步：计算每个个体的适应度。

对初始基因库的每个个体进行计算，计算出的结果为每个个体的适应度，适应度大小是遗传算法中评价个体的标准。在计算过程中，适应度一般为正数或零，根据适应度的大小来确定每个个体保留到下一轮基因库的概率，适应度越大，则被保留下来的概率越大。

第三步：染色体复制。

由 m 条染色体组成的基因库在经过一轮优胜劣汰的选择之后，染色体条数小于 m，为了保证每次迭代运算过程中的染色体条数，则对保留下来的染色体进行复制，适应度越高的个体被复制的概率越大，被复制到下一代群体中的数量也越大，当染色体条数恢复到 m 条时，复制结束，进入下一步计算。

第四步：将保留下来的个体进行交叉、变异运算。

大自然中的基因并不是一成不变的，存在的基因为了适应环境的变化，不断地进行演变更新，得出更适合生存的基因。

1. 交叉过程

遗传算法模仿这种规则，将保留下来的优良个体按照某一概率进行基因交叉，使随机配对的两条染色体相互交换自身的一部分，这种基因变换可能会产生更优秀的个体。

例如，若染色体 A 和染色体 B 进行交叉变化，随机选中第 6 个基因座之后进行交叉，过程如下所示：

染色体 A：101101.110　交叉后：A：101101.001
染色体 B：000111.001　　　　　B：000111.110

2. 变异过程

遗传算法中的变异是指对交叉完成后的基因进行算子变异，按照一定较小的概率将某一位上的基因改变成其他的等位基因，生成新的个体，这种变异运算也有可能生成更优秀的基因。

例如，随机选中染色体 C，并随机选中第 5 个基因座进行变异，变异方法示意如下：

染色体 C：1010(1)0101 变异后 A：1010(0)0101

第五步：循环迭代。

重复上面过程，在经过多轮的重复迭代之后，基因库的变化将趋于平稳，目标函数值将在某个值的极小范围内稳定波动，即算法收敛，输出适应度最大的个体，该个体即为算法求得的最优解。

算法结束。

二、基于蒙特卡罗模拟法的可靠性指标计算

（一）蒙特卡罗模拟法

目前在简单电力网络中，常用的可靠性计算方法有"概率卷积""串联和并联网络法""状态空间法"和"频率—持续时间法"，后面两种方法也可模拟复杂系统中的一部分。复杂系统可靠性的计算方法常用的有状态枚举法（也称解析法，Analysis Method）和蒙特卡洛模拟法（也称模拟法，Simulation Method）。

状态枚举法的计算精度较高，但是枚举法通过列举全部的故障状态，最后通过模型计算可靠性指标，但是当系统含有大量元件时，其需列举的故障状态将呈指数增加。蒙特卡洛模拟法的模拟次数则与元件数无关，通过对系统故障状态进行随机抽样，通过抽样结果进行可靠性指标的计算，该方法相对简单，但是计算精度不高。

这里采用的模拟方法是蒙特卡罗模拟法，蒙特卡罗模拟法还可继续进行划分，分为序贯和非序贯两种方法。非序贯蒙特卡罗模拟法不考虑时间，因此不能计算与时间有关的指标。序贯蒙特卡罗模拟法则考虑了时间因素，能计算出与时间有关的可靠性指标，这里需求的可靠性指标电量不足期望值，是一个与时间有关的可靠性指标，因此这里采用的蒙特卡罗模拟法为序贯蒙特卡罗模拟法。

蒙特卡罗模拟法的抽样方法可分为：状态持续时间抽样法、状态转移抽样法和状态抽样法，这里选择地方法是状态转移抽样法。状态转移抽样法是对整个系统进行抽样，首先随机生成一个状态空间，G={S1，S2，S3...，Sn}，其中。表示状态数，第 k 个系统状态 Sk 中元件 i 的转移率为 λ_i，i=1，2，3，...，m，其中 m 表示元件个数，转移率凡服从正态分布。每个元件对应的状态持续时间服从指数分布，如下所示：

$$f\left(T_i\right) = \lambda_i e^{-\lambda_i T_i}$$

在整个系统中，最先发生状态变化的元件，决定系统状态的转移情况，第一个元件发生状态变化所用的时间，为系统状态持续时间，因此，系统状态 k 的持续时间为：

$$T_k = \min\{T_1, T_2, T_3 ..., T_m\}$$

由于每个元件的状态持续时间 T 服从指数分布，所以系统状态持续时间 Tx 也服从指数分布，函数公式如下：

$$f\left(T_k\right) = \left(\sum_{i=1}^{m} \lambda_i\right) \exp\left(-T^{(k)} \sum_{i=1}^{m} \lambda_i\right)$$

随机抽选两个在 [0，1] 之间随机分布的两个数认、认，则系统状态又的持续时间为：

$$T_k = -In U_1 \bigg/ \sum_{i=1}^{m} \lambda_i$$

由 m 个元件组成的系统系统地的状态数最多可以达到 m 个，则进入每个状态的概率公式为：

$$P_i = \lambda_i \bigg/ \sum_{i=1}^{m} \lambda_i$$

进入所有状态的概率之和为 1。将进入各个状态的概率按顺序排在 [0，1] 的横坐标上，如果抽取的随机数 Ui 认落在区间 Pi，则系统的下一个状态为第 i 个元件转移后的状态。

由于蒙特卡罗模拟法的抽样具有一定随机性，因此，蒙特卡罗模拟法的特点之一就是波动收敛，即收敛后的计算结果仍会在某个较小的置信区间波动，很难达到一个非常精确的值。在进行可靠性指标计算时，通常采用收敛速度最慢的可靠性指标电量不足期望值 (FENS) 来做收敛判据，有时也会采用最大抽样次数作为收敛判据。

（二）可靠性指标的计算

可靠性指标是用数值来衡量电网的可靠能力，可靠性指标一般可分为概率、频率、平均持续时间、期望值四类。发输电系统的可靠性指标的计算步骤可以分为三个内容：状态抽样、状态估计、可靠性指标的计算。

常用的可靠性指标有切负荷概率 PLC(Probability of Load Curtailments)、切负荷频率 EFLC(Expected Frequency of Load Curtailments)、切负荷持续时间 EDLC(Expected Duration of Load Curtailments)、每次切负荷持续时间 ADLC(Average Duration of Load Curtailments)、负荷切除期望值 ELC(Expected Load Curtailments)、电量不足期望值

FENS(Expected Energy Not Supplied)、系统停电指标 BPII(Bulk Power Interruption Index)、系统削减电量指标 BPECI(Bulk Power Energy Curtailment Index)、严重程度指标 SI(Severity Index)。

这里的研究模型以考虑电网成本和效益达到最优为目标函数，因此，在可靠性计算过程中，主要计算与电网运行效益直接相关的电量不足期望值 FENS 这一可靠性指标。

其计算公式为：

$$EENS = \frac{8760}{T}\sum_{i \in S} C_i t_i$$

其中：S—有切负荷的系统状态集合；

T_i—系统状态 1 的持续时间，单位 / 小时 (h)；

T—系统总模拟时间，单位 / 小时 (h)；

C_i—系统状态 1 的切负荷量，单位：MW•h/a。

模拟时间越长，则可靠性指标 EENS 的收敛性越好，而系统状态 i 的切负荷量 C 则越小越好。若随着负荷增长，则会出现大量的线路过载，会导致 EENS 增大，线路过载越严重，EENS 指标越大，尤其在单回输电网中更加明显。EENS 越大，说明电网可靠性越差，所以输电网络的合理规划尤为重要。EENS 是能量指标，在可靠性经济评估、最优可靠性、系统规划等内容中均具有重要意义，因此 EENS 是一项非常重要的可靠性指标。

EENS 的计算步骤如下所示：

第一步：设置电网参数和元件数据，设置电网初始状态，设所有元件均正常运行，用 1 表示元件正常运行，0 表示元件故障；

第二步：设置总模拟时间，T=0，开始对系统元件进行随机抽样。

$$t = \min\left(-\frac{1}{\lambda_i} InU\right)$$

U 为系统元件 i 在 [0，1] 区间均匀分布的随机数，为元件 1 的故障率，此时模拟时间为 T=T+t；

第三步：假设当 T=Tk 时，系统进入状态 k，状态 $S_k = \left(S_{k_1}, S_{k_2}, S_{k_3}, ..., S_{k_n}\right)$，其中 Ski 表示系统元件 1 在 Tk 时刻的状态；

第四步：对系统进行故障判断，若故障，则进行状态分析，否则返回第三步，重复抽样，直到判断系统为故障状态为止；

第五步：进行可靠性指标 EENS 的计算；

第六步：判断可靠性指标 EENS 是否收敛，若不收敛则返回第三步，直到收敛为止；

第七步：输出可靠性指标 EENS。

（三）电网解列

电网解列指系统发生故障而解列成若干个子系统，这些子系统可以是电力网络，也可是单独的节点。由同塔多回路组成的电力网络与单回路电力网络有所不同，由于两节点间的线路回数增多，表面看像是降低系统解列的可能性，而实际上由于输电线路的可靠性降低，反而增加了系统解列的概率。对于系统联通性的判断，采用联通矩阵法。联通矩阵法指在一个 n 节点的系统中，假设一个矩阵 C，若节点 i 与节点 j 之前有连接关系，则矩阵元素 Cij 为 1，若无连接关系则为 0，对角线元素表示节点 i 到节点本身的连接关系，可定义为存在连接关系，因此对角线元素 aij=1。因此节点—节点关联矩阵 C 是一个由 [0，1] 元素组成 n 维方阵。在 n 节点系统中，对于任意节点 i，最多有，n-1 级连接关系，通过联通矩阵的逻辑自乘，可以得到如下矩阵：

$$C' = C^{(n-1)} \bullet C^{(n-1)}$$

若新矩阵 C' 为全 1 矩阵，则系统不发生解列，若矩阵包含 0 元素，则系统发生解列，去掉元素相同的行，则剩下的矩阵行数为解列的子系统个数。例如，假设一个 5 节点系统，发生解列后，节点 1 独立组成一个子系统（即孤点）、节点 2，3，4 独立，组成一个子系统、节点 5，6 独立，组成一个子系统，则联通矩阵为：

$$
\begin{bmatrix}
1 & 0 & 0 & 0 & 0 & 0 \\
0 & 1 & 1 & 1 & 0 & 0 \\
0 & 1 & 1 & 1 & 0 & 0 \\
0 & 1 & 1 & 1 & 0 & 0 \\
0 & 0 & 0 & 0 & 1 & 1 \\
0 & 0 & 0 & 0 & 1 & 1
\end{bmatrix}
$$

观察该联通矩阵，可以看出第一行元素不同于其他行，第二行、第三行、第四行元素相同，去掉三行中的任意两行；第五行与第六行元素完全相同，去掉两行中的任意一行，可看到的如下矩阵：

$$
\begin{bmatrix}
1 & 0 & 0 & 0 & 0 & 0 \\
0 & 1 & 1 & 1 & 0 & 0 \\
0 & 0 & 0 & 0 & 1 & 1
\end{bmatrix}
$$

该矩阵行数为 3，则系统解列的子系统个数为 3。为了便于清晰演示联通矩阵的判断过程，我们可以用一张流程图表示。

（四）电力系统的切负荷

电力系统切负荷是指在系统故障时，引起电压越限、线路过载运行、发电机出力不能满足负荷要求等情形下，需要通过切除部分负荷来维持电网的安全稳定。为了保证电网的供电可靠性和经济性，要求尽可能少的切除负荷，因此还需要进行最优潮流计算。由于可靠性指标的计算过程需要大量计算，为了提高计算效率，这里采用直流模型来进行切负荷分析。基于直流潮流的最有切负荷模型如下所示：

其目标函数为

$$\min \sum_{i=1}^{n} C_i$$

约束条件：

$$P_L = B_L AB^{-1}\left(P_G - P_D + C\right)$$

$$\sum_{i=1}^{n} P_{Gi} + \sum_{i=1}^{n} C_i = \sum_{i=1}^{n} P_{Di}$$

$$P_{Gi}^{\min} \le P_{Gi} \le P_{Gi}^{\max}$$

$$0 \le C_i \le P_{Di}$$

$$-P_{ij\max} \le P_{ij} \le P_{ij\max}$$

其中：$C = [C_1, C_2, \ldots, C_n]$

C—节点切负荷量的矢量；

P_{ij}—支路 ij 有功功率；

$P_{ij\max}$—支路 ij 最大有功功率；

BL—方阵，对角线元素为各支路导纳；

A—关联矩阵；

PG—系统发电机有功出力的矢量；

PGi—发电机 1 的有功出力；

PD—系统负荷有功功率的矢量；

PDi—节点 i 的有功负荷。

三、考虑同塔多回输电线路的输电网规划

电力系统发展至今，已经发展成为体系庞大，拓扑结构复杂，传输容量巨大的电力网络，众所周知，再过去几十年中，庞大的电力网络给人们带来的好处是无法估量的，在今天乃至将来的很长一段时间内仍将继续服务人类的生活和发展。任何事物都具有双面性，在给人们带来巨大好处的同时，也能给人们带来巨大伤害，历史上发生的几次大规模停电事已经向人们展示了其惊人的破坏力，因此提高电力系统供电的安全稳定是人们需要高度重视的研究内容。

（一）电网规划的约束条件

输电网是电力网络中连接电源点与负荷的网络部分，有传输分配电能的作用。输电网规划是电网规划的一部分，另一部分为电源规划。进行电网规划时，必须要遵循以下约束条件。

第一，要正确认识电力生产的基本规律，电能为可再生的二次能源，发输配一体，不能大量存储，因此发、输、配、用必须同时完成。

第二，电力工业不仅是国民的服务性行业，同时也掌握着社会发展的经济命脉，甚至与居民的人身和财产安全息息相关，所以要力求建设一个可靠、灵活、安全的电力网络。

第三，要充分利用周围环境的自然资源，如雨多地的南方地区，可以优先考虑建设水力发电厂，在内蒙古等多风地区，可以优先考虑风力发电。充分利用环境优势来建设更加合理的电网。

第四，要维持发、输、配、用的供需平衡，避免缺电或发电过剩，造成不必要的经济损失。

第五，要积极引进和研发新技术，电网规划技术的发展要跟上时代的步伐，就要不断推陈出新，及时的引进先进技术和研发新的理念，这样才能使电力系统的规划取得长远的发展。

（二）考虑同塔多回路的输电网规划步骤

电网规划的侧重点不同，则规划模型也不尽相同，迄今为止，还没有哪一种规划模型可以适用于所有情况，这里研究的考虑同塔多回路运行风险的输电网规划方法也是以经典规划方法为基础，衍生出的一种新的规划模型。虽然这里提出的规划模型仍然不能适用于全部的规划方案，但是却在电网规划方案领域里提出了一个新的思想，即增加了电网本身的运行经济效益。

对考虑电网本体造价和电网运行效益的同塔多回路输电网络进行规划，具体步骤可以归纳如下：

第一步，收集资料。收集网架参数，包括线路参数，发电机参数，负荷参数。线路参数包括线路的长度、电抗、故障率、最大传输容量、停运时间等。发电机参数包括发电机容量，平均停运时间和失效前平均时间。负荷包括网络节点的用功功率。

第二步，根据数据文本，计算网络的可靠性指标，计算网络的电量不足期望值FENS1，并记录下来。

第三步，初始参数的设定，设置遗传算法的染色体长度，群体大小，最大迭代次数，交叉率，变异率等。

第四步，遗传算法基因库的建立。这里方法采用二进制编码方法对染色体进行编码，每一个变量均用二进制数 [0, 1] 表示。这里选取的测试系统共包含 39 条线路，每条线路都对应自己的起始节点，按起始节点顺序对线路进行编号，设线路为变量，则实际变量为 $X=\{x1, x2, x3, \cdots, x39\}$。这里为考虑同塔多回路的电网规划研究，考虑的最高回路数为四回，用 00 表示单回路，O1 表示同塔双回输电线路，10 表示同塔三回输电线路，11 表示同塔四回输电线路，即每一条线路均对应一个长度为 2 的二进制数，则这里的每条染色体均是一个 39×2 位的二进制数。

根据遗传算法在电网规划应用中的要求，交叉率取 0.6，变异率取 0.001，染色体条数取 40，则这里的基因库是一个 40×78 的矩阵，矩阵元素均由 [0, 1] 变量组成，随机生成一个初始矩阵 p0。

第五步，遗传算法的计算。进行适应度函数的计算，包括潮流的功率损耗，同塔多回输电线路的可靠性指标 EENSn，根据每个个体的适应度，进行复制、交叉、变异操作，生成新的基因库 P1，并输出单次计算的"最优值"，并记录下来。重复此过程，一直循环到提前设定好的迭代次数。

第六步，收敛性判断。根据第四步中记录的"最优值"，判断"最优值"变化是否收敛，若收敛，则进行下一步，若不收敛，则返回第五步，直到"最优值"收敛为止。

第七步，记录第六步输出的最优值，找出对应的最优解，对最优解进行染色体解码分析，则得出对应的实际变量，其对应的规划方案为最优方案。输出最优规划方案。

第八步，算法结束。

第四节　基于全寿命成本的输电线路设计方法

一、全寿命成本构成

输电线路全寿命成本是指输电线路项目在全寿命周期内的规划、设计、建造、运行、老化及废除等阶段发生的所有成本的总和。在设计阶段，输电线路的全寿命成本预测是在输电线路的正常设计、正常施工及正常运营的情况下进行的，可不考虑输电线路全寿命周期中的不可预测的偶然事件影响。

根据不同的性质，输电线路全寿命成本可具有不同的划分。根据资金投放方式不同，可分为直接成本和间接成本；根据成本发生的主体不同，可分为机构成本、社会成本和用户成本；根据资金投放时间的不同，可分为项目的初建成本和未来成本。但是，这些成本构成分析方式都不适用于对输电线路的全寿命成本预测，这是由于：

1. 由于输电线路各类成本数据的缺乏，虽然设计、建造期内的成本已确定，但对有效、准确地预测后期运营阶段的成本存在较大的困难。

2. 不能突出输电线路设计的特点，将加大一般工程结构设计人员在理解及应用上的难度。

3. 不能有效反应输电线路设计各阶段、各主要部件之间的关系及重要性，以致不能较好地决策输电线路全寿命周期内各主要成本的重要性。

4. 由于预测的输电线路全寿命主要成本构成与其设计方法不协调，因而不能有效反馈对设计的改善。

5. 虽然输电线路结构简单，但由于各主要部件的使用寿命差异较大，将大大增加输电线路运营期各类成本整体计算的难度。

因此，为了有效地反映输电线路的设计特色，规避上述的缺点，可依据输电线路设计的一般过程，根据主要部件的重要性，进行依据设计过程的分层次成本构成分析。由于输电线路设计的主要环节包括了路径选择、气象条件确定、导地线选择、杆塔及基础设计、绝缘子配置、金具选择、绝缘配合、防雷及接地确定等，各环节重要性和相互制约性各不相同，可根据输电线路设计的进程及各环节的重要性进行成本构成的划分。

二、全寿命成本构成模型建立方法

在第一层次成本划分的基础上，根据第一层次划分成本的特点及内涵，依据结构设计的相关性及成本投入的时间特性，可进行第二层次的细分。

在输电线路的设计中，每km造价成本及km数是对成本起到根本性影响的两个重要经济指标。输电线路设计的路径选择直接决定了输电线路设计的km数；路径的确定也决定了沿线的气象条件，根据收集的设计所需气象资料，论证设计的重现期，并结合气象台站的记录，最终确定组合设计气象条件，它直接影响杆塔、基础的荷载，同时也对导地线、绝缘子金具等强度等级产生重要的影响；路径的选择也在相当程度上直接影响了基础形式、接地等，而对于其他环节也有间接影响力。

因此，输电线路的路径选择是输电线路设计的前提和基础，相应的路径选择相关成本是对输电线路全寿命成本影响最大的因素，它的第二层次成本可包括了建设场地征用及清理费和路径巡检及维护成本。

意外的隐性成本属于意料外的成本，可先不做考虑。

输电线路的导地线选择，首先必须满足系统规划时决策的输送容量、通信等要求，其次必须满足选定路径上特定的气象条件下的机械强度要求，最后还要考虑到线路可扩张的能力。输电线路导地线的确定将直接影响后续设计部件，如杆塔、基础、绝缘子及金具的机械荷载，从而影响它们相应的设计，导致成本的较大变化。

因此，导地线成本的第二层次成本可包括初始建设成本、检测维护成本、维修更换成本、失效成本、线路能耗成本以及残值。

杆塔和基础，在线路本体投资中占较大比重，它们受到路径选择、气象条件、导地线、绝缘配合的控制，但对其他环节影响较少。因此，杆塔成本的第二层次成本可包括初始建设成本、检测维护成本、维修成本、失效成本以及残值。

基础成本的第二层次成本可包括初始建设成本与失效成本。

绝缘配合主要控制塔头尺寸，与其他环节相互关联度相对较弱，因而绝缘子与金具、防雷及接地设置一样，在线路本体投资中占的比重较小，而且相对独立，一般它们自身的变动不会对其他环节的设计方案确定产生影响，工程中可独立分析。

因此，绝缘子成本的第二层次成本可包括初始建设成本、检测巡视成本、更换成本、失效成本以及残值。

金具成本的第二层次成本可包括初始建设成本、更换成本、金具能耗成本、失效成本以及残值。

防雷及接地成本的第二层次成本可包括初始建设成本、检测维护成本、更换成本、失效成本以及残值。

其他成本的第二层次成本可包括项目建设管理费、项目建设技术服务费、分系统调试及整套启动试运费、生产准备费、辅助施工费、施工道路修筑费、基本预备费以及动态费用。

在第二层次的成本划分中，对一些常见的成本形式，还需进行更深层次的成本划分。例如，维护、维修及更换成本可包括维护、维修及更换的材料成本，维护、维修及更换的建造成本，维护、维修及更换造成部件废弃的残值。

主要部件的初始建设成本一般主要包括了主要部件的初始材料成本（指装置性材料成本）与主要部件的初始建造成本。

它们都可从输电线路的概预算获得。其中，主要部件的初始建造成本除部件装置性材料成本之外的其他本体投资，主要包括了直接工程费用（如材料成本，是除了装置性材料费的消耗性材料费；人工费用以及施工机械使用费用）、措施费用（冬季施工增加费用、夜间施工增加费用、施工工具用具使用费用、特殊地区施工增加费用、临时设施费用、施工机构转移费用以及安全文明施工措施补助费用）、间接费用（规费，包括了社会保障费用、住房公积金及危险作业意外伤害保险费用和企业管理费用）、利润、税金以及设备购置费用（设备直接费用和设备运杂费用）。

需特别说明的是，对于失效成本，仅考虑合理范围内的成本，即认为电网足够坚强，线路失效是控制在系统规划 N-1 事故状态下的，就是说，对社会及环境成本不构成影响。失效成本的损失值可考虑为消除影响所需花费的价值，一般而言，对可维修的部件计为维修成本，不可维修而需更换的部件可计为部件的更换成本。

在系统进行全寿命规划的前提下，输电线路寿命周期内只考虑常规的运营成本，而不考虑很少发生的线路增容、杆塔基础补强等非常规性需求。

三、输电线路全寿命成本预测的主要参数

（一）输电线路设计寿命

对工程项目的经济分析是固定资产投资活动的一项基础性工作，是投资决策的重要依据，主要包括了项目的财务评价和国民经济评价。在项目的经济评价中，财务评价的计算期一般不超过 20 年，但对工程建设项目，尤其是大型的基础设施工程项目显然是不够的。对于实际工程项目，全寿命成本分析的时间周期应取为项目的实际使用寿命，当基于工程项目的设计而进行预测时，此时间周期则可取为该项目的设计使用寿命。因此输电线路设计寿命是全寿命成本计算的核心参数。

（二）部件寿命的决定因素

对导线而言，最易引起腐蚀的是钢芯。钢芯铝绞钱在大气中受水分、化学气体和盐类物质等作用会发生腐蚀，腐蚀程度与导线的材质成分和制造工艺有密切关系。导线的腐蚀形态有化学腐蚀和电化学腐蚀，并以电化学腐蚀为主，而且主要是外层腐蚀。铝股受腐蚀后表面会产生白色粉末，并布满麻点，铝股与钢芯接触层也会产生白色粉末状物，同时导线明显变脆，抗拉强度明显降低，严重时会造成断股、断线，大大地缩短了导线的使用寿命，

而地线一般为镀锌钢绞线，当锌层被腐蚀掉仅剩钢丝时，它的寿命也将意味着终结。同样，金具和避雷器等其他线路器材常有氧化腐蚀的危害，由于外部热缺陷的导体接头部位长期裸露在大气中运行，长年受到日晒、雨淋、风尘、结露及化学活性气体的侵蚀，造成金属导体接触表面严重锈蚀或氧化，氧化层会使金属接触面的电阻率增加几十倍甚至上百倍。

对输电铁塔和钢管杆，我国一般要求进行热浸镀锌防腐蚀处理，但经过若干年的使用之后，也往往由于锌层破坏而发生锈蚀，大大降低了钢结构构件的承载能力，其腐蚀寿命往往取决于所使用环境的腐蚀程度。

杆塔基础作为输电线路的重要组成部分，其费用约占整个工程的 15% ~ 35%，它的寿命直接影响着整个输电线路系统地稳定性。但由于我国幅员辽阔，各个地区的地质条件相差很大，使得基础受外界条件的影响很严重，如在东北地区、新疆地区和青藏高原的冻融，盐渍地区的基础的腐蚀等都可能影响基础的寿命。

接地网是输电线路的防雷保护装置，埋设于地面下 0.3 ~ 0.8m 的土壤中，常常由于土壤腐蚀环境作用而发生腐蚀。因此，土壤是造成其腐蚀的环境介质。当接地网某段导体出现腐蚀，甚至因此而断裂时其导电性能必然大大降低，电阻必然增大，给输电线路防雷造成隐患。土壤腐蚀属于电化学腐蚀，它受土壤的 pH 值、杂散电流、化学反应、电阻率和微生物作用的影响极大，氧和水是土壤腐蚀的关键因素。由于土壤介质具有多样性、不均匀性等特点，腐蚀微电池和腐蚀宏电池共同作用。不同土质其腐蚀程度一般不同，排水性、通气性差而保持水分能力大的黏土和淤泥地细粒土壤比排水性和通气性良好的粗粒土壤锈蚀严重。

绝缘子长期处在机械负荷作用下，由于内部应力发生变化，使绝缘介质疲劳损伤，另一方面，绝缘子由于长期暴露在大气中，处在经常性的冷热变换的环境下工作。而悬式绝缘子的瓷件和钢帽、钢脚是用水泥胶合剂组合成一体的，由于胶装水泥、瓷件和金属的膨胀系数的差异性，在长期的热力作用下会促使其强度下降或产生裂纹，导致瓷绝缘子的劣化。此外，绝缘子的物理寿命还与绝缘子制造工、材质等有关。

（三）设计寿命建议值

输电线路工程主要组成部件的预计使用寿命差异较大。根据工程调研和中国电科院的统计数据，可以预计部件设计寿命的合理值，一般环境下常用输电线路部件的使用寿命建议值见表 3-2。

表 3-2　一般环境下常用输电线路部件的使用寿命（单位：年）

部件	导线	地线		绝缘子				金具	
	LGJ	GJ	JLB	合成	瓷	玻璃	铸铁	铝合金	防震金具
预计使用年限	40	20	40	7	20	30	20	40	15

基于地线的易更换、铁塔的易维护及绝缘子、金具的价格相对低廉，输电线路设计寿

命匹配宜按导线作为主要的匹配对象。因此，除系统规划特别要求外，一般地区线路设计使用年限按电压等级分，其设计使用年限可取为：110～220kV，30年；330～750kV，40年；大跨越线路，50年。

四、输电线路全寿命成本的预测模型

（一）预测模型研究流程

对输电线路全寿命周期成本分析研究的本质是：在输电线路的设计阶段，在系统规划给定的决策信息条件下，基于输电线路的一般设计，对输电线路全寿命周期内的所有成本进行有效的预测，以根据全寿命成本的比较对输电线路的原有设计进行必要的反馈以改善其设计，使之符合输电线路建设的全寿命理念要求。

既然本项目是对输电线路全寿命成本进行先期的预测性研究，因此，应界定输电线路全寿命成本预测分析基本的前提假设条件，即在设计阶段，输电线路的全寿命成本预测是在输电线路的正常设计、正常施工及正常运营的情况下进行的，不考虑输电线路全寿命周期中的不可预测的偶然事件影响。

这里推荐的全寿命成本预测模型研究流程是：在输电线路部分确定性已知条件下，由常规性设计的经验，进行输电线路后续本体的设计假定，从而确定模糊的假设条件，如后续设计部件大约的型号、数量等参数，以此进行输电线路各个设计过程的全寿命成本计算。

实质上，无论是在输电线路哪个设计过程及设计层次，通过已知的确定设计条件及根据设计经验确定的后续其他部件设计的模糊条件，构成输电线路一般设计的所有条件，由此，在足够的设计信息下根据同一分析方法进行同样的输电线路全寿命成本计算。

（二）全寿命成本表示方法

依据输电线路的设计过程，在各类确定的及模糊的部件设计条件及设计参数下，其全寿命成本的现值可表示为：

$$L_{CC} = L_P + L_W + L_r + L_F + L_J + L_H + L_R + L_O$$

式中，L_P 为与路径相关的成本现值。

L_W 为导地线的全寿命成本现值。

L_r 为杆塔的全寿命成本现值。

L_F 为基础的全寿命成本现值。

L_J 为绝缘子的全寿命成本现值。

L_H 为金具的全寿命成本现值。

L_R 为防雷及接地的全寿命成本现值。

L_O 为其他成本的全寿命成本现值。

相应的输电线路全寿命成本年值为

$$L_{CCa} = L_{CC} \frac{i(1+i)^T}{(1+i)^T - 1} = L_{Pa} + L_{Wa} + L_{Ta} + L_{Fa} + L_{Ja} + L_{Ha} + L_{Ra} + L_{Oa}$$

式中，为相应的输电线路设计过程或主要部件的全寿命成本年值；T 为系统规划给定的输电线路设计使用寿命。

（三）基于全寿命成本的输电线路设计方法

设计作为输电线路项目全寿命周期管理的龙头环节，全寿命周期设计意味着，在设计阶段就要考虑到产品寿命历程的所有环节，以求产品全寿命周期所有相关因素在产品设计阶段就能得到综合规划和优化。输电线路设计不仅是设计功能和结构，而且要考虑到电网的规划、线路本体的设计、线路的施工安装、线路的运行、维修保养、直到回收处置的全寿命周期过程。

根据全寿命成本的预测分析及输电线路的分层次设计方法，可建立基于全寿命成本的输电线路设计方法，其本质是：在系统规划给定的决策信息条件下，在满足输电线路各部件及整体技术性要求的基础上，通过一般性的设计，对输电线路全寿命周期内的所有成本进行有效的预测，从而可根据全寿命成本的比较对输电线路的原有设计进行必要的反馈以改善其设计，使之符合输电线路建设的全寿命理念要求。

输电线路的设计是基于全寿命成本的分层次设计，即各个层次的设计均需全寿命成本的循环比较来进行具体设计的选择，可称为"分层循环反馈"设计方法。应用本设计方法，输电线路的设计和全寿命成本的预测是共同进行的，即各个层次的输电线路设计及全寿命成本预测均是在部分确定的已知条件下，由常规性设计的经验，进行输电线路后续本体的设计假定，从而确定模糊的假设条件，如后续设计部件大约的型号、数量等参数，以此进行输电线路各个设计过程的全寿命成本预测，从而对设计方案的选择提供全局性的经济指标。

第四章　高压输电线路设计

第一节　高压与特高压输电线路

一、高压输电线路

发电厂发出的电，并不是只供附近的人们使用，还要传输到很远的地方，满足更多地需要。这些电不能直接通过普通的电线传输出去，而是要用高压输电线路传送的。一般称220kV 以下的输电电压叫作高压输电，330 到 765kV 的输电电压叫作超高压输电，1000kV 以上的输电电压叫作特高压输电。当电输送到用电的地方后，要把电压降低下来才能用。

（一）分类

高压输电线路分为电缆输电线路和架空输电线路。

电缆输电线路：将电缆埋设在地下，不占空间，但施工和维护不方便，多用在城市和跨江河线路中。

架空输电线路：采用输电杆塔将导线和地线悬挂在空中，使导线和导线之间、导线和地线之间、导线和杆塔之间、导线和地面障碍物之间保持一定的安全距离，完成输电任务。

（二）特点与存在的问题

与现有的低压、普压输电线路相比，高压交流输电线路具有以下特点：

1. 安全运行的可靠性要求高。因高压交流输电线路的输送容量大，往往是主要的电源点和负荷中心的能源输送线路，在电网中的地位非常重要，一旦出现安全事故对经济影响非常大。

2. 线路的结构参数高。高压交流输电线路杆塔高、绝缘子串长、绝缘子片数多、吨位大，出现倒塌事故后不仅修复难度大，对备品备件的准备工作要求也非常高。

3. 线路的运行参数高。高压线路的额定电压都比较高，使带电体周围的电场强度较高。

4. 线路长、沿线地理环境复杂，高压线路经常穿越高山峡谷，交通运输的困难较多，维修工作量大。

（三）设计要求

电力产生要高质量传送到用电地，必须依靠电网的传输功能。高压输电线路负责电厂与变电站、变电站与变电站之间电力传输和分配的主要电力设施，被称为电力事业的动脉。由于我国资源和人口分布不均匀，因此，就更需要加强高压输电线路的建设工作，将电能有效输送到用电地区，完成电力事业肩负的任务。高压输电线路设计是高压输电线路规划和准备工作阶段的重点，做好高压输电线路设计工作意义重大。电力工作者应该提高对压输电线路设计工作的重视，熟悉和了解高压输电线路铁塔结构设计、防雷设计和防污损等工作重点，切实提高高压输电线路设计质量，提升电力事业发展和进步的水平。在实际的高压输电线路设计工作中电力工作者要做好力学分析、污损预计和引雷设计，通过踏实的基层工作，提升高压输电线路设计的实用性和功能性，为高压输电线路的稳定运行做好实际的基础性设计工作。

二、特高压输电线路

1000kV 特高压交流输电线路输送功率约为 500kV 线路的 4 至 5 倍，正负 800kV 直流特高压输电能力是正负 500kV 线路的两倍多。同时，特高压交流线路在输送相同功率的情况下，可将最远送电距离延长 3 倍，而损耗只有 500kV 线路的 25% ~ 40%。输送同样的功率，采用 1000kV 线路输电与采用 500kV 的线路相比，可节省 60% 的土地资源。到 2020 年前后，国家电网特高压骨干网架基本形成，国家电网跨区输送容量将超过 2 亿千瓦，占全国总装机容量的 20% 以上。届时，从周边国家向中国远距离、大容量跨国输电将成为可能。

对于特高压电网的经济性，到 2020 年，通过特高压可以减少装机容量约 2000 万千瓦，节约电源建设投资约 823 亿元，每年可减少发电煤耗 2000 万吨。北电南送的火电容量可以达到 5500 万千瓦，同各区域电网单独运行相比，年燃煤成本约降低 240 亿元。

（一）建设规划

2010 年,国家特高压电网将在华北、华中和华东地区形成晋东南—南阳—荆门—武汉—芜湖—杭北—上海—无锡—南—徐州—安阳—晋东南双环网作为特高压主网架；西北、华北火电通过蒙西—北—石家庄—安阳以及蒙西—陕北—晋东南 2 个独立送电通道注入特高压主网，西南水电通过乐山—重庆—恩施—荆门双回路通道注入特高压主网。

2010 年特高压工程总规模将到 20 座交流变电站（开关站），主变台数将达到 26 台，总变电容量达到 7725 万千伏安，交流特高压线路长度达到 11580 km。

2015 年，交流特高压骨干网架将形成长梯形、多受端的交流主网架结构。在中部及东部地区分别建成一条南北方向的大通道，即北东—石家庄—豫北—南阳—荆门—长沙的双回线路、唐山—天津—济南—徐州（连云港）—南（无锡）—芜湖—杭北—金华—温州—福州—泉州，两条大通道间通过北东—唐山单回、石家庄—济南单回、豫北—徐州双回、荆门—武汉—芜湖双回、长沙—南昌—金华单回等共 7 回线路联系。蒙西火电、陕北火电、宁夏火电及川西水电等大电源经各自的特高压站汇集后，通过百万伏级线路注入中部大通道。沿海核电直接接入东部大通道，为东部受端电网提供必要的电压支撑。华北、华中、华东等受端地区分别形成北东—唐山—天津—济南—石家庄环网、荆门—武汉—南昌—长沙环网、南—无锡—上海北—上海西—杭北—芜湖双环网。2015 年规划建成特高压直流 5 回，包括：金沙江一期溪洛渡和向家坝水电站送电华东、华中；锦屏水电站送电华东；呼盟煤电基地送电华北，哈密送华中。

2015 年特高压工程规模将达到 38 座交流变电站，主变台数将达到 55 台，总变电容量达到 16725 万千伏安，交流特高压线路长度达到 23560 km；还将建成 5 条 800kV 直流线路，包括 10 个直流换流站，直流线路总长度达到 7420 km。

2020 年，国家特高压交流电网在华北、华中、华东负荷中心地区形成坚强得多受端主网架，以此为依托延伸至陕北、蒙西、宁夏火电基地和四川水电基地，呈棋盘式格局，主要输电通道包括：蒙西—石家庄—济南—青岛通道，陕北—晋中—豫北—徐州—连云港通道，靖边—西安—南阳—驻马店—滁州—泰州通道，乐山—重庆—恩施—荆门—武汉—芜湖—杭北—上海通道；晋东南—南阳—荆门—长沙—广东通道，北—石家庄—豫北—驻马店—武汉—南昌通道，唐山—天津—济南—徐州—滁州—南通道，青岛—连云港—泰州—无锡—上海—杭北—金华—福州通道；其中：锡林郭勒盟—北东，锡林郭勒盟—唐山装设串补，串补度 30%，蒙西—北东、蒙西—石家庄、陕北—晋中、陕北—晋东南、晋中—豫北、宁东—乾县、西安东—南阳、西安东—恩施、乾县—达州、乐山—重庆、重庆—恩施、恩施—荆门、恩施—长沙等线路均装设串补，串补度 40%；西北、东北电网均通过直流方式与华北华中华东大同步网保持异步联系。2020 年规划建成特高压直流 11 回，包括：金沙江一期溪洛渡和向家坝水电站、二期乌东德和白鹤滩水电站送电华东、华中；锦屏水电站送电华东；哈密煤电送华中；呼盟煤电基地送电华北、辽宁；俄罗斯送电辽宁。

2020 年特高压工程规模将达到 45 座交流变电站（开关站），主变台数将达到 75 台，总变电容量达到 22350 万千伏安，交流特高压线路长度达到 31490 km；800kV 直流线路总数达到 11 回，包括 21 个直流换流站，线路总长度 17680 km（包括俄罗斯送电辽宁直流境内部分）。

（二）技术难点

对于交流特高压而言，主要有两大技术攻关重点：一是制造出可调的并联电抗器；二是研制 1000kV 电压等级的双断口断路器，这两个关键技术问题已经基本解决。对于直流特高压电网而言，其技术攻关关键是开发 6 英寸晶闸管。日本已经研制出了 6 英寸晶闸管，我国在研制 6 英寸晶闸管方面也已经具备了一定的基础。我国晋东南—南阳—荆门的特高压交流试验示范工程的意义在于：它将真正实现全电压、满容量、长距离输电。

此外，对于我国电网设备制造业而言，中国建设特高压电网对我国民族工业无疑是一个巨大的推动。中国从 2006 年开始要发展特高压电网，表明中国已经有勇气解决特高压这一世界性的难题。

2006 年 8 月 9 日，国家发展改革委员会印发《关于晋东南至荆门特高压交流试验示范工程项目核准的批复》（发改能源 [2006]1585 号），正式核准了晋东南经南阳至荆门特高压交流试验示范工程。据国家电网公司报道，该特高压线路，全长 654 km，申报造价 58.57 亿元，动态投资 200 亿元。起于山西省长治变电站，经河南省南阳开关站，至于湖北省荆门变电站，连接华北、华中电网，将于 2008 年建成后进行商业化运营。如在全国全面推开，未来投资 4060 多亿元，配套动态投资将达 8000 多亿元，总投资相当于 3 ~ 4 个长江三峡工程项目。这一巨额工程，并未纳入国家"十一五"规划纲要。

2006 年 8 月 19 日—26 日，特高压试验工程分别在山西长治、河南南阳和湖北荆门三地盛大奠基。10 月 30 日，国家电网公司在山西、河南、湖北四地同时召开晋东南—南阳—荆门 1000kV 特高压交流试验工程建设誓师动员大会。

2016 年，首条入京特高压线路——锡林郭勒盟 - 北京东 - 山东 1000kV 特高压交流工程将建成投运，将送电 100 万千瓦。家发改委核准北京东特高压站配套 500kV 输变电项目以配合特高压输电入京。

中国幅员辽阔，可开发的水力资源的三分之二分布在西北和西南地区，煤炭资源大部分蕴藏在西北地区北部和华北地区西部，而负荷中心主要集中在东部沿海地区。由于电力资源与负荷中心分布的不均匀性，随着电力系统的发展，特高压输电的研究开发亦将会提上日程。

（三）经济收益

特高压输电具有明显的经济效益。1 条 1150kV 输电线路的输电能力可代替 5 ~ 6 条 500kV 线路，或 3 条 750kV 线路；可减少铁塔用材三分之一，节约导线二分之一，节省包括变电所在内的电网造价 10 ~ 15%。1150kV 特高压线路走廊约仅为同等输送能力的 500kV 线路所需走廊的四分之一，这对于人口稠密、土地宝贵或走廊困难的国家和地区会带来重大的经济和社会效益。

1000kV 电压等级的特高压输电线路均需采用多根分裂导线，如 8、12、16 分裂等，每根分裂导线的截面大都在 600 平方毫米以上，这样可以减少电晕放电所引起的损耗以及无线电干扰、电视干扰、可听噪声干扰等不良影响。杆塔高度约 40 ~ 50 米。双回并架线路杆塔高达 90 ~ 97 米。许多国家都在集中研制新型杆塔结构，以期缩小杆塔尺寸，降低线路造价。苏联、美国、意大利、日本等国家都已经着手规划和建设 1000kV 等级的特高压输电线路，单回线的传输容量一般在 600 ~ 1000 万千瓦。例如，苏联正加紧建设埃基巴斯图兹、坎斯克 - 阿钦斯克、秋明油田等大型能源基地，已经有装机容量达 640 万千瓦的火电厂，还规划建设装机容量达 2000 万千瓦的巨型水电站以及大装机容量的核电站群。这些能源基地距电力负荷中心约有 1000 ~ 2500 km，需采用 1150kV、±750kV 直流，以至 1800 ~ 2000kV 电压输电。苏联已建成 1150kV 长 270 km 的输电线路，兼作工业性试验线路，于 1986 年开始试运行，并继续兴建长 1236 km 的 1150kV 输电线路，20 世纪末将形成 1150kV 特高压电网。美国邦维尔电力局所辖电力系统预计 20 世纪末将有 60% 的火电厂建在喀斯喀特山脉以东地区，约有 3200 万千瓦的功率需越过这条山脉向西部负荷中心送电，计划采用 1100kV 电压等级输电。每条线路长约 300 km，输送容量约 1000 万千瓦。意大利计划用 1000kV 特高压线路将比萨等沿地中海地区的火电厂和核电站基地的电力输送到北部米兰等工业区。日本选定 1000kV 双回并架特高压输电线路将下北巨型核电站的电力输送到东京，线路长度 600 km，输送容量 1000 万千瓦。这些特高压输电线路均计划于 20 世纪 90 年代建成。

（四）投运线路

美国、苏联、日本和意大利都曾建成交流特高压试验线路，进行了大量的交流特高压输电技术研究和试验，最终只有苏联和日本建设了交流特高压线路。

1. 苏联

在前期研究的基础上，从 1981 年开始动工建设 1150kV 交流特高压线路，分别是埃基巴斯图兹 - 科克契塔夫 494 km，科克契塔夫 - 库斯坦奈 396 km。1985 年 8 月，世界上第一条 1150kV 线路埃基巴斯图兹 - 科克契塔夫在额定工作电压下带负荷运行，后延伸至库斯坦奈。1992 年 1 月 1 日，通过改接，哈萨克斯坦中央调度部门把 1150kV 线路段电压降至 500kV 运行。在此期间，埃基巴斯图兹 - 科克契塔夫线路段及两端变电设备在额定工作电压下运行时间达到 23787 小时，科克契塔夫 - 库斯坦奈线路段及库斯坦奈变电站设备在额定工作电压下运行时间达到 11379 小时。从 1981 ~ 1989 年，苏联还陆续建成特高压线路 1500 km，总体规模达到 2400 km。全部降压至 500kV 运行。

2. 日本

1988 年秋动工建设 1000kV 特高压线路。1992 年 4 月 28 日建成从西群马开关站到东山梨变电站的西群马干线 138 km 线路。1993 年 10 月建成从柏崎刈羽核电站到西群马开关站的南新泻干线中 49 km 的特高压线路部分，两段特高压线路全长 187 km，2000 年开始，均以 500kV 电压降压运行。1999 年完成东西走廊从南磐城开关站到东群马开关站的南磐城干线 194 km 和从东群马开关站到西群马开关站的东群马干线 44 km 的建设，两段特高压线路全长 238 km。日本共建成特高压线路 426 km，由于国土狭小，日本特高压线路全部采用双回同杆并架方式。

第二节 特高压输电线路电容电流补偿算法

电流差动保护以基尔霍夫电流定律为基础，若不考虑输电线路分布电容、分布电导和并联电抗器等影响因素，则电流差动保护原理对任何故障都是适用的。1000kV 特高压输电线路采用多根分裂导线，且输电距离长，导致线路的分布电容较超高压输电线路有所增大。在运行过程中线路会产生很大的分布电容电流，从而影响电流差动保护的性能。特高压输电线路除采用了高压并联电抗器来抑制线路过电压之外，线路的分布电容也很大。因此，研究带并联电抗器的电容电流补偿算法对特高压输电线路的电流差动保护的影响是十分必要的。

一、特高压输电系统参数选择与计算

建设特高压输电线需要巨大投资，应尽量发挥其经济效益，主要体现在以下三个方面：

1. 尽量提高线路传输能力，即增大输电线路的自然功率，从而减小输电线路的电压损耗，减小无功补偿设备的投资，提高经济性。

2. 综合考虑特高压设备的维修更换费用和系统稳定的重要性，特高压输电线路继电保护的首要任务是保证电压不超出允许范围，其次是保证系统稳定。因此，通常要在特高压输电线路装设容量很大的并联电抗器，用以吸收容性无功功率，防止产生过电压危及电气设备和绝缘子。

3. 为提高输电网稳定极限以及经济性，特高压输电线路通常采用串联电容补偿器补偿线路电抗，缩短"电气距离"。

特高压输电系统的参数包括分裂导线单位长度的正序电阻、正序电感、正序电容和正序电导，高压并联电抗器的电感以及串联电容器的电容。

（一）线路参数选择与计算

这里主要介绍特高压输电线路导线电阻、电感、电容参数的选择和计算方法，因特高压输电线路绝缘很好，电导很小。为提高特高压输电线路的传输能力，需要增大输电线路的自然功率。自然功率是指传输此功率时，线路上电流通过电感引起的无功损耗 $\omega L_1 I^2$ 正好由线路相电压 U_{ph} 通过线路电容产生的容性无功。$\omega C_1 U_{ph}^2$ 所补偿，即

$$\omega L_1 I^2 = \omega C_1 U_{ph}^2$$

此时线路的阻抗称为波阻抗 Z_c，即

$$Z_c = \frac{U_{ph}}{I} = \sqrt{\frac{L_1}{C_1}}$$

此时传输的功率称为自然功率，即

$$P_N = 3U_{ph}I = 3\frac{U_{ph}U_{ph}I}{U_{ph}} = \frac{U^2}{Z_c}$$

式中 L_1 ——单位长度的正序电感 (H/km)；

C_1 ——单位长度的正序电容 (F/km)；

ω ——电网角频率 (rad/s)；

I ——线路电流 (kA)；

U_{ph} ——额定相电压 (kV)；

U ——额定线电压 (kV)。

由此可见，波阻抗与自然功率成反比，降低波阻抗即可增大自然功率。要降低波阻抗就要减小线路单位长度的电感，增大其单位长度的电容。同时，为了减小线路能量损耗，也要减小其电阻。因此，实际工程中特高压输电导线采用多根分裂导线，相同的传输距离下可以减小电阻和电感，增大导线表面积从而增大电容。

在输电线路导线半径和分裂导线根数相同的情况下，线路电容值还取决于导线表面积利用系数和导线表面允许的最大电场强度 E_p，线路单位长度的正序电容计算公式为：

$$C_1 = \frac{\varepsilon_0 E_p k_{Ly} S_1}{U_{ph}}$$

式中 ε_0 ——真空介电常数，$\varepsilon_0 = 8.854\times10^{-12}$；

E_p ——按电晕发生条件允许的导线表面最大电场强度；

k_{Ly} ——导线表面积利用系数，$k_{Ly} = E_{\eta v}/E_p$，一般小于 1；

$E_{\eta v}$ ——导线表面的实际平均电场强度；

S_1 ——相导线每米长的总表面积，$S_1 = 2n\pi r$（㎡）；

n——分裂导线根数；

r 一每根导线的半径 (m)。

马应小于能导致产生电晕的导线表面最小电场强度，即 $E_p \prec E_{dy\min}$，其值与气象条件和导线表面状况有关，一般取 $E_{dy\min}$ =20 ～ 21kV/cm。

线路单位长度上的正序电感的计算公式为

$$L_1 = \frac{2\times10^{-7}U_{ph}}{nrE_p k_{Ly}}$$

相导线单位长度有效正序电阻的计算公式为

$$R_1 = \frac{\rho}{n\pi r^2 \chi_0}$$

式中 ρ ——钢芯铝绞线的电阻系数，取 $28.3\,\Omega\,\text{mm}^2/\text{km}$；

χ_0——导线中导电物质的填充系数，对于钢芯铝绞线可取 $0.61 < \chi_0 < 0.67$。

由此可以得出：要减小波阻抗，增大自然功率，需要增大相导线的总表面积，即增大分裂导线的根数和分裂导线组成的圆周半径。综合考虑传输自然功率、能量损耗、自然条件以及导线强度等，特高压输电线路一般采用八分裂导线。

（二）高压并联电抗器参数选择与计算

对特高压输电线路继电保护配置的基本要求，首先是限制过电压，因为特高压输电系统绝缘子、变压器和开关设备等承受过电压的裕度较低，而过电压可击穿线路绝缘子使电气设备损坏。停电更换绝缘子和电气设备时造成的经济损失远大于失去稳定所造成的损失，故为降低线路过电压，应在线路上并联高压电抗器。并联电抗器在特高压输电线路中有不可或缺的作用，其工作原理是利用并联电抗器发出的感性无功功率补偿线路发出的容性无功功率。并联电抗器能有效抑制工频和暂态过电压，且能部分补偿输电线路的稳态电容电流。特高压输电线路自身的容性无功功率表达式为：

$$Q_c = \frac{U_N^2}{1/(\omega C_{1l})}$$

式中 U_N——系统电压 (kV)；

Q_c——线路的容性无功功率 (MVar)；

C_1——线路单位长度正序电容 (F/km)；

l——线路长度 (km)。

并联电抗器可补偿的感性无功功率为：

$$Q_L = \frac{U_N^2}{\omega L_R}$$

式中 Q_L——并联电抗器补偿的感性无功功率 (MVar)；

L_R——并联电抗器的电感值 (H)。

并联电抗器发出的感性无功功率与线路发出的容性无功功率的比值，即为并联电抗器的补偿度，计算公式为：

$$K_L = \frac{Q_L}{Q_C} = \frac{U_N^2/(\omega L_R)}{\omega C_1 U_N^2 l}$$

式中 K_L——并联电抗器的补偿度。

特高压输电线路并联电抗器包括在首端、末端和双端三种位置补偿，其补偿度需要综合考虑线路容性无功补偿、工频过电压以及操作过电压等方面决定，通常采用欠补偿方式。

并联电抗器在中性点上装设小电抗用以补偿相间电容，加快瞬时性故障时潜供电弧的熄灭，提高系统供电可靠性。中性点小电抗的取值按全容量补偿时的参数设计，其计算公式为：

$$L_N = \frac{1}{\omega C_1 l K_L \left(K_L \dfrac{C_1}{C_m} - 3 \right)}$$

式中 L_N——并联电抗器接地小电抗的电感值 (H)；

　　C_m——单位长度的相间电容，$C_m = (C_1 - C_0)/3$；

　　C_0——线路单位长度零序电容 (F/km)。

（三）串联电容器参数选择与计算

在特高压输电线路上串联电容补偿器能补偿线路感抗，加强系统间的电气联系，缩短交流传输的"电气距离"，降低线路的输电损耗。在提高电力系统静态和动态稳定性的同时，也提高了系统的经济性和可靠性。

串联电容补偿器的补偿度为，求得串联电容器的容抗值表达式为：

$$K_C = \frac{X_C}{X_1}$$

式中 X_C——串联电容器的容抗 (Ω)；

　　X_1——线路的正序电抗 (Ω)。

电容串联补偿装置中的金属氧化物避雷器 (MOV) 为保护补偿电容，动作电压设为 2.5 倍的额定电容电压峰值，其额定电流一般为 2kA，即 MOV 的动作电压 $U_{prot} = \sqrt{2} \times 2.5 \times 2 \times X_C$，从而有效限制出现在电容器上的过电压。

二、电容电流补偿算法

电流差动保护以基尔霍夫电流定律为基础，保护判据的灵敏度高，对电力系统振荡、非全相等各种复杂的运行方式均适用。电流差动保护研究的是线路两端电流的关系，因此特高压输电线路可以利用集中参数的 π 型网络代替分布参数线路，假设并联电抗器采用双端补偿。

常用的分相电流差动保护判据如公式：

$$\begin{cases} |\dot{I}_m + \dot{I}_n| \succ I_{set} \\ |\dot{I}_m + \dot{I}_n| \geq k|\dot{I}_m - \dot{I}_n| \end{cases}$$

以上两个条件同时满足时，保护元件才会动作。

式中 $\dot{I}_m$、$\dot{I}_n$——线路 m 侧和 n 侧的电流相量；

　　I_{set}——动作电流门槛值；

　　K——制动系数，且 0<k<1。

因此，$\dot{I}_{cm}$ 和 $\dot{I}_{cn}$。分别为线路两侧分布电容产生的电容电流，$\dot{I}_m$ 和 $\dot{I}_n$ 分别为线路两侧并联电抗器产生的电感电流，$\dot{I}_m$ 和 $\dot{I}_n$ 分别为补偿后线路两端电流。两端保护装置测得的电流之和即电容电流，且 $\dot{I}_m + \dot{I}_n \neq 0$。因此为保证电流差动保护的可靠性，使用电流差动保护判据之前需要对测得的电流进行电容电流补偿。

（一）稳态电容电流补偿算法

首先不考虑并联电抗器，在长度为 1 的输电线路两端分别引入补偿的电容电流 $\dot{I}_{bcm} = \dot{I}_{cm}$ 和 $\dot{I}_{bcn} = \dot{I}_{cn}$，采用半补偿方式，得出不带并联电抗器输电线路的电容电流补偿公式为：

$$\begin{cases} \dot{I}_{bcm} = \dot{U}_m \dfrac{Y_\pi}{2} \\[2mm] \dot{I}_{bcn} = \dot{U}_n \dfrac{Y_\pi}{2} \end{cases}$$

式中 $\dot{U}_m$、$\dot{U}_n$——线路 m 侧和 n 侧的母线电压；

Y_π——线路导纳，$Y_\pi = 2\left[\cosh(\gamma l) - 1\right] / \left[Z_\pi \sinh(\gamma l)\right]$；

Z_π——线路波阻抗，$Z_\pi = \sqrt{(R + j\omega L)/(j\omega C)}$；

γ——线路的传播系数，$\gamma = \sqrt{(R + j\omega L)j\omega C}$；

R、L、C——单位长度线路的电阻、电感和电容；

ω——电网角频率 (rad/s)。

利用对称分量法将线路两端电气量进行相模变换，计算出各序网应补偿的电容电流，再利用反变换求出各相应补偿的电容电流。特高压输电线路的零序、正序和负序Ⅱ型等值。

考虑并联电抗器对电容电流的影响时，引入补偿的电抗电流 $\dot{I}_{blm} = \dot{I}_{lm}$ 和 $\dot{I}_{bln} = \dot{I}_{ln}$，补偿公式为：

$$\begin{cases} \dot{I}_{blm} = \dot{U}_m \dfrac{1}{j\omega L_m} \\[2mm] \dot{I}_{bln} = \dot{U}_n \dfrac{1}{j\omega L_n} \end{cases}$$

式中 L_m——线路 m 侧的并联电抗器的等效电感值；

L_n——线路 n 侧的并联电抗器的等效电感值。

可以看出，补偿后线路两端电流分别为 $\dot{I}'_m$ 和 $\dot{I}'_n$，表达式为：

$$\begin{cases} \dot{I}'_m = \dot{I}_m - \dot{I}_{bcm} - \dot{I}_{blm} \\ \dot{I}'_n = \dot{I}_n - \dot{I}_{bcn} - \dot{I}_{bln} \end{cases}$$

补偿后的两端电流之和近似为零，因此在电流差动保护判据中使用补偿后的电流才符合实际要求。

（二）时域电容电流补偿算法

上述电容电流补偿算法是基于稳态的补偿，而特高压输电线路暂态过程十分严重，会造成稳态补偿算法误差较大，补偿不完全。时域电容电流补偿算法能补偿一部分暂态电容电流，可在一定程度上减小暂态电流的影响。时域电容电流补偿算法是根据电容电流和电压之间的关系提出的，关系式为：

$$i_c = C\frac{du_c}{dt}$$

式中 u_c——线路中电容两端的电压；

i_c——线路中的电容电流；

C——线路的等效电容。

虽然特高压输电线路的暂态过程中会产生大量的高频分量，但是在不同频率下，电容电压和电容产生的电流均满足上式关系，因此利用此关系来计算暂态补偿电容电流是可行的。

与稳态电容电流补偿算法相同，时域电容电流补偿算法仍采用集中参数的 Ⅱ 型等值电路代替分布参数线路，$C_{ij}\left(i, j = a, b, c, \text{表示三相，且} i \neq j\right)$ 为线路等值相间电容，C_i 为线路等值对地电容，求解公式为：

$$\begin{cases} C_{ij} = \dfrac{(C_1 - C_0)l}{3} \\ C_i = C_0 l \end{cases}$$

式中 C_i——线路单位长度的正序电容；

C_0——线路单位长度的零序电容。

第三节 输电线路耐雷性能分析

在现有的反击耐雷性能分析方法和绕击耐雷性能分析方法中，电磁暂态分析与先导发展模型是超高压输电线路常用的耐雷性能分析方法和研究的热点。然而，特高压直流输电线路的防雷保护和耐雷水平分析不仅与超高压输电线路有一定的区别，亦与特高压交流输电线路的防雷保护有一定的区别。因此，这里从输电线路耐雷性能分析的基本原理入手，结合雷击输电线路的物理和雷电参数的选取，指出现有电磁暂态分析方法与先导发展模型在特高压直流输电线路耐雷性能分析中的局限性，并提出论文研究的重点内容。

一、输电线路耐雷性能分析中的雷电参数

对输电线路耐雷性能的评估不仅依赖于雷击输电线路物理过程模型的建立，也与雷电的时空分布特性的准确描述密切相关。因此，选取合理的雷电参数表征雷云放电特性对准确分析输电线路的耐雷性能有重要的影响。这里对输电线路耐雷性能分析中的雷电参数的选择进行分析，用于这里的特高压直流输电线路反击和绕击耐雷性能的研究中。

（一）雷云放电过程模型

雷电先导通道带有与雷云极性相同的电荷，自雷云向大地发展，最终击中大地或者是具有分布参数特性的避雷针、线路杆塔、地线或导线等。雷电的物理过程虽然涉及长间隙放电的基础理论，其基本物理过程较为复杂，但从防雷保护的工程实用角度，可以把雷击过程看作是一个沿着一条固定波阻抗的雷电通道向地面传播的电磁波过程，依据彼得逊法则建立等值电路模型可运用到输电线路反击耐雷性能的计算中。

在雷电放电过程中，人们能够测知的电流，主要是雷击地面时流过被击物体的电流 i，然后根据计算模型反推雷电波的参数，以供工程应用。有

$$i = 2i_0 \frac{Z_0}{Z_0 + Z}$$

式中，i_0 为沿雷电通道传播而来的雷电流，Z_0 为雷电通道自身波阻抗，而 Z 为被击物体的波阻抗，显然 i 与 Z 和 Z_0 密切相关。当 $Z = Z_0$ 时，恰好 $i = i_0$，当 $Z = 0$ 时，$i = 2i_0$，实际上 Z 不可能为 Z_0，也不可能为零；但若 $Z \prec\prec Z_0$，仍可测得 $i \approx 2i_0$。在雷电流的实际测量都能满足条件 $Z \prec\prec Z_0$。国际上都习惯把雷击低于接地阻抗（$Z \approx 0$ 或 $Z \prec\prec Z_0$）物体时，流过该物体的电流定义为雷电流。定义中的雷电流，i 恰好等于沿雷电通道传播而来的雷电流的两倍，即 $2i_0$。因而在防雷保护计算的彼得逊等值电路中，等值雷电流源通常就直接用雷电流来表示。

（二）雷电流极性及波形

根据国内外的实测统计，75% ~ 90% 的雷电流是负极性的。因此输电线路的防雷保护和绝缘配合通常都取负极性的雷电冲击波进行研究分析。

雷电流的波头和波尾皆为随机变量，对于中等强度以上的雷电流，波头在 $1 ~ 4\mu s$ 范围内，平均波尾约为 $40\mu s$。输电线路的防雷计算都要求将雷电流波形等值为典型化的可以解析表达的波形。常用的等值波形主要有三种：标准冲击波等值斜角波等值余弦波。这里的电磁暂态计算中，雷电流波形选用双指数波：

$$i = I_0 \left(e^{-\alpha t} - e^{-\beta t} \right)$$

式中 I_0 为某一固定电流值；α、β 是两个常数；t 为作用时间。

标准冲击波的波头 τ_t 是指 $o_1 t_1$ 的时间，o_1 由 $0.3\ I_m$ 和 $0.9\ I_m$ 两点连成的斜线与时间坐标轴的交点决定；t_1 由该斜线与电流幅值 I_m 水平线的交点决定。波长 τ_f 是指 $o_1 t_2$ 的时间。t_2 是冲击波下降至幅值的一半时，所经历的时间。根据实测统计结果，我国的规程法建议计算时雷电流波头波尾时间分别取为 $2.6\mu s$ 和 $50\mu s$。在电磁暂态分析中，雷电流的波形采用 $2.6/50\mu s$。

（三）雷电日、地面落雷密度

一个地区的雷电活动强度通常用雷电日或雷电小时表示。雷电日（雷电小时）是指一年中有雷电的日数（小时数），在一天或一小时内只要听到雷声就作为一个雷电日或一个雷电小时。由于不同年份的雷电日数变化很大，所以均采用多年平均值，即年平均雷电日。根据长期统计的结果，我国相关标准中已绘制出了全国平均雷电日分布图，而根据现有的雷电 GPS 定位系统，又可对我国的年平均雷电日进行修正。我国把年平均雷电日不超过20 日的地区叫少雷区，多于 40 日的地区叫多雷区，多于 90 日的地区叫作强雷区。

雷云对地放电的频繁和强烈程度，由地面落雷密度少表示。即每个雷电日每平方km地面上的平均落雷次数，其值与年平均雷电日数 T_d 有关。地面落雷密度与雷电日的关系，我国相关标准采用国际大电网会议 (CIGRE)1980 年提出的关系式：

$$N_g = 0.023T_d^{13}$$

式中 N_g 为每年每平方km地面落雷数；T_d 为年平均雷电日数，则有：

$$\gamma = 0.023T_d^{03}$$

对 T_d =40 的地区，y=0.07；T_d =80 的地区 y=0.086。在反击耐雷性能分析和绕击耐雷性能分析中选取年平均雷电日为 80。

（四）雷电流幅值的概率分布

雷电流为一非周期冲击波，其幅值与气象、自然条件等有关，是个随机变量，只有通过大量实测才能正确估计其概率分布规律。

我国现行的相关标准根据我国的雷电流统计特性，推荐了雷电流幅值的概率分布计算公式为：

$$\lg P = -\frac{I}{88}$$

式中 I 是雷电流幅值，P 是幅值大于 I 的雷电流的概率。

上述雷电流幅值累积概率计算公式适合我国大部分地区。对于雷电活动很弱的少雷地区（年平均雷电活动 20 日以下），雷电流幅值概率密度的计算公式为：

$$\lg P = -\frac{I}{44}$$

三、基于电磁暂态过程的反击耐雷性能分析方法的基本原理

目前对输电线路的反击耐雷性能的分析方法主要有规程法、Monte Carlo 法和电磁暂态分析方法。规程法在对输电线路反击耐雷水平进行分析时将杆塔视为一等值电感，杆塔上任意点的电位相同，不能反映雷击塔顶时雷电流在杆塔上的传播过程，以及反射波对杆塔各节点电位的影响，也不能反映绝缘子串上电压随时间的变化过程。因此，规程法的计算是一种简化的计算方法，与实际的雷击过程有一定的差异。而用 Monte Carlo 法计算雷

击跳闸率对于雷击中部位的判据难以确定，目前尚无统一的判据。电磁暂态分析方法将输电线路的反击物理过程转化为波过程，并将线路和杆塔用电阻、电容、电感和波阻抗网络，利用数值计算技术对网络求解来求取输电线路的反击耐雷水平，这种方法在超高压输电线路中得到了较为广泛的应用。电磁暂态分析方法的主要平台有 ATP-EMTP， PSCAD/EMTDC 和 MATLAB/SIMULINK 等，这其中 ATP-EMTP 运用得最为广泛。电力系统分析程序 EMTP 是目前国际通用的一种数字程序，最初由加拿大不列颠哥伦比亚大学 (UBC) 的 H.W Dommel 教授创立，又经过很多专家的共同努力而不断完善。EMTP 程序是将求解分布参数线路波过程的特性线法和求解集中参数电路暂态过程的梯行法两者结合起来而形成的数值计算方法编制而成的。ATP-EMTP 是 EMTP 的图形化处理程序，在电力系统各种暂态过程的模拟中得到了广泛的应用。在输电线路反击耐雷性能的电磁暂态分析中，ATP-EMTP 因其强大的求解波过程和分布集中参数相结合的特性，可以解决反击耐雷性能过程中的波过程和电磁耦合过程，因此是分析输电线路反击耐雷性能的较好方法之一。

利用电磁暂态分析方法研究输电线路的反击耐雷水平时，ATP-EMTP 需要把分布参数线路和集中参数储能元件 LC 等值成为集中参数的电阻性网络，然后应用求解电阻网络的通用方法，计算实际电路的波过程。因此，将杆塔的塔身和横担看作一组短传输线，从线路的贝杰龙数学模型出发，采用集中参数电路的节点分析方法来分析，真实地反映了杆塔结构对波传播过程产生的影响。这种方法获得杆塔上各点的电位更能符合雷击线路时塔顶电位的实际情况，其中 Z_C 为线路波阻抗：

1.k 和 m 为一条导线的两端，在计算等值电路中是独立分开的；

2. 每一个节点包含一等效电流源 $I_k(t-\tau)$ 或 $I_m(t-\tau)$，其值由比现在时刻 t 早的时刻的线路另一端电压、电流值（即过去的记录）来确定。等效电流源 I_k 和 I_m 的递推公式为：

$$I_k(t-\tau) = -\frac{2}{Z}u_m(t-\tau) - I_m(t-2\tau)$$

利用线路的等值计算公式和电感、电容、电阻元件的暂态等值计算电路，就很容易将复杂的实际网络简化为贝杰龙等值计算网络。因为这种网络只包含集中参数电阻和电流源，电压源一般也可以等值为电流源，就可以用一般的集中参数电阻网络的分析方法求解网络中不同时刻 t 的节点电压和电流。因此，计算的重点就转移到将电感、电容和电阻元件的集中参数模型转化为暂态等值计算电路。

对线性电感 L，根据电磁感应定律可以写出如下关系：

$$u_L(t) = u_k(t) - u_m(t) = L\frac{di_{km}(t)}{dt}$$

式中 $i_{km}(t)$ 表示由节点 k 流向节点 m 的电流，$u_k(t)$ 和 $u_m(t)$ 分别为两端点的电位。假设已知 $(t-\Delta t)$ 时刻流经电感的电流和节点电位为 $i_{km}(t-\tau)$ 和 $u_k(t-\Delta t)$、$u_m(t-\Delta t)$，求 t 时刻的电流和电位 $i_{km}(t)$、$u_k(t)$ 和 $u_m(t)$。为此，把上式改写成积分形式：

$$i_{km}(t) - i_{km}(t-\tau) = \frac{1}{L}\int_{t-\Delta t}^{t} u_L dt$$

根据梯形积分：

$$i_{km}(t) - i_{km}(t-\tau) = \frac{1}{2L}\left[u_L(t-\Delta t) + u_L(t)\right]$$

考虑到 $u_L(t) = u_k(t) - u_m(t)$ ，上式可改写成：

$$i_{km}(t) = \frac{1}{R_L}\left[u_k(t) - u_m(t)\right] + I_L(t-\Delta t)$$

式中：

$$R_L = \frac{2L}{\Delta t}$$

$$I_L(t-\Delta t) = i_{km}(t-\Delta t) + \frac{1}{R_L}\left[u_k(t-\Delta t) - u_m(t-\Delta t)\right]$$

其中 RL 是电感 L 的等值计算电阻，只要时间步长 Δt 确定后，即可求出。$I_L(t-\Delta t)$ 是电感的等值计算电流源，可以由时刻电感上的电流和电压的历史记录计算出。由此可见，电感的等值计算电路也只包含有集中参数电阻和电流源。进一步利用下列的递推计算结果：

$$I_{km}(t-\Delta t) = I_L(t-2\Delta t) + \frac{1}{R_L}\left[u_k(t-\Delta t) - u_m(t-\Delta t)\right]$$

从而可以得到新的更为简便的电感等值电流源递推公式为：

$$I_L(t-\Delta t) = I_L(t-2\Delta t) + \frac{2}{R_L}\left[u_k(t-\Delta t) - u_m(t-\Delta t)\right]$$

其电压电流关系可以表示为：

$$i_{km}(t) = C\frac{du_c(t)}{dt} = C\frac{d\left[u_k(t) - u_m(t)\right]}{dt}$$

或者写成积分的形式：

$$u_k(t) - u_m(t) = u_k(t-\Delta t) - u_m(t-\Delta t) + \frac{1}{C}\int_{t-\Delta t}^{t} i_{km}(t)$$

同理，应用梯形积分公式可由上式得到：

$$i_{km}(t) = \frac{1}{R_C}\left[u_k(t) - u_m(t)\right] + I_C(t-\Delta t)$$

式中

$$R_C = \frac{\Delta t}{2C}$$

$$I_C(t-\Delta t) = -i_{km}(t-\Delta t) - \frac{1}{R_C}\left[u_k(t-\Delta t) - u_m(t-\Delta t)\right]$$

分别为电容的等值计算电阻和等值计算电流源。

和电感相似，由 $i_{km}(t) = \frac{1}{R_C}\left[u_k(t) - u_m(t)\right] + I_C(t-\Delta t)$ 可以得到只包含电阻和电流源的

电容等值计算电路。同样进行递推计算，也可得出简便的电容等值计算电流源递推公式：

$$I_C(t-\Delta t) = -I_C(t-2\Delta t) - \frac{2}{R_C}\left[u_k(t-\Delta t) - u_m(t-\Delta t)\right]$$

由以上分析可见，对于线性电容和线性电感等储能元件，利用电磁感应定律，可将其电压电流关系转化成一定时间步长内阻抗与电压源和电流源的关系，而对于集中参数电阻元件 R，因为它不是储能元件，其暂态过程与历史记录无关，电压、电流关系按欧姆定律由代数方程决定，无须进一步等值。

从以上的电磁暂态分析方法原理来看，求取输电线路的反击耐雷水平的电磁暂态分析方法其本质就是将输电线路的反击物理过程转化为可求解的电路模型，即将雷电流等效为冲击电流源，该冲击电流源在杆塔上传播引起塔顶电位的抬升并随之使得绝缘子两端的电压产生变化，通过建立绝缘子的闪络过程的电路模型，模拟绝缘子在电压变化过程中是否发生闪络，从而确定使绝缘子发生闪络的最小雷电流幅值，即反击耐雷水平。电磁暂态分析过程中，其杆塔可以等效为波阻抗和接地电阻的串联模型，而其避雷线和导线可利用分布参数的电容、电感和电阻表示，因此，根据其自身材料特性和线路的空间布置，就可以建立其等效的贝杰龙等值计算网络，对雷电流注入下的反击过程进行分析。该方法将输电线路的反击过程用精确的分布参数和波阻抗模型进行等效，可以精确的求解波过程中电路模型各点的电压电流变化。因此，这里拟选择电磁暂态分析方法中常用的 ATP-EMTP 为平台，在此平台的基础上建立反击过程各元件的精确电路模型，分析特高压直流输电线路的反击耐雷性能。同时，在运用电磁暂态分析方法分析特高压直流输电线路反击耐雷性能时，由于特高压直流输电线路运行可靠性要求较高，这就要求将反击过程各元件的物理特性更准确的转化为电路元件特性。同时还需要注意的是，在特高压直流输电线路中，为精确获取输电线路的耐雷水平，还应在电磁暂态分析中充分考虑冲击电晕、绝缘子闪络判定方法等重要因素，现有电磁暂态分析方法在进行反击耐雷水平分析时没有考虑冲击电晕的影响，不计电晕效应来进行雷电冲击绝缘配合时，将对电气设备的绝缘水平要求过严，提高电气设备的造价。同时，目前的电磁暂态分析方法利用相交法判断绝缘子闪络有一定误差，同时用恒定电阻代替杆塔的冲击接地阻抗，也存在着一定的误差。这就需要建立更为准确的反击过程的电磁暂态分析模型，才能运用到特高压直流输电线路的反击耐雷性能的分析中。

四、先导发展模型的基本原理

目前的输电线路绕击耐雷性能分析方法主要有规程法、电气几何模型 (EGM)，改进电气几何模型、先导发展模型 (LPM) 和绕击概率模型等。EGM 模型和改进 EGM 模型对于超特高压输电线路的高杆塔和大跨越问题的防雷设计与实际运行结果常存在较大的误差。先导发展模型是基于雷电放电过程和长空气间隙放电的相似性，并在长空气间隙放电理论和实验研究成果的基础上建立的，从物理机制上阐述了雷电先导发展过程中上行先导起始、上下行先导发展和最终放电的过程，与传统的分析方法相比，该模型更能反映雷击的物理过程，对于我国超特高压输电线路的防雷设计具有重要的参考价值。

（一）雷电放电过程与长间隙放电过程的相似性

雷云放电是积雨云中不同符号荷电中心之间的放电过程，或云中荷电中心与大地和地面物体之间的放电过程，或云中荷电中心与云外大气不同符号大气体电荷中心之间的放电过程。根据雷云放电部位可分成云闪和地闪两大类。大多数雷云放电发生在云层之间，即云闪，云闪对地面没有什么直接影响。雷云对大地的放电即地闪虽然只占少数，但是一旦发生就可能带来严重的危险，可破坏高压输电线路、诱发森林火灾、影响现代通信和计算机的广泛应用，造成飞行事故等。

1. 因此，地闪是地面防雷工作主要关心的问题。地闪的基本过程有以下几个阶段：

（1）闪电的初始击穿：通常在含云大气开始击穿的初期，在积雨云的下部有一负电荷中心与其底部的正电荷中心附近局部地区的大气电场达到 100kV/cm 左右时，则该云雾大气会初始击穿，负电荷向下中和掉正电荷，这时从云下部到云底部全部为负电荷区。

（2）梯级先导过程：随着大气电场进一步加强，进入起始击穿的后期，这时电子与空气分子发生碰撞，产生轻度的电离，而形成负电荷向下发展的流光（流注），表现为一条暗淡的光柱像梯级一样逐级伸向地面，这称之为梯式先导。在每一梯级的顶端发出较亮的光。梯式先导在大气体电荷随机分布的大气中蜿蜒曲折地进行，并产生许多向下发展的分支。

（3）电离通道：梯级先导向下发展的过程是一电离过程，在电离过程中生成对的正、负离子，其正离子被由云中向下输送的负电荷不断中和，从而形成一充满负电荷（对地负闪）为主的通道，称为电离通道或闪电通道，闪电通道由主通道、失光和分叉通道组成。在闪电放电过程中主通道起重要作用。

（4）连接先导：当具有负电位的梯式先导到达地面附近，离地约 5 ~ 50m 时，可形成很强的地面大气电场，使地面的正电荷向上运动，并产生从地面向上发展的正流光（流注），这就是连接先导，亦称为上行先导。

（5）主放电：当梯级先导与连接先导会和，形成一股明亮的光柱，沿着梯式先导所形成的电离通道由地面高速冲向云中，形成主放电阶段，亦称为回击阶段。紧接着第一次主放电，亦有可能在几十毫秒的时间间隔后形成第二次回击或后续回击。

先导放电发展的平均速度较低，约为 1.5×10^5m/s，表现出电流不大，约为数百安。由于主放电的发展速度很快，约为 $(2 \times 10^7 \sim 1.5 \times 10^8)$m/s，所以出现甚强的脉冲电流，可达几十至二三百千安。

总之，雷云放电是一种超长间隙的放电，放电过程也由流注、先导组成，从雷云中心某处以梯级先导放电的形式向地面发展，方向由放电通道顶端周围的局部电场分布所确定，总体上各个梯级的方向呈曲折形状当下行先导发展至离地面较低的空间时，与地面或者与地面上接地物体产生的迎面先导相遇形成最后跃变。

2. 通过长间隙的冲击放电试验，可将长间隙放电大致分为四个阶段：初始电晕、暗放电期、先导放电和最后跃变。

（1）初始电晕：当高压电极上的场强达到临界数值时，此刻电极周围开始出现发光的细丝，且伴随着电荷流脉冲，电荷流会削弱棒极电场强度。光电图像转换器的记录表明，电晕碎发是在棒极的不同部位出现的，连续电晕碎发之间的时延和起始位置的变化取决于电场增强和削弱这两个相反的作用，电晕产生的空间电荷流削弱电场，而外加在高压电极上的冲击波头电压则增强电场。当高压电极附近的总电场强度小于 2600kV/m 时，碰撞游离系数将小于去游离系数，电子崩停止发展该区域的发光现象消失转入暗放电期。

（2）暗放电期：先导放电电晕时期留下的正空间电荷削弱了正极附近的电场强度，使这里游离停止，但事实上游离会再次发生，说明该区域内受空间电荷支配的电荷分布随着时间在变化又使某些点处的场强达到了游离的临界值。

（3）先导放电：电压继续升高时电晕流注的根部出现一短而亮的茎，这就是先导的出现，先导随电压的升高而继续发展，这一阶段是确定击中点的关键。放电呈先导、流注形式，流注为先导发展开辟路径，若先导头部电场不足于维持前方流注的发展，放电过程将终止，当先导头部流注到达对方极板时，进入最后跃变阶段。

（4）最后跃变：当外加电压与未贯穿部分的间隙满足跃变条件时，先导发展速度骤然提高，其路径也不再弯曲，而是以近乎直线的方式前进，速度与电流都以指数规律增加，当先导贯穿间隙后，形成主放电最后跃变是放电从量变到质变的标志。

长间隙冲击放电时亦可能产生迎面流注或先导，以棒—板间隙为例，如平板电极上有突起物，在流注抵达前，可能从接地的突起物上产生迎面流注，当间隙很长时，形成迎面先导，在负极性时，迎面先导更易产生。

从长间隙放电与地闪雷击放电的物理过程来看，负地闪与负极性长间隙放电是相似的，两者都由流注、先导发展完成，长间隙放电也可能出现梯级放电的现象。雷云放电时迎面放电的尺寸不到间隙长度的 10%，而长间隙放电中迎面放电的尺寸可达到间隙长度的 40% 左右，因此对雷击过程进行实验室模拟是有限的，但是两种放电情况下，地面和低压极板产生上行迎面先导所需的场强几乎相等，这说明间隙尺寸足够大时，地面物体的迎面放电与高压电极或下行先导离地多高关系不大，地面电极感受不到高压电极的直接影响，只与它附近空间的电场分布相关，因而两者在地面附近的迎面放电过程是相似的即雷击的最后阶段与长间隙放电有相似性。

长空气间隙与雷击放电的相似性主要表现在：

① 两者击穿的物理过程相似，都是由先导—流注完成，其中包括迎面先导—流注系的发展，但在实验室长间隙放电中，因空间尺寸的限制而使迎面流注转化为迎面先导的尺寸很小。

② 两种情况下击中点确定与迎面先导—流注或者流注的发展有关，即击中点是由各目的物发展的迎面先导—流注或流注间的竞争过程所决定。

③ 雷击的最后阶段与长间隙放电有相似性，雷击最后阶段的迎面放电相对尺寸与长间隙放电的迎面放电相对尺寸相近。两者产生上行迎面先导的起始场强基本一致。

（二）先导发展模型

从长空气间隙放电与雷击放电的相似性可以看出，利用现有的长空气间隙研究成果，可以将雷云放电过程或雷电绕击输电线路过程用长空气间隙的放电物理过程来进行模拟，这亦是先导发展模型的基本原理。

先导发展模型的基本原理可表述为：具有一定电荷分布规律的雷电下行先导从目的物上方的雷云向地面发展，下行先导的发展过程会引起地面附近和导线、避雷线表面的电压和场强发生变化。当导线、避雷线表面的电压或场强达到先导起始条件时，上行先导起始，下行先导发展按最大场强方向发展，上行先导的发展方向始终指向下行先导的头部。当任一条上行先导或目的物与下行先导之间满足最终击穿条件时，最终击穿发生，雷击目的物确定。

从先导发展模型的计算流程来看，先导发展模型的计算与空间电场的分布、下行先导电荷分布、上行先导的起始判据、上下行先导的发展规律和最终闪络判据密切相关，对这些因素的准确描述关系到先导发展模型最终计算的准确程度。

先导发展模型中雷电绕击的模拟与空间雷电发展过程中的空间电场的分布和变化密切相关，准确的模拟雷电发展过程中的空间电场分布，亦是先导发展模型计算输电线路雷电屏蔽性能的基础。空间电场分布与下行先导电荷分布和电场计算方法均有着重要的联系。下行先导电荷分布与雷电流幅值密切相关，其分布方式通常有均匀分布、线性分布和指数分布几种，下行先导电荷分布方式不同时其电场分布计算结构亦有一定的差异，均匀分布的下行先导忽略了先导头部放电产生的大量电荷，使得计算所得先导头部场强与实际场强有一定差距。而不均匀分布虽然可以较真实的模拟下行先导的电荷分布，但会给空间电场计算带来较大的困难。因此，在进行下行先导电荷分布选择时在考虑尽量真实的模拟时要兼顾考虑计算的复杂度。下行先导电荷分布确定后需选择空间电场计算方法，Rizk 和 Dellera 的先导发展模型采用镜像电荷法或模拟电荷法对下行先导发展过程中的空间电场进行分析，对于输电线路和地形结构较简单的情况下，可以采用镜像电荷法，而对于雷云电荷分布不均匀、空间几何形状较复杂的情况下，可采用模拟电荷法进行计算。对于输电线路绕击过程的空间电场计算，采用模拟电荷法可较好的模拟下行先导电荷分布和各种感应电位，因此在先导发展模型中得到了广泛的应用。有限元方法和边界元方法亦可对雷云放电过程中的空间电场变化进行计算求解。这两种方法可以克服模拟电荷法模拟电荷点的选择困难问题，但由于雷击过程是一个开域问题求解，因此利用有限元求解会带来一定的误差，同时由于雷电发展与先导中的电荷分布密切相关，而这两种方法在模拟不均匀电荷分布时均有其不足之处。

先导发展模型在分析先导发展过程时将下行先导的发展方向设定为垂直为地面（或沿

最大场强方向），这与实际的雷电先导发展过程中存在随机性因素是不相符的。对于特高压直流输电线路的绕击耐雷性能分析来说，还需深入挖掘绕击先导发展过程的确定性因素和随机性因素，准确分析线路的绕击耐雷性能，建立特高压直流输电线路雷电屏蔽性能的分析方法。同时，还需要对上行先导起始判据、上下行先导发展规律和最终击穿判据进行研究，使得先导发展模型更接近于真实的雷电绕击物理过程。

这里基于先导发展模型的基本思想，拟通过挖掘上下行先导发展过程中的分形特性，建立表述雷击确定性和随机性两种特征的先导发展模型，同时，对不均匀下行先导电荷分布情况下空间电场的计算、上行先导起始判据、上下行先导发展规律和最终闪络判据开展相关的研究，建立更能准确描述特高压直流输电线路绕击耐雷性能的雷电屏蔽模型，指导特高压直流输电线路的防雷设计。

五、特高压直流线路耐雷性能分析中的新问题

超特高压直流输电线路的防雷保护是系统安全运行的重要保证。雷电对直流输电线路的影响虽然不及交流线路严重，但鉴于线路的安全运行对整个系统安全运行的重要性，同时也为提高运行的可靠性，超特高压直流输电线路采取了多种防雷保护方法，其中较重要的一条即为全线架设避雷线。

超特高压直流输电线路通常采用双极运行，因此导线通常只有正负两级，故两级通常呈水平排列，两根避雷线亦采用水平排列。我国现行的相关标准中所推荐的交流线路耐雷性能计算方法是完全不考虑工作电压的影响的。而对于超特高压直流输电线路，特别是特高压直流输电线路其工作电压已达到±800kV，其工作电压已占线路绝缘子串闪络电压的10%以上。因此，在特高压直流输电线路的耐雷性能分析中必须要考虑线路的工作电压。

在直流输电线路上，雷击输电线路的机理和交流线路是基本相同的，但由于直流输电线路所具有某些独特性能，使人们对交、直流架空线路的耐雷要求应有所不同。这主要体现在以下几个方面：

（一）雷击故障的继电保护动作方式不同

在交流线路上，当雷击架空输电线路引起绝缘闪络后，系统继电保护启动，跳开线路两侧的断路器，切断故障电流，并在规定的时间内进行重合闸操作，线路恢复正常送电。虽不至于造成停电事故，但断路器跳闸一定次数后，就得检修和处理，加重了运行维护的工作量。直流线路的情况与此不同，雷击引起绝缘闪络并建弧后，不存在断路器跳闸问题。通常是当保护判定为直流线路故障时，则使整流器的触发角移相120° ～ 150°，使之变为逆变器运行，直流电压和电流则很快降到零，经一定得去游离时间后（使故障点灭弧），重新再启动，直流系统恢复送电。而故障发生时刻到移相指令开始执行的时差与控制保护时延及故障地点距整流站距离有关，从三峡—常州，三峡—广州、三峡—上海等直流输电工程控制保护实际动作情况，全程时间一般为150mm ～ 200ms左右。

（二）雷击故障的评价指标不同

由于交、直流系统清除雷击故障的方式不同，所以雷电性能指标的要求也不同。交流输电系统是采用线路两侧的断路器切断故障电流，由于断路器设备对跳闸次数有要求，当跳闸次数超过一定数量后，需要对断路器进行停电检修。所以，交流输电系统对线路雷电性能用"雷击跳闸率"作为控制指标。特别是对于早期的少油断路器设备，为了尽量减少断路器的动作次数，对交流线路的雷击跳闸率指标有严格的要求。另外，雷击架空输电线路绝缘闪络的同时，由于工频电弧的作用，有时会烧坏绝缘子。所以，每次雷击跳闸后，线路运行人员要寻找故障点，必要时更换线路绝缘子。这也是控制交流线路雷击跳闸率的因素之一。

直流输电系统是通过控制整流侧移相切断故障电流，由于直流系统地控制无次数要求，所以，直流系统不用跳闸率作为雷电性能指标。由于雷击架空输电线路雷击绝缘闪络后，直流短路电流较大，有时会烧坏绝缘子，因此每次雷击跳闸后，线路人员要寻找故障点，必要时需要更换线路绝缘子，这与交流架空输电线路是相同的。所以，直流输电线路的雷击闪电率也不宜过高。直流线路发生雷击闪电造成的后果不像交流线路那样严重，原因是交流系统短路电流比直流系统大，容易烧坏线路绝缘子，甚至发生掉绝缘子串事故，影响系统安全运行。

（三）工作电压的影响不同

对于特高压交直流输电线路来说，由于其工作电压分别达到了 1000kV 和 ±800kV，在绝缘子闪络电压中占有较大的比重，因此在对特高压交直流输电线路的耐雷性能进行分析时必须考虑工作电压的影响。但是特高压交直流输电线路工作电压对耐雷性能的影响亦有区别。交流输电线路的工作电压是随时间三相交替变化的，雷击到导线时导线的瞬时电压是一随机值，同时，由于此时三相的电压是不同的，可能出现两相电压相同的时刻，此时，对于三相均匀排列的交流线路来说，雷击塔顶有可能造成三相中的瞬时电压相同的两相同时发生闪络。而雷击于有避雷线的双极直流线路塔顶时，工作电压与杆塔反击电压极性相反的那一极绝缘子串上的作用电压，将有所增加，另一极则减小。由于超特高压直流输电线路的工作电压对线路耐雷性能的影响必须考虑。因此，当雷电流超过线路耐雷水平时，一级导线绝缘子串将首先发生逆闪络，而另一极就不会再发生绝缘闪络了。由于直流输电线路的两极具有运行上的独立性，这时另一极仍能继续正常送电。由此可知，一条双极直流输电线路天然地具有不平衡绝缘的特性，从而提高了运行的可靠性。

从以上对交直流输电线路的对比分析来看，特高压直流输电线路耐雷性能的分析方法与现有交流输电线路耐雷性能分析方法和分析指标均有较大的不同，因此，需要建立适合特高压直流输电线路绕击和反击耐雷性能的评价新的方法和体系。

同时，从反击耐雷性能的电磁暂态分析方法原理和绕击耐雷性能的先导发展分析原理来看，现有的方法在特高压直流输电线路上尚不能直接运用，冲击电晕、杆塔冲击接地电阻、先导发展过程的随机性等因素在特高压直流线路的高运行可靠性要求下已经不能忽视，这就需要建立更为精确的耐雷性能分析方法以进行特高压直流输电线路的防雷设计。

第四节　220kV 高压输电线路设计

一、220kV 高压输电线路设计要点

（一）220kV 输电线路的杆塔设计

杆塔是支撑 220kV 输电线路的重要基础，支撑 220kV 输电线路的导线与地线，并且还要确保 220kV 输电线路符合绝缘性和电磁场限制条件的要求。220kV 输电线路不同种类的杆塔，其运行安全、占地面积、施工工期、建设造价、运输费用与时间等方面有很大差异，而杆塔在整个 220kV 输电线路施工中占有很大比例。因此在设计 220kV 输电线路杆塔时，不仅要加强杆塔的基础施工管理，还要结合 220kV 输电线路施工现场的地质情况与气候条件合理选择。按照电力系统的相关规定，做好杆塔的初步设计，粗略计算一下杆塔设计的总造价。如果没有相关规定要使用新型杆塔，220kV 输电线路可以采用运用成熟的杆塔；如果某个地区的 220kV 输电线路必须要使用新型杆塔，首先要做好杆塔试验，在确保杆塔质量合格之后再投入使用。

（二）220kV 输电线路的导线设计

导线是 220kV 输电线路的重要部分，具有传导电流、输送电能的作用。通常情况下，导线裸露地架设在输电线路的电杆上，在长期的运行过程中，导线需要承受自身重量、雨雪气候和日照的变化，因此在选择输电线路导线时，要重点考虑导线的机械强度和电气性能，根据 220kV 输电线路周围的实际环境，选择合理的导线。当前，在我国 220kV 输电线路中，钢芯铝绞线导线应用的最为广泛，钢芯铝绞线的外部是铝线绞制而成，内部是钢线，这种导线具有良好的机械强度，可以传输大电流。220kV 输电线路的电压等级较高，电能输送量很大，为了对电晕和高频通讯的影响，220kV 输电线路通常需要使用两根或者两根以上的导线。另外，220kV 输电线路导线表面上不能出现腐蚀斑点或者夹杂物，要确保导线表面的平滑和圆整，并且导线的绞合必须要紧密均匀，导线绞合密实度要满足输电线路的放线标准。

（三）220kV 输电线路的路径设计

220kV 输电线路的路径设计要充分考虑输电线路的可行性、经济性、技术性以及电力系统运行的安全稳定性，路径设计的合理性对于整个 220kV 输电线路的线路设计有着非常重要的影响，同时这也是 220kV 输电线路线路设计的关键。220kV 输电线路的路径设

计主要包括输电线路的图上选线和现场选线。220kV 输电线路的现场选线，必须要做好实地考察，在交通运输的便利性，便于输电线路的维修和施工，尽量避免 220kV 输电线路的现场选线占用良田或者经过森林、果园等。220kV 输电线路的图上选线，要仔细收集施工现场的交通、水文、地质、通信、气象以及林业等资料，在输电线路图上将输电线路的起点、重点以及必经点准确标出，坚持路径最短的路线设计原则，选择合适的设计方案。

（四）220kV 输电线路设计的注意事项

1. 线路走廊宽度设计

在规划设计 220kV 输电线路时，可以选择猫头塔或者干字塔的方式，对输电线路进行单回路设计，减少 220kV 输电线路走廊的占地面积和宽度。

2. 控制电磁辐射对输电线路的影响

电磁辐射对 220kV 输电线路的影响主要包括对无线电、电场效应的干扰。为了更好地控制电磁辐射对 220kV 输电线路的影响，加强输电线路的电压和电流控制，严格控制 220kV 输电线路杆塔和电气绝缘设备之间的配合，合理设置地面和杆塔的距离，有针对地采取有效措施检测输电线路的运行状态，避免发生安全事故，影响人们的生命安全。

3. 环境影响评价

220kV 输电线路的线路设计，要重视属输电线路对周围环境的地质灾害评价、水文地质影响评价、防洪影响评价、文物保护评价以及地震安全性评价等。在 220kV 输电线路施工过程中，要尽量避开地质塌方、冲沟、滑坡、陡坡、断裂带等地段，采用安全、可靠的处理措施，确保 220kV 输电线路施工的顺利进行。

二、220kV 输电线路的防雷设计

（一）220kV 高压输电线路雷击全过程

1. 雷击的产生

在夏季多雨期，雷电的发生比较频繁，虽然放电时间较短，但是产生的电流却能够达到 20A。当如此之高的电流作用于 220kV 高压输电线路时，如果不采取相应的防雷措施，就会对线路造成严重的损害，影响其正常工作。

220kV 高压输电线路材料为金属材料，架空结构的设计使得在雷电天气会有感应电流产生。供电线路受到感应电流影响后，可能会对相关设备造成严重的损害，影响 220kV 高压输电线路的正常运行，对社会生产生活造成损失的同时，也存在一定的安全威胁。阀型避雷设施已经被广泛应用于 220kV 高压输电线路之中，但是由于某些避雷设备存在较高的残压，这就会导致暂态过电压发生在 220kV 高压输电线路中。

2. 感应电流的产生

感应电流会在雷电天气时出现在 220kV 高压输电线路上，自由移动负荷因为云层和大地之间的放电而大量存在于 220kV 高压输电线路中，雷电冲击波会移动至 220kV 高压输电线路两端，感应电流会由于移动自由电荷的存在而产生。雷电感应电压就会由于线路电阻与感应电流的存在而出现，对于 220kV 高压输电线路的正常运转造成影响。

3. 雷击侵害的产生

首先，由于雷电的存在，导致 220kV 高压输电线路上产生过电压，这是雷击对于 220kV 高压输电线路造成侵害的首要阶段。其次，闪络现象会发生在 220kV 高压输电线路中，也会对输电线路造成侵害。再其次，220kV 高压输电线路呈现为工频电压状态。最后，由于上述阶段雷击的综合作用，使得 220kV 高压输电线路出现跳闸的状况，使得整个电力系统出现瘫痪。

反击破坏会导致次生性危害发生在 220kV 高压输电线路中，这是由于避雷设备遭受雷击，使得避雷设备无法正常工作，出现短路的状况。当反击破坏发生时，会导致断线的状况发生，出现大面积的电力事故。

(二)220kV 高压输电线路防雷设计存在的问题

1. 雷击具有一定的随机性

作为一种自然现象，雷电的发生具有一定的随机性，当夏季来临时，我国很多地区会成为雷电频发区，对于 220kV 高压输电线路造成一定的影响。虽然天气预报能够在一定程度上对雷电天气做出预测，但是不能够及时为 220kV 高压输电线路的保护提供依据，导致 220kV 高压输电线路的防雷设计准备不够充分。雷电的随机性，会导致闪络类型的分析受到影响，不能够采取合理的防雷设计方案。

2. 设备焊接问题

在 220kV 高压输电线路中，高压设备的焊接工作非常关键，这是保障电力输送连续性的重要环节。但是在高压设备的焊接过程中，往往存在焊接点质量不高的问题，如果工作人员没有及时对 220kV 高压输电线路进行检查维护，那么跳闸现象就会发生在 220kV 高压输电线路中，影响整个电力系统的正常运转，造成大面积的电力事故。在安装高压设备时，通常会出现接地体焊接长度过短或者深度较浅的问题，这就会导致跳闸事故的发生，影响电网正常工作的同时，存在着一定的安全隐患。

3. 防雷设计缺乏专业性

在进行 220kV 高压输电线路防雷设计的过程中，需要专业人员利用专业基础进行设计，还应该对线路所经地区的地形地势和气候状况等进行调查，深入了解周围环境，这是保障防雷设计有效性的重要基础。但是在很多 220kV 高压输电线路的防雷设计中，设计人员缺乏专业知识和技能，也未对线路所经过地区自然环境进行有效勘察，导致防雷设计不能够符合线路的防雷要求，导致在雷电发生后对220kV高压输电线路造成严重损害，影响整个电网的安全运行。很多设计人员在设计时，往往是按照以往的经验进行方案的制定，没有考虑到线路所经地区的土壤电阻率和接地电阻，导致设计方案不符合实际情况，防雷设计不能够对220kV高压输电线路起到应有的保护作用。

4. 接地电阻过高

在220kV高压输电线路投入运行后，应该对其进行定期检修和维护，保障高压设备的正常运转，及时发现其中存在的损坏情况和故障情况，以便维修或者更换。但是，在很多220kV高压输电线路的常年运行中，工作人员未对其进行检查维护，导致接地装置在自然环境的作用下发生腐蚀，导致接地电阻的升高。220kV高压输电线路的运行安全性和稳定性，会因为接地电阻的升高而受到影响，尤其是在雷雨天气时，会增加220kV高压输电线路遭受雷击的概率。220kV高压输电线路架杆放置的电极不标准或者出现腐蚀状况，也会很容易受到雷电的影响，造成设备和线路的损毁。

（三）220kV高压输电线路的防雷设计策略

1. 安装绝缘子

由于很多220kV高压输电线路杆塔的高度较高，因此在雷雨天气中就会容易受到雷击，但是较高的杆塔又是很多线路中必不可少的重要设备。因此，应该注重杆塔的防雷设计，保障220kV高压输电线路的安全运行。在杆塔中增加绝缘子串片，是一种比较有效的方式。悬式大爬距绝缘子，在杆塔的绝缘中应用十分广泛，能够使得杆塔顶部空间增大。在进行绝缘子设置时，应该根据杆塔高度的不同选择不同数量的绝缘子。一般情况下，当杆塔高度在40m以上时，高度每增加10m，增加一个绝缘子；当杆塔高度在100m以上时，应该结合设计经验，保障绝缘子数量能够充分发挥绝缘作用。

2. 使用自动重合闸

当跳闸故障发生在220kV高压输电线路时，快速游离现象会由于冲击闪络的工频电弧的出现而产生，严重时引起220kV高压输电线路的瘫痪。因此，应该将自动重合闸安装于220kV高压输电线路中。单相重合闸的应用，能够有效应对单相闪络的状况，保障中性点接地电网的安全与稳定。通过自动重合闸的使用，能够有效避免雷电对电力设备造成的损害，保障电力输送的持续性与安全性。

3. 设置耦合地线

为了实现接地电阻的降低，采用降低220kV高压输电线路杆塔高度的方式，能够在一定程度上提升防雷能力。但是在很多220kV高压输电线路的建设中，由于外界因素的限制，无法降低杆塔的高度，这时就需要设置耦合地线，优化220kV高压输电线路的防雷设计。避雷线和导线之间的偶和作用，能够因为耦合地线的设置而增加，实现绝缘子串电压的降低。雷电流的分流也能够通过耦合地线的设置来实现，有效保障 220kV 高压输电线路的稳定运行。

4. 安装管型避雷器

高电压和绝缘缺陷的状况，会在雷击作用于 220kV 高压输电线路时发生，严重影响 220kV 高压输电线路的正常运行。可以通过安装管型避雷器的方式，实现 220kV 高压输电线路的保护。零建弧率能够由于管型避雷器的安装得以实现，避免在雷击时冲击闪络发生在 220kV 高压输电线路上。在高压线路和通信线路的交叉部位、避雷线杆塔和进线保护、换位杆塔等位置，应该根据实际情况进行管型避雷器的合理设置，实现 220kV 高压输电线路的有效保护。

5. 设置消弧线圈

将消弧线圈设置于接地电阻较高和雷电频繁的路段，能够有效降低雷电对 220kV 高压输电线路的影响，提升 220kV 高压输电线路运行的可靠性。当雷电作用于 220kV 高压输电线路二相和三相时，消弧线圈的设置能够避免跳闸现象发生在单相导线中。在闪络之后，输电线路的状态相当于接地，实现 220kV 高压输电线路偶和作用的提升，对于 220kV 高压输电线路进行有效保护。

6. 降低电接地电阻阻值

采用降低接地电阻阻值的方式，能够对 220kV 高压输电线路起到有效的保护作用，降低雷电对于 220kV 高压输电线路的影响。可以采用爆破技术进行阻值的降低，这种技术能够对土壤性质进行改变，当爆破发生后，在地下压入电阻率较小的物质，提升其导电性能。还可以利用降阻剂来实现接地电阻阻值的降低，这种方法主要应用于土壤电阻率较高的地方，能够降低雷电对于 220kV 高压输电线路的影响。

7. 安装避雷线

在 220kV 高压输电线路的避雷设计中，避雷线的安装也能够对 220kV 高压输电线路起到很好的保护作用，主要是对雷击电流进行分流，以降低杆塔的电流，避免 220kV 高压输电线路设备遭到严重破坏。避雷线的设置，能够屏蔽输电线电压，实现雷击感应电压的降低，绝缘电压也因为 220kV 高压输电线路耦合作用的存在而降低。在进行避雷线的设置时，应该严格安装相关规范和要求进行，保障 220kV 高压输电线路能够由良好的避雷效果，线路电压的适当提升，能够获得良好的避雷效果。

第五节 超高压输电线路设计

一、330kV 送电线路设计

送电线路的特点决定了其典型设计工作内容。送电线路是一条线,外部环境对送电线路设计方案的影响较大。送电线路除导线、地线、绝缘子及金具等定型产品外,还需根据工程的实际气象、地形、地质条件进行杆塔、基础设计,这就决定了送电线路典型设计内容与变电站不同。

送电线路的本体造价主要由导线、杆塔和基础部分构成。基础设计受地形、地貌和地质条件的影响很大,应根据具体塔位的实际条件进行设计送电线路杆塔的设计基本是由导线截面、地形条件和气象条件决定,只要各工程的设计条件基本相当,杆塔是可以通用的。根据上述特点,这次典型设计的主要内容定位在对应一定的导线截面、地形条件和气象条件的组合,设计出一套标准化、系列化的典型设计杆塔,以便在将来同类工程中统一采用。

杆塔结构设计采用以概率理论为基础的极限状态设计方法,结构的极限状态是指结构或构件在规定的各种荷载组合作用下或在各种变形或裂缝的限值条件下,满足线路安全运行的临界状态。

钢材材质为现行国家标准 Q235 系列和 Q345 系列。按实际使用条件确定钢材级别,L63×5 及以上角钢规格可以采用 Q345 钢材。螺栓和螺母的材质及其特性应分别符合现行规范《紧固件机械性能螺栓、螺钉和螺柱》和《紧固件机械性能螺母》的规定。关于导线型号。常规 330kV 线路采用 2XLGJ-300/40 导线,相应每相总铝截面为 $600.18mm^2$,330kV 线路杆塔与基础的连接采用地脚螺栓方式。

为了使塔型规划合理经济,典型设计中对杆塔规划进行了专题研究,收集了各个地区多个输电线路工程所积累的大量杆塔实际使用情况的资料数据,同时选择有代表性的工程,利用无约束排位方式重新进行排位,以取得不受已设计铁塔使用条件限制的资料数据。采用上述方法对不同设计的各种杆塔使用条件组合方案进行技术经济比较,得出各模块在技术上可行且经济合理的杆塔系列,力求典型设计的塔形设计科学、经济、适用。

对于 700m 大跨度,线间距离为 7m,对于 700m 以下各种挡距的控制计算:

D=0.4La++0.65

式中:D——导线水平间距离,m;La——悬垂绝缘子长度,m;U——线路电压,kV;f——导线最大弧度,m。

导线弧垂取值依据:设 LGJ-70 导线,K=2.5,气温 +40℃,r=10m/s,风速 25m/s。

当挡距大于 500m 小于 700m 时,查弧垂曲线得 600m 时,f=40.30m;650m 时,

f=42.30m；700m 时，f=45.86m。线路采用三种规格不同的铁横担和一种单杆单线跳线横担及跨越铁路一处的双杆 6m 长双横担。水泥杆底盘 800×800×100mm，拉线底盘 600×300×200mm 和 800×400×200mm。如遇有稻田烂泥时则基础采用混凝土加固。

二、500kV 输电线路设计工程中铁塔基础设计

（一）基础选型

根据沿线地质和水文状况，按照安全可靠、技术先进、经济适用、因地制宜的原则选定本工程采用的基础形式如下：

1. 各种基础的技术特点及经济比较

（1）一般地段铁塔基础设计

适用于一般地段的基础类型比较多，有充分利用岩土力学性能掏挖类基础，还有最普通的大开挖基础等。

经上述比较，只要地质条件满足要求，应该优先采用掏挖类基础，当不能满足时采用大开挖基础。

（2）掏挖类基础

掏挖类基础分为全掏挖和半掏挖两种形式。当地表土不易成型时，采用半掏挖基础。这两种基础的最大特点是能够充分利用地基原状土的力学性能，提高基础的抗拔、抗倾覆承载能力。具有开挖土方量小，钢材用量少，节省模板，施工简单，节省投资等优点。

（3）大开挖基础

1）各种大开挖基础的技术经济比较

大开挖基础形式较多，按基础对地基的影响可分为轴心基础（基础中心在塔脚的垂直线上）和偏心基础（基础中心在塔腿主材的延长线上）；按基础本体受力状态可分为刚性基础和柔性基础；按基础主柱的形态又可分为直柱基础和斜柱（斜插）基础。

经过上述技术、经济比较可以看出，在同条件下：

① 偏心基础的特点是基础中心位于塔腿主材的延长线上，减小了作用在基底边缘的应力，使基础受力更趋合理，减小了基础尺寸，从而达到了节省材料，降低工程造价的目的。显然，偏心基础优于轴心基础。

② 从经济上比较，偏心直柱刚性基础优于直柱柔性基础，但略差于斜插式柔性基础。当有地下水时，对于直线型塔则斜插式刚性基础优于斜插式柔性基础。由于以上基础形式在适用条件上各有不同。

③ 斜柱的主要特点是斜柱与塔腿主材坡度一致，减小了作用在主柱正截面上的弯矩，使主柱的截面尺寸和配筋相应减少，从而节省了材料。所以，斜柱柔性基础优于直柱柔性基础。

④ 由于转角塔和终端塔施工时基础顶面需要预偏，当转角度数大于 30° 以上时预偏

值较大,对插入角钢的预偏值很难计算准确。另外,采用斜柱基础用底脚螺栓与塔脚连接,则底脚螺栓需要火曲,加工质量和受力性能难以保证。因此,虽然在综合造价上较斜柱基础高,但为了配合采用底脚螺栓与塔脚连接构造的需要,对于30°~60°转角塔、60°~90°转角塔及终端塔宜采用偏心直柱刚性基础。

2)大开挖基础选型结论

根据以上结论,大开挖基础选型如下:

①斜插式柔性基础

大开挖主要采用的基础形式之一。用于本工程自立式直线型塔及0~30°转角塔。斜插式柔性基础是将铁塔腿部主材插入基础主柱,直到基础地板、端部用锚钉或短角钢锚固。斜插式柔性基础之所以能节省材料,主要是因为铁塔主材所产生的内力不是作用在主柱顶上,而是直接传递到基础地板。当基础下压时,主材内力传到基础底板中心,由此产生的水平分力由侧向土抗力承受,垂直分力使基础底板中心受压。基础底板处的弯矩由塔腿斜材的水平力产生,此弯矩值与直埋台阶式基础相比很小,所以底板配筋也小得多。当基础上拔是,铁塔主材的上拔力由斜插式的主角钢承受,其配筋计算仅考虑斜材的水平分力和垂直分力,一般按构造配筋即可满足要求。虽然斜插式基础增加了插入角钢量,但省去了台阶式基础中底脚板和地脚螺栓的重量。总之,斜插式柔性基础能充分利用侧向土抗力,将主要的力直接传给地基,这不仅有利于基础的整体稳定和本身的强度,而且能节省材料、降低造价。

②斜插式刚性基础

当有地下水或考虑土的浮容重时,此时利用自重大的刚性基础较柔性基础更合理。

③偏心直柱刚性基础

宜用于30°~60°转角塔、60°~90°转角塔及终端塔。

2.铁塔基础设计环境保护的问题

(1)随着人类社会对环保意识的提高,世界上许多国家对输电线路塔基的设计提出了更高的要求,在山坡地带,要求不开挖山体,不砍伐树木,甚至要求绿化面积不能减少。因此,山丘地带不宜大量采用大开挖式基础。

(2)在地质条件适宜的情况下,优先采用岩石锚杆基础、掏挖基础等原状土基础,减少环境破坏,是我们设计输电线路塔基的首选方法。

(3)采用长短塔腿配高低人工挖孔桩基础能最大限度地保持自然地形地貌,适应山区地形变换,减少环境破坏,是最理想的环保型基础。

(二)500kV架空输电线路防雷电设计

1.降低铁塔的接地电阻

由于多种原因将会造成杆塔的接地电阻的增加,下面将做较为详尽的说明。

（1）由于有些地区的土壤呈现酸性特性，有些地区的风化现象较为严重，这些地方都容易使得铁塔根部发生电化学现象和吸氧腐蚀。因为这种化学反应的产生多发生在铁塔的接地的根部，因此可能会使得铁塔的根部断裂，以至于出现"失地"的现象造成接地电阻的上升。有些地区由于土壤深度原因，使得铁塔的埋土深度不够，甚至在埋土时，用沙子等导电性不好的物质回填，更容易发生吸氧腐蚀，从而失去接地。

（2）山坡地带多易发生水土流失，这样同样会使铁塔的接地效果不良。

（3）在进行杆塔的接地处理时，可能使用的化学降阻剂随着时间的推移，逐渐流失或者失去作用，导致接地电阻骤然上升。

（4）外力破坏也会使得杆塔的接地效果衰退。

2. 调整架空地线保护角

减小导线的保护角对减小绕击率有着明显的效果。正常情况下，500kV 的保护角在 15° 甚至之下。一般来讲，需要在雷雨频发区域进行保护角间隙调整。

3. 安装架空地线避雷针

加装避雷装置可以有效地增强屏蔽作用，可以降低绕击的概率，将绕击转变为反击然后进行控制调整，极大地降低雷击跳闸率。实验和事实也证明这种措施是有效的。

4. 安装线路可控放电避雷针

线路可控放电避雷针可以在雷击电压超载时，给雷击电流一个阻值较低的通道，使得雷击电流顺利流向大地而对架空输电线路的影响降到最低。加入了这种装置后，雷击电流将有一部分流入相邻杆塔，另一些流入大地。当雷击电流过大时，将会产生一小部分分流，这些电流经导线达到相邻杆塔。由于电磁感应现象，会在导线和避雷线间出现耦合分量，这种分量使得导线的电位升高，将降低导线和塔顶的电势差，从而绝缘子不发生闪络。

第六节　1000kV 特高压输电线路设计

一、线路设计步骤

（一）室内线路设计

在对特高压输电线路进行室内线路设计时，首先要做好的就是前期的准备工作，主要是对线路设计所涉及的一些资料进行准备，这些资料主要是线路图，室内装修图，室内各种比例的航测图。对地图的航测最好是最新版本的，这样就比较切合实际，不容易出现测量误差，同时在对测量数据出图时要严格按照标准比例出图。在室内线路设计图上要将所有线路经过点做好标记，对于一些城乡规划区域，工程项目，水利工程，军事设施等特殊工程也要做好标注，根据当地的实际情况，考虑到所有影响因素，然后选择最短的线路距离进行设计，尽量多出几个版本，然后在几套方案中寻找最为合理的线路设计方案，通过设计手段来完善特高压输电线路中存在的缺陷。

（二）现场电路的设计

在线路设计选择中最为主要的关键就是现场选线过程，这个现场选线的过程是为了将设计方案中的最终走线方案、现场的落实、线路定位工作进行最终决定，在这个过程中至关重要，如果出现一点差错就会对整个特高压输电线路工程造成影响。同时在对现场线路进行选择时还要注意一些外在因素的影响，主要包括线路必须要通过的一些特殊塔位，在对杆塔建设时所需注意的跨越点和转角，杆塔的存在是否会对特高压输电线路产生影响等，由于特高压输电线路距离较长，在架设好电线后是否会出现线路张力等问题，从而影响电能的传输和线损等方面，现在，GPS测量（即全球卫星定位系统）也较为普遍，采用卫星定位测量既快捷、精准度又较高，且可大量减少在选线过程中的林木砍伐量，将环境影响降到最小。

二、1000kV特高压交流输电线路耐长串均压环设计

（一）概述

在电力网络建设当中，特高压交流输电线路是一个十分重要的部分，而绝缘子又是架空输电线路的关键部件，因此在目前状况下已经得到了较为广泛的应用，其性能、质量的优劣将会对整条线路的运行状况产生决定性的影响。但是在现实状况中，仍然会经常出现一系列的问题，其中较为突出的一项便是绝缘子串电压分布不均匀，这主要是由分布电容而引起的。目前状况下，针对这一问题业内普遍认为如下方法最为有效：在高压侧绝缘子串上进行均压环的设置，这样一来，绝缘子与导线之间的分布电容就得到了一定程度的增加，能够对绝缘子串的电压分布起到较为有效的改善作用。然而，现在国际上并不存在均环压布置的统一标准，而对于电力部门来说，他们往往在结合自身实际情况的基础之上，并参考相关的经验来进行均环压设置。

（二）计算模型

一般情况下，在特高压工程初步设计之中主要存在着两种绝缘子串的布置方式，分别是一字形布置以及正方形布置，通过对这两种绝缘子串的布置方式进行对比来看，两者之间存在着一定程度上的差距。我们选取50片绝缘子，所选取的绝缘子型号为盘形悬式玻璃绝缘子FC300/195，其公称直径为320mm，公称结构高度达到了195mm，而其泄漏距离则为485mm。

为了对计算的可靠性进行有效地提高，我们对相关的模型进行了一定程度的简化处理，

具体处理方法如下：首先，为了排除干扰因素，我们做了一定的假设，假设所选的绝缘子表面清洁干燥，且外部的空气湿度相对较低，同时，在计算的过程中，可以将沿面泄漏电流以及空间电流进行忽略。其次，相间影响也会在一定程度上增加计算的复杂程度与难度，因此我们选择性的对相间影响进行忽略，仅仅只对单相的绝缘子电场分布进行考虑；对于绝缘子与杆塔之间的连接来说，我们选择了挂板与挂环的连接方式，而与导线之间的连接则是采用了两联挂板和线夹，这样一来，就可以对导线与杆塔以及绝缘子之间的相对位置进行有效的确定。除此之外，因为挂环与线夹金具结构难以对场域造成较大程度的影响，因此并不需要对其进行实际的描述。所以，为了降低计算的复杂程度已经难度，对这些金具进行了一定程度的简化，主要简化为圆柱体。在计算模型之中，将导线用圆柱体进行模拟，圆柱体直径为30mm，8分裂导线的长度大约为绝缘子串长度的2倍，需要注意的是，要对圆柱体表面的光滑程度进行一定的保证，以此提高模拟的真实性。

（三）电压分布计算结果

正方形布置的绝缘子串主要分为两个部分，分别是上串与下串。而对于一字形布置的绝缘子串来说，它也分为两组，分别是内串与外串。我们将相关的计算数据进行一定程度上的对比，得出以下结论：一字形布置绝缘子串与正方形布置绝缘子串之间既具有差异，也存在一定的相似性。无论是一字形布置绝缘子串还是正方形布置绝缘子串，其高压端前几片绝缘子都承担了较高的电压，因此很有必要采取有效的措施对高压侧的绝缘子串电压承担率进行一定程度的改善，不然的话，这些绝缘子很有可能因为承担了过高的电压而出现损坏的状况，进而使得整个的绝缘子串都出现失效。

在上述的模型之中，输入向量主要是均环压的结构参数环径和管径以及位置参数的中心距，而输出向量则为两组电压承担率标准之和的100倍。我们将隐单元额数目设置为9，而对于输出层的激活函数来说，则将之设置为双曲函数。同时，对激活函数的特点进行有效的利用，在此基础之上对输入以及输出指标进行一定程度的归一化，使其在[-1，1]的区间之内。

三、1000kV特高压变电站接地系统设计

（一）1000kV特高压变电站短路电流情况

由于1000kV特高压变电站的电容量较大，短路电流不断增加，专家学者认为应进一步提高变电站系统地电位，工频条件下电缆线路绝缘层电压耐受值为2kV。经过实验证明，二次电缆线路屏蔽层接地时，将所能够承受的电位差低于40%的地电位升，因此承受地电位升是2kV/40%=5kV，1000kV特高压变电站二次电缆屏蔽层接地可以将变电站系统的承受地电位上升到5kV，并且在这个过程中高度重视通信线路对特高压变电站系统造成的高电位问题。通常情况下，1000kV特高压变电站主要采用光缆通信线路，尽量采用沥青混凝土铺设地面，提高变电站的跨步电压和接触电压。同时，1000kV特高压变电站接地

电阻和短路电流之间有着密切的关系，短路电流分流系数随着变电站系统接地电阻的减小而不断增大，两者呈现反比关系，因此 1000kV 特高压变电站短路电流分析应充分考虑到裕度问题，接地电阻和入地电流决定着变电站系统地电位升，结合接地电阻和分流系统之间的函数拟合关系，计算变电站系统应达到的接地电阻。

（二）1000kV 特高压变电站接地系统设计

1. 水平接地网

1000kV 特高压变电站水平接地网要尽量埋设在冻土层下面，均布布设导体，埋设深度要超过 1m，导体间隔 15m，根据实验表面，1000kV 特高压变电站的地电位升 <5kV，最佳地电位升 3943V，可确保变电站系统中各种电气设备的安全运行。跨步电压最大不能超过 520V，满足基本的人身安全要求，单位由于高阻层安全限值 460V 远远小于接触电压，为了保障工作人员的生命安全，需在 1000kV 特高压变电站系统中设置厚度约 6cm 高阻层。

2. 垂直接地极

1000kV 特高压变电站接地系统设计要考虑到当地土壤的导电性，通过合理设置垂直接地极，可有效降低变电站的接地电阻，减少 1000kV 特高压变电站接触电阻，通过设置深垂直接地极，可明显降低跨步电压和接触电压，发挥地表均压的效果。由于 1000kV 特高压变电站整体占地面积非常大，而垂直接地极长度相对比较小，因此在某些区域的降阻效果较差。同时，如果不断增加垂直接地极长度，接地极对于降低接触电阻的效果越来越不明显，垂直接地极设置要充分考虑到经济性因素，在水平接地网每条边设置两根垂直接地极，四个角区域分别设置一根，在变电站合适位置铺设高阻层。

3. 接地系统优化设计

1000kV 特高压变电站接地系统优化设计，调整接地导体布置，使跨步电压和接触电压最小，优化接地网压缩比。在实际应用中，冻土层在一定程度上会影响 1000kV 特高压变电站接地网的安全性，融冻季节和冰冻季节的土壤电阻值是不同的，结合不同季节土壤电阻值变化情况，综合得到 1000kV 特高压变电站接地系统优化设计方案。在融冻季节，接地系统跨步电压 95.4V，接触电压 926V，接地电阻 0.075 欧姆，计算得出最优压缩比为 0.63，如果按照融冻季节进行接地系统优化，跨步电压为 92.5V，接触电压为 700V，接地电阻为 0.075 欧姆，当逐渐进入冰冻季节，跨步电压为 105V，接触电压 730V，接地电阻 0.08 欧姆，因此进入冰冻季节后，1000kV 特高压变电站的跨步电压、接触电压和接地电阻不断增加。综合考虑，1000kV 特高压变电站接地系统设计应综合融冻季节和冰冻季节实际情况，按照最优压缩比优化接地网布置，改善接地系统的安全性。

4. 二次电缆屏蔽层接地

1000kV 特高压变电站发生短路故障，接地网不同区域导体之间的电位差较大，而这个电位差进入地网通过耦合影响二次电缆线路的安全运行，为了保障二次系统安全，应高度重视 1000kV 特高压变电站接地系统短路。由于接地系统中电位的不均匀分布，一旦发生短路故障，电缆线路两端电位不一致，电流路过电缆屏蔽层，若电流过大很容易将电缆烧毁，并且如果二次电缆芯皮电位差超出绝缘耐压，很容易导致电缆绝缘层被击穿。1000kV 特高压变电站二次电缆屏蔽层接地，由于两端接地电位差明显低于单端接地电位差，考虑到电缆绝缘耐受电压，因此电缆屏蔽层尽量采用双端接地方式。另外，为了避免电缆屏蔽层流过的电流过大，确保电缆安全，和电缆线路相互平行设置一个铜条，发挥排流线的作用，将电缆屏蔽层电流及时分流。

第五章 架空输电线路设计

第一节 架空输电线路设计基础

一、架空输电线路气象条件设计标准

架空输电线路荷载计算受多个气象条件的影响。其中风、冰荷载两个气象条件尤为突出，其大小对于架空输电线路的安全性和经济性有着直接影响。

当前，我国正在不断规划建设输变电工程，为保证我国输电线路的安全运行，在高海拔地区，要充分考虑空气密度对线路风荷载数据计算和风区划分的重要影响；同时在高压和同塔多回路工程中，呼高和挡距对覆冰厚度的取值的影响也不容易忽视，建议覆冰厚度的取值取导、地线平均高度。

（一）风压取值以及风区划分

1. 对风压取值以风区及划分过程中出现的问题

对于风区风速的取值，根据《110kV ~ 750kV 架空输电线路设计规范》(GB50545-2010)对于基本风速的定义，即为"按当地空旷平坦地面上 10m 高度处 10min 时距，平均的年最大风速观测数据，经概率统计得出 50(30) 年一遇最大值后确定的风速"，但是，这种基本风速具体指的是哪一种空气状态下的风速并没有明确的规定。我国过去一般采用维尔达压板对风进行测量，它的刻度所反映出的风速都是根据统一的标准空气密度依据伯努利公式反算得出的结果。因此在计算风压时，风压系数取值为 1600。近年来，我国有多个地区气象站先后安装了电接风向风速仪，其属于风杯式风速计，在观测中并未记录空气密度对风速的影响。

就目前而言，在设计中，各电力设计单位一般是由气象勘测专业提供沿线气象站历年实测最大风速系列的频率分析结果，送电、电气等专业据此进行线路风区划分，并仅按标准空气状态计算风荷载，进而提供给结构专业进行杆塔设计。而并未针对不同的空气密度对搜集到的风速进行修正。

2. 风压取值及风区划分的建议

在设计中，采用考虑实际空气密度的设计风压来进行输电线路风区划分，再对照全国或地区风压图检查设计成果是否合理，并再按此值直接进行风荷载高度变化计算。

（二）设计覆冰厚度的计算高度

1. 设计覆冰厚度取值中出现的问题

根据现行的行业标准，输电线路设计基本风速离地（水）面高度为 10m，设计专业可以根据这一数据为依据计算风压，查风压高度换算系数表给出结构各高度设计风压。与风荷载不同，对冰厚的计算高度，技术标准曾缺少明确规定。

实际工程中，常跟随基本风速对高度进行计算，例如 110kV、220kV 及 330kV 线路风速离地高度曾取值为 15m，500kV 线路离地高度曾取 20m，设计冰厚取值高度分别取 15m 和 20m。当现行规程基本风速离地高度改为 10m 高的时候，冰厚取值高度按 10m。应当说，这种"跟随"是没有依据的。由于对设计覆冰厚度，设计专业并不像风荷载计算那样进行高度换算，只需要设计冰厚取值一经取定，则各高度结构的覆冰荷载都按此方式进行计算。

事实上，如果对设计覆冰厚度的计算高度取离地十米高，对于 110 ~ 750kV 一般输电线路而言，由于呼高相对不高，计算高度的取值对覆冰厚度的影响较小，一般不会影响设计覆冰厚度的取值。而对于 1000kV、±800kV 线路、同塔多回路等输变电工程，尤其在大跨越的工程中，由于其呼高（呼高 100m 以上）挡距大（1km 以上），计算高度的取值将对设计覆冰厚度产生较为明显的影响。各电压等级输电线路技术标准虽均规定：除无冰地区，大跨越设计冰厚较附近一般线路增加 5mm，但对于呼高较高的特高压线路、同塔多回路塔，是否也按此执行还有待商榷。

2. 导线悬挂高度对覆冰产生的影响

覆冰随导线悬挂高度而增加，其第一原因就是结冰时风速随高度的增加而增加，风速愈大，导线获取的水滴、冰晶就越多，覆冰也就越大；另外就在覆冰增长期间内，空气含水量随高度的增加而增加，水分含量越来越多，覆冰则大。大量实测资料说明，不同悬挂高度覆冰厚度比 KZ 是高度比的幂函数，即 KZ(Z/Z0) 式中：Z 为计算离地高度；Z0 为气象站电线悬挂高度，一般为 2.0m；KZ 为指数，表示冰厚随高度变化的关系，综合反映了风速、含水量、捕获系数等随高度的变化，与覆冰类型有关。

3. 挡距对覆冰的不同的影响

覆冰总是首先在导线迎风面上生成增长，当达到一定重量时，导线因承受偏心荷重而产生扭转，覆冰有可能在导线各个侧面生成，并逐渐增长，从而导致导线上的覆冰愈积愈大。由于扭转角度与 $L2/d4$（L 为挡距长度，d 为导线直径）成比例，而 L>>d，因此挡距愈大扭转角度就愈大。在挡距达到一定长度时，中央线段的扭转程度要比两端线夹附近大。

随风运动的水滴或者冰晶得以比较均匀地积聚到扭转导线的整个表面，使该段覆冰较厚较重，而两端线段难以扭转，覆冰主要积聚在迎风一侧，覆冰就较薄较轻。

4. 关于覆冰厚度计算高度取值的相关建议

由上述分析可知，对于呈弧垂状的导地线而言，覆冰的挡距订正系数随高度增高而减小，高度订正系数随高度增高而增大。因此，大挡距线路导、地线的最大覆冰既不在最高悬挂点，亦不在弧垂最低点。在设计中，设计覆冰厚度一经取定，一般不像风荷载那样再进行高度换算，因此建议在架空输电线路设计覆冰厚度计算高度取导、地线平均离地（水）面高度。为便于操作，可取力学计算用各电压等级线路导线平均离地高度，用作各电压等级覆冰离地计算高度，即 110 ~ 330kV 线路取 15m；500kV、500kV、750kV 线路取 20m；800kV、1000kV 线路和同塔多回路取 30m；大跨越工程取导地线平均离水面高度。

二、架空线的机械物理特性

在架空线的机械物理特性中，与线路设计密切相关的主要是弹性系数、线性温度膨胀系数、抗拉强度极限（瞬时破坏应力）以及抗弯强度。由于钢芯铝绞线是常用的架空线，其结构也比较复杂，故作重点介绍，其他类型架空线的机械物理特性可类似研究得到。

（一）钢芯铝绞线的弹性系数

钢芯铝绞线的弹性系数 E，指的是在弹性限度内，导线受拉时，其应力与应变的比例系数。钢芯铝绞线由具有不同弹性系数的钢线和铝线两部分组成，当其受拉力作用时两部分绞合得更加紧密，因此可以认为两部分具有相同的伸长量，即钢线部分和铝线部分的应变相等。

设钢芯铝绞线的截面积为 A，其中钢线部分截面积为 As，铝线部分截面积为 Aa，在拉力作用下相应的平均应力分别为产生的应变为根据胡克定律，有

$$\left.\begin{array}{l} \sigma = E\varepsilon \\ \sigma_s = E_s\varepsilon_s \\ \sigma_\alpha = E_\alpha\varepsilon_\alpha \end{array}\right\}$$

式中，E_s、E_α 分别为钢线、铝线部分的弹性系数。

由于 $\sigma A = \sigma_s A_s + \sigma_\alpha A_\alpha$，则

$$E = \frac{E_s A_s + E_\alpha A_\alpha}{A} = \frac{E_s A_s + E_\alpha A_\alpha}{A_s + A_\alpha}$$

令 $m = A_\alpha / A_s$（称为铝钢截面比），则

$$E = \frac{E_s + mE_\alpha}{1 + m}$$

由此可以看出，钢芯铝绞线综合弹性系数的大小不仅与钢、铝两部分的弹性系数 Es 和 Ea 有关，而且还与铝钢截面比 m 有关。实际上，钢芯铝绞线的弹性系数还与其扭绞角

度和使用中的最大应力等因素有关，实际值比公式

$$E = \frac{E_s A_s + E_\alpha A_\alpha}{A} = \frac{E_s A_s + E_\alpha A_\alpha}{A_s + A_\alpha}$$ 的计算值较小。

（二）钢芯铝绞线的线性温度膨胀系数

钢芯铝绞线的线性温度膨胀系数，指的是温度升高1℃时其单位长度的伸长量。即

$$\alpha = \frac{\varepsilon}{\Delta t}$$

α——导线温度线膨胀系数，1/℃。

ε——温度变化引起的导线相对变形量。

Δt——温度变化量，℃。

钢芯铝绞线的温度线膨胀系数 α 介于钢的温度线膨胀系数 αs 之间。温度升高时，铝部比钢部伸长大，原因是铝比钢的温度线膨胀系数大。反之，当温度降低时，铝部比钢部缩短大。

在图 5-1 中，AB 是架空线在温度时某截面的位置。当温度增大升高时，若铝部与钢部没有联系，则两部分分别伸长至 EF 和 IK 位置，如图中虚线所示。但实际上铝部和钢部是紧密绞合在一起的，伸长量应相同。因此，铝部受到钢部的作用受压伸长不到 EF 位置，钢部受到铝部的作用受拉其伸长越过 IK 位置，共同作用的结果使二者平衡在 CD 位置。

图 5-1　钢芯铝绞线温度膨胀示意图

此时铝部所受压力和钢部所受拉力在数值上相等。对于长度为1的钢芯铝绞线，有

$$E_\alpha A_\alpha \frac{\alpha_\alpha - \alpha}{l} \Delta t = E_s A_s \frac{\alpha - \alpha_s}{l} \Delta t$$

整理并将 $m = A_\alpha / A_s$ 代入，可以得到

$$\alpha = \frac{\alpha_s E_s + m \alpha_\alpha E_\alpha}{E_s + m E_\alpha}$$

计算时可取 $\alpha_\alpha = 23 \times 10\text{-}61/℃$，$\alpha_s = 11.5 \times 10\text{-}61/℃$，$E_\alpha = 60.3GPa$，$E_s = 60.3GPa$。常用钢芯铝绞线和铝绞线的线性温度膨胀系数。

（三）钢芯铝绞线的瞬时破坏应力

架空线在均匀增大的拉力作用下，缓慢伸长至拉断，此时的拉力称为拉断力。对于钢芯铝绞线来说，拉断力由钢部和铝部共同承受，为二者的综合拉断力。影响综合拉断力的

因素主要有：

1. 铝和钢的机械性能不同，铝的延伸率远低于钢的延伸率。当铝部被拉断时，钢部的强度还未得到充分发挥，通常认为此时钢线的变形量为 1% 左右。

2. 绞合后单线与整体绞合线轴线间存在扭绞角，综合拉断力是各单线拉断力在轴线方向的分力构成。

3. 各层单线之间的应力分布不均匀。

4. 相邻两层单线间存在正应力和摩擦力。

抗拉强度（瞬时破坏应力）是指导线的计算拉断力与导线的计算截面积的比值。对导线做拉伸试验，将测得的瞬时破坏拉断力除以导线的截面积，就得到瞬时破坏应力，即

$$\sigma_p = T_p / A$$

式中：σ_p——导线的瞬间破坏应力，N/mm^2。

T_p——导线的瞬间破坏拉断力，N。

A——导线截面积，mm^2。

对于钢芯铝绞线来说，是指综合瞬时破坏应力，它可以通过对整根绞线做拉力试验得出，也可以通过经验公式求得，即

$$\sigma_p = \frac{\eta_a A_a \sigma_{ap} + \eta_s A_s \sigma_{sp}}{A_a + A_s} \left(N/mm^2 \right)$$

σ_p——钢芯铝绞线的综合瞬时破坏应力；

η_a——铝线绞合引起的强度损失系数，37 股以下绞线 η_a =0.95，37 股以上绞线 η_a =0.9；

η_s——钢绞线绞合引起的强度损失系数，取 η_s =0.85；

σ_{ap}——铝单线的抗拉强度，N/mm^2；

σ_{sp}——钢线的抗拉强度，N/mm^2；

A_a——铝部的截面积；

A_s——钢部的截面积。

三、架空线的不平衡张力

（一）架空线不平衡张力的概念

凡杆塔左右两邻档因架空线张力不等而承受的张力差，均称为不平衡张力。在线路进行安装、检修的情况下，也会使直线杆塔承受不平衡张力。线路中正常运行、安装、检修情况下产生的不平衡张力，称为正常情况下的不平衡张力；断线杆塔所承受的断线张力，属事故情况下的不平衡张力；由事故断导线后导线的不平衡张力又导致地线产生反作用的不平衡张力，称为地线支持力。

电力线路的设计要考虑在施工、运行和检修时都要保证导线、杆塔和被跨越设施的安全，在发生事故时要尽量减少损失和保证重要跨越设施的安全。因此，必须根据线路通过地区的实际情况，计算导线出现不平衡张力情况时的导线张力、弧垂和杆塔承受的不平衡张力，以确定杆塔的强度、导线悬挂点高度等参数，力求设计有较高的安全性和经济性。

作为杆塔荷载设计的重要内容，《110～750kV架空输电线路设计规范GB50545-2010》对导线和地线的断线张力和不平衡张力做了具体规定：

1.10mm及以下冰区，导、地线断线张力(或分裂导线不平衡张力)的取值应符合表5-1-1规定的导、地线最大使用张力的百分数，垂直冰荷载取100%设计覆冰荷载。

表5-1-1　10mm及以下冰区，导、地线断线张力（或分裂导线不平衡张力）(%)

地形	地线	悬垂塔导线			耐张塔导线	
		单导线	双分裂导线	双分裂以上导线	单导线	双分裂及以上导线
平丘	100	50	25	20	100	70
山地	100	50	30	25	100	70

2.10mm冰区不均匀覆冰情况的导、地线不平衡张力的取值应符合表5-1-2规定的导、地线最大使用张力的百分数，垂直冰荷载按75%设计覆冰荷载计算。相应的气象条件按-5℃、10m/s风速的气象条件计算。

表5-1-2　不均匀覆冰情况的导、地线不平衡张力(%)

悬垂型杆塔	导线	地线	耐张型杆塔	导线	地线
	10	20		30	40

（二）导线的断线张力

运行经验指出，架空线路的断线多以短路烧断、机械损伤或撞断、拉断等形式出现。引起断线的原因，多为与线路无关的外因（占全部断线事故的40%），外因有枪击、飞机和船桅碰撞，矿山爆破炸伤等。除此之外，雷击、振动和超过设计值较多地风、冰荷载，以及施工与维护不良等，也有造成断线事故的。不过，大导线和地线的断线次数是较少的。

在线路设计时，如果没有考虑防范导线断线造成的各种可能，那么在运行中一旦发生了断线，就将使事故扩大，以致造成整个耐张段甚至全线路倒杆，修复工作量很大。因此，设计线路杆塔时，应考虑一根至两根导线与地线折断时的事故情况。断线的根数依杆塔的形式而定。

计算断线张力的目的，除了为杆塔的强度设计提供荷载外，还为交叉跨越档的限距校验提供张力，以便计算弧垂。此外，在线路运行中也用以分析实际发生的断线事故。

对于非直线型杆塔（如耐张杆塔、转角杆塔等），当邻档断线时，杆塔所受的不平衡张力，就是另一侧导线在事故前的正常张力值。因为这些杆塔一般都是刚性的，导线的悬挂点可以认为是不偏移的。因此本章主要研究直线杆塔的断线张力计算。

对于装设针式绝缘子和瓷横担绝缘子的直线杆塔，也不需要按断线情况设计，这是因为针式绝缘子的铁脚是个薄弱环节，在断线时铁脚可能被拔脱或损坏，瓷横担绝缘子的强度比针式绝缘子的铁脚更低，在断线时更容易损坏。装设针式绝缘子和瓷横担绝缘子的直线杆塔，导线都是用绑线固定在绝缘子上，导线也可能在绑扎处滑出。所以，只对那些使用悬式绝缘子的直线杆塔，才需要计算断线张力。

断线张力是指架空线断线后的残余张力。断线发生以后，断线档的张力为零，而剩余各档，由于直线杆塔的挠曲和悬垂绝缘子串的偏斜，导致导线松弛，因而张力减少，故断线张力亦称残余张力。

断线后剩余各档的残余张力不是均匀分布的，离断线档最近的杆塔所受的不平衡张力（即称断线张力，实为断线档相邻档的残余张力）最大，因而绝缘子串的偏斜角也最大。而远离断线档各杆塔的悬垂串的偏斜角，因不平衡张力的不断衰减而逐档减小。

经研究得知，剩余挡距数不同，则断线张力最大值也不同。剩余挡数多，支持不平衡张力的杆塔多，故各杆塔分配的不平衡张力值就小，各档张力衰减得慢，残余张力相对地就大。反之，剩余挡距越少，其各档的残余张力就越小。若断线后只余一档时，悬垂串偏斜所引起的悬点偏移 δ，全部促使导线松弛而弧垂大增，导线张力大大衰减，故直线杆塔所受断线张力很小。但剩余挡距超过五档时，第五档之后的导线张力衰减很小。故当遇到剩余挡超过五档时，工程计算中允许按五档考虑。

设计杆塔时，断线档应选在耐张段的两端档，因该档断线时，直线杆塔所受的断线张力最大。当校验跨越档的限距时，断线档应选在被校跨越档的相邻档，因该档断线时跨越档的弧垂较大。

在设计采用相分裂导线的杆塔时，如需要求断线后作用在直线杆塔上的较大不平衡张力差，可假定断线发生在靠耐张塔的一档内，且剩余挡数在五档以上。当需要求断线档内剩余子导线的较大张力，以检查其安全性时，可假定断线发生在靠耐张段的中间一档内，且其两侧挡数都在五档以上。

影响断线张力的因素很多，工程计算中都按断线后的稳态情况考虑。

（三）导线的不平衡张力

架空线路在安装时，应使悬垂串均处在垂直位置，各直线杆塔不存在张力差，但在正常运行中由于以下几种情况，将使耐张段中各档距中的导线和地线张力相差悬殊，致使各直线杆塔承受较大的不平衡张力。

1.耐张段中各档距长度、悬点高差相差悬殊，当气象条件变化后，引起各档张力不等。

2.耐张段中各档不均匀覆冰或不同时脱冰时，引起各档张力不等。特别是不均匀脱冰，常常在重冰区引起断导线、倒塔、导线跳跃到横担以上等严重事故。

3.线路检修时，采取先松下某悬点的导线后挂上某悬点的导线，造成两档张力不等。

4.耐张段中在某挡进行飞车作业、绝缘梯作业等悬挂集中荷载时所引起的不平衡张力。

5.高差很大的山区，尤其是重冰区的连续倾斜挡中，山上侧挡距和山下侧挡距张力不等。

耐张杆塔的不平衡张力，有以下几种情况：

（1）由于两侧代表挡距不等而产生不平衡张力；

（2）由于两侧导线或地线截面大小不同而产生不平衡张力；

（3）耐张杆塔位于两个气象区的分界处，由于温度、风速、覆冰厚度不同而产生不平衡张力。

（四）地线的不平衡张力

在直线杆塔产生不平衡张力时，与导线比较，地线的不平衡张力有其特点。一是金具悬垂串长度较短，当直线杆两侧张力不等时，地线金具串顺线路方向偏斜较小，不平衡张力较大。二是钢筋混凝土电杆刚度小，杆塔顺线路方向偏斜较大，不平衡张力较小。铁塔刚度大，杆塔顺线路方向偏斜小，不平衡张力较大。

（五）不平衡张力的计算方法

不平衡张力的计算方法，是随着计算工具的进步而改进的。曾经被普遍应用的方法是图解法和利用图表的简化计算法。

图解法可以求出发生不平衡张力情况时各挡的张力和各直线杆塔承受的不平衡张力。因为要经过计算、作图和图解三个步骤，工作量大，假设数据时还需要足够的经验才能较快地得出结果。计算公式、作图质量和读图准确性都是影响图解准确性的因素。仅以作图来说，架空线路的挡距一般都不是相等的，为了减少工作量，当耐张段挡距和高差相差不大时，选取代表挡距和不考虑高差的影响，造成人为误差。在做好计算图后，图解过程也是一个试凑过程，要假设不同的数据进行计算，即使用优选法，其计算的工作量也是不可小觑的。

利用图表的简化计算法是以代表挡距或某一挡的挡距进行计算的，没有考虑实际的挡距和悬挂点高差的变化，也会造成误差。计算断线张力的衰减系数法的系数是以杆塔未发生挠曲的条件计算的，不能用于无地线、柔度大的直线杆塔上，且只能求得与断线点相邻的一挡的张力。计算地线最大和最小支持力的支持力系数通用曲线只能用于钢绞线架设的地线，而实际采用的地线的种类还有其他复合型绞线，如铝包钢绞线、大钢比的钢芯铝绞线、OPGW 复合光缆等，都需要采用其他方法计算。

随着计算机的广泛应用，对架空线的不平衡张力的计算精确度也有了更高要求。设计院普遍采用计算机编制程序求解，因为编制程序需要程序设计的专业知识，而在基层从事电力线路工作的专业技术人员能够应用程序设计的很少，使这种方法难于普及。本书只介绍既有较高的准确性又便于基层应用的用 Excel 工作表计算不平衡张力的方法。

一个耐张段的架空线在安装（或检修）紧线时，总是尽量把各档的水平张力调整到相等数值，各直线杆塔的悬垂绝缘子串处于与地平线垂直状态。紧线完成后，在线路正常运行时，随着气温、覆冰等气象条件的变化，各档的张力也随着变化而产生不平衡张力，导致悬垂绝缘子串的偏移和杆塔的挠曲。由于绝缘子串的偏移和杆塔的挠曲，引起各档导线的实际挡距和悬挂点高差的变化。架空线的不平衡张力就是通过这些变化与张力的关系来计算的。

事故断线时，线路运行了一段时间，已经出现悬垂绝缘子串的偏移和杆塔的挠曲。因此，计算各档的残余张力也应以安装紧线作为初始条件。在进行线路设计时，不可能确定线路实际的安装紧线条件，可以按照规程规定的安装气象条件作为初始条件进行计算。在分析线路发生的事故时，则应以线路竣工资料中的紧线记录作为初始条件。

以安装紧线为初始条件进行计算时，若规定挡距增长时其增长量为正，挡距缩短时其增长量为负，则线路中各档不平衡张力的计算公式相同，只是决定计算结果的边界条件不同。正常情况下的不平衡张力以耐张段内各档的挡距变化量之和为 0 作为边界条件，事故情况下的不平衡张力以断线档的张力为 0 作为边界条件。这样，计算两种情况下不平衡张力的 Excel 工作表的结构也相同，只需按照实际的线路数据和边界条件进行计算，就可以得到需要的结果。

第二节　架空输电线路结构设计

一、架空输电线路的支撑结构与设计需求

（一）架空输电线路的支撑结构

铁塔、杆塔是目前输电线路结构中最常用的支撑者，其主要的作用就是支撑架空输电线路的地线与导线，并且还应该保证其符合电磁场与绝缘安全限制条件的要求。铁塔、杆塔种类的不同，其运输时间与费用、建设造价、施工工期、占地面积、运行安全等方面都具有很大的区别，其在整个线路的施工中占有非常大的比重。因此，在进行铁塔、杆塔结构的设计时，不但应该重视铁塔、杆塔的基础选型与施工，还应该根据施工现场的具体气象状况与地质情况进行选择。

（二）架空高压输电线路结构的设计需求

架空线路与电缆线路是目前常用的两种送电线路，目前，国内外普遍采用架空线路作为输送电能的最主要方式。其中，架空线路一般使用无绝缘的裸导线，通过绝缘子将导线悬架在输电线路杆塔上来进行送电。所以，架空输电线路可以认为是由输电线路杆塔、输电线路导地线和绝缘子金具串共同构成。

1. 输电线路杆塔

高压架空输电线路杆塔多为钢筋混凝土杆塔或铁塔,是架空输电线路的主要支撑结构,高压架空输电线路杆塔根据需求不同又分为直线塔、转角塔、终端塔、换位塔、分支塔、轻重冰区分界塔、大跨越塔、特高压酒杯塔、分体塔、双柱塔等。架空输电线路杆塔的设计包括基础上拔稳定计算、基础下压和地基计算、构件和基础底板承载力计算等,这对于高压输电线路杆塔来说尤为重要。

2. 输电线路导线

架空线路的导线一般由导电性能良好的金属制成,为保持合适的通流密度,导线应该根据工程输送容量的需要来选择截面。为降低电晕放电的可能,导线应具有较大的曲率半径。高压架空输电线路多采用分裂导线来提高输送容量,为防止架空输电线路的感应过电压和雷击过电压带来的伤害,多在输电线路导线的上方采用避雷线,对于重要的输电线路,通常设置两根防雷线且增大地线架保护角。在设计架空输电线路时,应考虑到线路沿线的气候环境、自然条件(雷闪、雨淋、结冰、洪水、湿雾)等的影响。此外,架空输电线路的路径还应具备充裕的地面宽度和净空走廊。

3. 输电线路绝缘子

作为高压架空线路的重要构件之一,绝缘子主要作用是在一定的荷载和过电压条件下支撑导线,并使得导线的带电部分与大地绝缘。高压架空线路因其电压水平高,对绝缘子的要求也相应提高。绝缘子的性能主要取决于绝缘材料的质量,目前在高压架空线路上常用的绝缘子有:悬式盘型绝缘子、玻璃绝缘子、有机复合材料绝缘子等。在高压架空线路的设计中,应当注意绝缘子的机械荷载、电气强度、抗腐蚀、抗劣化的性能满足要求。

二、架空输电线路杆塔结构及其设计要点

(一)架空输电线路杆塔结构研究的主要内容

1. 杆塔的负载

对于杆塔负荷的研究,主要研究方向有结构关键性系数、负载周期、设计风速以及塔的静态和动态的风荷载计算方法,还有杆塔的荷载组合原则。结构关键性系数由结构可靠度指标来决定,主要根据结构可靠度指标的研究分析来确定,负载周期主要是针对塔风振系数,来制定高压导线的荷载组合的研究原则和规定。这些负载值的研究,其主要目的是掌握杆塔功能和外部负载的变化规律,给杆塔结构设计提供客观依据。

2. 杆塔结构的设计原则和方法

杆塔结构设计是在满足线路电气性能要求上,采用以概率理论为基础的极限状态设计方法,用可靠度指标度量结构构件的可靠度。杆塔结构的设计主要遵循以下原则:

（1）以确保杆塔的强度、稳定、刚度及今后的安全、可靠运行为前提条件。

（2）构件的布置合理、结构形式简洁、传力路线直接、简短、清晰。

（3）降低杆塔钢材耗量，使杆塔造价经济合理。

杆塔结构设计方法的研究，一方面是杆塔结构分析与计算力学模型，杆件承载力的运算方法，杆端节点结构的设计运算方法等的设计研究；另一方面是研究模型的选择，塔头类型、坡度、根开、铁塔节间等的布局和优化方法。目前，一般根据理想铰接式的空间桁架来设计杆塔。假定节点约束铰链为一个理想铰接，将整个塔的空间作为一个静定的空间系统，按照平衡的条件和变形协调来分析杆塔的内力和变形，然后根据受力和稳定条件完成杆塔设计的材料选择。

3. 杆塔结构的优化方法

（1）按不同的海拔高度设计杆塔。因海拔高度的不同影响着电气间隙的大小，从而影响杆塔的外形尺寸，影响杆塔的耗钢量。高海拔地区需要根据海拔高度的不同按300m～500m高差梯度来划分不同的系列。

（2）优化直线铁塔的挂线方式，减小塔头尺寸。在铁塔设计中，直线塔采用不同的导线绝缘子串悬挂方式，塔头尺寸的大小也是不同的，从而影响杆塔的耗钢量及线路的本体投资。根据以往工程的设计经验，对超高压直线塔采用中相V串悬挂方式，可有效地减小塔窗尺寸，从而降低铁塔耗钢量。而对边相V串的使用应根据不同的导线、不同的塔形、不同的气象条件通过具体的铁塔计算比较论证。

（3）优化铁塔根开尺寸和塔身坡度。塔身坡度及根开的选择对铁塔重量及美观的影响较大，它直接影响塔身主材、斜材的规格以及基础的作用力。合理的塔身坡度应使塔材应力分布的变化与材料规格的变化相协调，使塔材受力均匀。塔身坡度及根开优化就是以整基铁塔的重量为目标函数，综合构件受力性能与基础作用力等因数，选取最佳的坡度和根开。

（4）优化铁塔曲臂K节点形式。单回路铁塔采用直曲臂形式，曲臂主材受力简洁，K节点受力好，构造简单，但受直曲臂形式的影响，按间隙圆布置塔窗时受到限制，塔头不够紧凑，导致塔头尺寸较大，塔重较重。采用弯折曲臂形式，按间隙圆布置塔窗时较为灵活，塔头尺寸相对较小，塔重也更经济。

（5）优化铁塔主材节间。根据设计经验，合理的主材计算长度的选取一般使主材受力时，首先达到稳定承载能力极限，且稳定承载能力极限与强度承载能力极限的比值不小于0.85为最优，即mN.(φ.A).f≥0.85.m.An.f。此时，主材的强度得到充分发挥，而节间布置也比较合理，铁塔的重量往往也是最优的。

（6）优化斜材布置原则：① 使主、斜材受力分配合理，塔身布材均匀协调，传力路线清晰，结构布置简洁；② 尽量使腹杆的水平角控制在35°～45°之间，使腹杆受力更合理；③ 优化斜材长度、坡度，筛选大交叉、小交叉，比较平行轴、最小轴等多种布置方案，降低塔重；④ 通过优化塔身隔面间交叉腹杆数量及在隔面处设置 K 形腹杆等形式避免腹杆出现同时受压。

（7）优化节点构造。节点构造是设计中的一个重要环节，根据铁塔真型试验统计，节点构造不当造成的铁塔破坏占有很大的比重，应引起足够的重视。通过优化节点构造设计尽量使实际塔形与计算模式统一，并使节点在满足构造要求的前提下尽量简化，避免次应力的产生，同时也降低塔重。节点构造设计主要遵循下列原则：

① 避免相互连接杆件夹角过小，减小杆件的负端距。

② 节点连接要紧凑，满足刚度要求的前提下尽量减小节点板面积。

③ 尽量减小杆件偏心连接，避免节点板受弯。

④ 两面连接的杆件避免对孔布置，减小杆件断面损失。

⑤ 减少包角钢连接数量，为进一步降低杆塔重量创造条件。

⑥ 主、斜材尽可能采用多排螺栓布置，斜材尽量直接与主材相连。

（8）山区线路铁塔采用全方位长短腿设计。铁塔设计采用全方位长短腿，配合高低基础的使用，不但能大大减少土石方工程量、缩短工期、降低施工难度，而且也可最大限度地保护自然环境。

（二）架空输电线路结构设计要点

1. 架空支撑结构设计

杆塔和铁塔均是目前使用的架空输电线路结构支撑，以下一杆塔的结构设计为例分析架空输电线路结构的设计。

（1）杆塔的选型

在杆塔选型上，以往的经验是在满足安全性的前提下尽量选用混凝土杆，现今已不拘泥于此。随着电力系统的不断发展，目前电网密布，尤其是在平原地区。混凝土杆虽经济实用，但在交叉跨越方面往往显得力不从心，特别是耐张杆须打好几条拉线，这样并不节省用地，如在耕地里打拉线，农民耕作很不方便，且极易发生事故。在这种情况下，视实际条件选用部分铁塔也就很正常了，再加上现今很多企业的电源均为双回，又经常引自同一个地方，此时若再用混凝土杆架设的单回路线则得不偿失，用双回路铁塔架设最好。例如，矿山企业的专用电源 35kV 级居多，此等级的输电线路架设过程中，若遇 35kV 及 10kV 线路则需跨越；若遇 110kV 级以上线路则需从其下方穿越。此时线路杆塔的选型则可以根据实际情况确定：若为双回路电源，首推采用双回路铁塔架设；若为单回电源，则可视具体情况采用铁塔与混凝土门型杆混合架设，铁塔一般用于跨越低等级线路处，混凝土门型杆一般用于穿越 110kV 以上级线路处或允许搭拉线且又无较大交叉跨越的地点。总而言之，杆塔型号的选定一定要结合实际情况，以免造成浪费或给该施工带来困难。

（2）杆塔的设计

对于杆塔的设计，在设计的过程中，要尽量选择一些运行经验成熟或者是一些典型设计的杆塔形式。对于一些新型杆塔的设计，要有充分的设计理由，而且还要经过科学实验验证后，才能进行运用。例如，对于 35kV 的直线杆来说，单杆一般高 15m，在特殊的情况下为 18m，对于铁塔的高度也有一定的标准，一般是 9m、12m、15m 以及 18m 等。杆型的选择，要选择直线型的杆型，并且结合导线选择的型号来确定双杆还是单杆的运用。针对当地的运行经验、运行情况以及当地的地质情况，要选择深埋的方式，还是浅埋的方式。根据电压以及其运行的基本情况，确定杆的高度。经过一系列的分析和设计，确定直线杆的杆型以及尺寸，然后再选择加高直线杆及其转角和终端杆的杆型。在一些不容易立杆的地段和一些特殊的跨越区，要选择与水泥杆型结合在一起的铁塔。

2. 输电线路的路径设计

在架空输电线路结构设计的整个过程中，设计人员首先应该了解当地的气象、水文以及具体的地质条件。并且依据当地的地形特点，科学、合理地选择其设计路径。相关的电力线路的路径应该避开一些不良地质、水文和气象的地段，确保能够提高工程抵御外界自然灾害与突发事故的水平与能力。需要有效地避让相应的危及线路，并且保证安全可靠地运行，减少该线路建设对相应地区规划以及其他设施的不良影响。特别是需要在最大程度上地避开高危的采矿区，进一步提高电力线路的安全运行环境。

3. 架空线路走廊的设计

目前，城市的使用空间越来越紧张，导致用地走廊的使用也受到限制。在社会高速发展的背景下，为了要满足大量的用电需求，在新建高压架空线路时可运用同塔多回、双回的架设方式，在设计铁塔类型的过程中可以运用窄基铜管塔或者钢管杆等设计方案，以保证城市居民的用电需求。

4. 防雷接地设计

防雷技术是电力系统保护的重要策略，以保证电力系统在恶劣气象条件下正常运行。架设避雷线是输电线路最基本也是最有效的防雷保护措施，它的主要作用是防止雷直击导线，起到减小流经杆塔的雷电流，从而降低塔顶电位以及通过对导线的耦合作用来减小线路上绝缘子的电压，还可以对导线产生屏蔽作用以降低导线上的感应过电压。通常来说，线路电压越高，采用避雷线的效果越好，而且避雷线在线路造价中所占的比重也越低。降低杆塔的接地电阻也是提高线路耐雷能力的有效措施，接地电阻阻值的大小是影响杆顶电位高低的重要决定性因素。通常变电站进出线 1km 以内及大跨越杆塔在不连接地线时杆塔接地电阻不宜超过 10Ω，一般线路，对于土壤电阻率低于 $1000\Omega/m$ 一般不宜超过 10Ω，对于土壤电阻率 $1000\sim2000\Omega/m$ 一般不宜超过 15Ω，对于土壤电阻率大于 $2000\Omega/m$ 一般不宜超过 20Ω。

三、架空输电线路结构设计的注意事项与高强度钢的应用

（一）架空输电线路结构设计的注意事项

1. 注意线路走廊的宽度

在进行架空输电线路设计规划时，应该尽量采用多回路的设计，如果采用单回路设计，则应该选择干字塔或者猫头塔的方式进行假设，这样也可以向多回路设计那样减少线路走廊的宽度与占地面积。

2. 注意电磁辐射对线路的影响

架空输电线路中的电磁辐射造成的影响主要包括对电视的干扰、电场效应以及对无线电的干扰。想要控制电磁辐射对架空输电线路的影响，应该强化输电线路的感应电压的控制，或者也可以在线路设计中严格地控制塔杆与地面的距离、电气绝缘的配合等，必要时应该采取相应的措施进行检测，防止可能对人民群众的生命财产安全造成伤害的情况发生。

3. 注意环境的影响

在进行架空输电线路结构设计时，应该重视对周围环境的地震安全性评价、文物调查评价、防洪影响评价、水文环境影响评价、矿产压覆评价以及地质灾害评价等工作，这样在进行输电线路的实际施工中，能够尽量地避开地质断裂带、陡坡、滑坡、冲沟、塌方等地段，必要时采取可靠的治理措施，保证架空输电线路的施工能够按照施工设计图进行。

架空输电线路的设计过程中，应该对线路的路径进行优化，尽量避免那些相对敏感或脆弱的地区环境，综合考虑各种情况后再进行路径的选择，最大限度地降低对环境造成的影响。

（二）高强度钢在输电杆塔的应用

以往的线路设计中，国内所普遍采用的钢材为 Q235 和 Q345。它们具有强度稳定性好、离散度低的优点，其缺点是屈服强度低，而减少铁塔耗钢指标的一个很重要的措施是采用高强钢材。

线路铁塔采用何种强度等级的钢材主要取决于构件的受力特性和构件的长细比，铁塔结构大部分的构件由受压稳定控制，高强钢在强度上提高很多，但其稳定系数也折减较 Q345 钢材快。

受压稳定性的主要影响因素就是构件的长细比，根据钢结构规范计算方法，以 L160×16 为例，分别将高强钢 Q390、Q420、Q460 与 Q345 对比分析承载力比值见下表 5-2-1。

表 5-2-1　L160×16 角钢承载力比值表

材质 长细比	10	20	30	40	50	60	70	80	90	100	110	120
Q390	1.13	1.12	1.11	1.10	1.08	1.07	1.06	1.05	1.04	1.03	1.02	1.02
Q420	1.22	1.21	1.21	1.19	1.17	1.15	1.12	1.09	1.07	1.06	1.05	1.04
Q460	1.33	1.32	1.31	1.28	1.25	1.21	1.16	1.12	1.09	1.07	1.06	1.05
Q435	1.43	1.42	1.43	1.33	1.32	1.29	1.22	1.16	1.12	1.11	1.09	1.07

因为 Q390、Q420、Q460 角钢价格比 Q345 角钢高约 10%，采用 Q390 角钢理论上最多使钢材提高 13% 的强度，而实际上考虑角钢规格因素最多提高 10%，对于工程整体经济性意义不大，因而实际工程中基本不采用 Q390 角钢。当 Q420 和 Q460 角钢在构件长细比小于 40 时，构件由强度控制，角钢承载力分别提高约 19%～22%、28%～33%，能够使角钢规格有较大降低；而 Q460 角钢优势更明显，当构件长细比在 40～80 之间时，构件由稳定控制，采用 Q420 和 Q460 角钢承载力分别提高约 8%～19%、12%～28%，可使角钢规格有一定降低；当构件长细比大于 80 时构件完全由稳定控制，这时选用高强角钢已没有多大意义，因此不建议采用 Q420、Q460 高强钢。

第三节　架空杆路设计

一、架空杆路路由选择的原则

1. 杆路路由及其走向必须符合城建规划，顺应街道自然取值，拉平。

2. 通信杆路与电力杆分设在街道两侧，避免彼此间往返穿插；确保安全可靠，符合传输要求，便于施工及维护。

3. 与其他建筑设施保持规定隔距。

4. 杆路尽量减少跨越仓库、厂房、民房，不得在显目的地方穿越广场、风景区及城市空留地。

5. 杆路的任何部分不得妨碍必须显露的公用信号、标志及公共建筑物视线。

6. 杆路在城市中避免长杆档或飞线过河，尽量在桥梁上的支架上通过。

7. 杆路路由建筑应结合实际，因地制宜、因时制宜、节省材料、减少投资。

二、电杆位置勘定的具体要求

（一）应根据已定的杆路路由，结合地形地物等实际情况勘定，按以下要求处理电杆位置：

1. 保证线路通畅安全。

2. 不妨碍交通和行人安全。

3. 不影响主要建筑物美观和市容。

4. 电杆的位置不得过于靠近机关、工厂、消防单位、公共场所及居民住宅门口两侧，在建筑物边立杆不应靠近窗子，不影响其他设施。

5. 电杆的位置便于线缆引上及引入用户。

6. 便于施工与维护。

7. 角杆及分线杆位置应考虑有无设立拉线或撑竿的地方。

8. 在街道口或分线处应考虑线路转弯、引接或分支等措施是否符合技术规范要求。

9. 现场不宜立杆时可将前后杆距作适当调整。

10. 在道路、桥梁下坡、拐弯等易发生车祸的地方不应立电杆。

（二）杆间距离要求

架空电缆线路的杆间距离，应根据用户下线需要、地形情况、线路负荷、气象条件以及发展改建要求等因素确定。一般情况下，市区杆距为 35 ~ 40M，郊区杆距为 45 ~ 50M。架空电缆杆间距离在轻负荷区超过 60M，中负荷区超过 55M，中负荷区超过 50M 时应采用长杆档建筑方式。

（三）架空通信线路与其他线路和建筑物的隔距

1. 架空通信线路与其他设施的空距与隔距如表 5-3-1 中所列。

表 5-3-1　架空通信线路与其他设施的空距与隔距

名称	最小水平净距	备注
消火栓	1.0m	指消火栓与电杆的距离
地下管线	0.5 ~ 1.0m	包括通信管、线与电杆间的距离
火车铁轨	地面杆高的 4/3 倍	
人行道边石	0.5m	
市区树木	1.25m	
房屋建筑	2.0m	裸线线条到房屋建筑的水平距离
郊区树木	2.0m	

2. 架空通信线路与其他建筑物的平行交越时的最小净距见表 5-3-2 所列。

表 5-3-2　架空通信线路与其他建筑物的最小垂直净距

名称	与本地网线路平行时		与本地网线路交越时	
	垂直净距	备注	垂直净距	备注
市内街道	4.5m	最低缆线到地面	5.5m	最低缆线到地面
胡同（里弄）	4.0m	最低缆线到地面	5.0m	最低缆线到地面
铁路	3.0m	最低缆线到轨面	7.0m	最低缆线到轨面
公路	3.0m	最低缆线到地面	5.5m	最低缆线到地面
土路	3.0m	最低缆线到地面	4.5m	最低缆线到地面
房屋建筑			距脊 0.6m 距顶 1.5m	最低缆线距屋脊或平顶
河流	1.0m			最低缆线距最高水位时最高桅杆顶
市区树木			1.0m	最低缆线到树枝顶
郊区树木			1.0m	最低缆线到树枝顶
通信线路			0.6m	一方最低缆线与另一方最高缆线

3. 架空通信线路交越其他电气设施的最小垂直净距见表 5-3-3 所列。

表 5-3-3　架空通信线路交越其他电气设施的最小垂直净距

其他电气设施名称	最小垂直净距		备注
	架空电力线路有雷保护设备	架空电力线路无防雷保护设备	
1kV 以下电力线	1.25	1.25	最高线条到供电线条
1～10kV 以下电力线	2.0	4.0	最高线条到供电线条
35～110kV 以下电力线	3.0	5.0	最高线条到供电线条
154～220kV 以下电力线	4.0	6.0	最高线条到供电线条
供电线接户线	0.6		带绝缘层
霓虹灯及其铁架、电力变压器	1.6		
有轨电车及无轨电车滑接线			通信线路不允许架空交越

4. 架空线路利用桥梁通信支架通过时，最低光（电）缆或导线应不低于桥梁最下边沿的高度。最内侧光（电）缆或导线与桥梁上最突出部分的最小水平距离为 0.5 米。

5. 架空电缆线路不宜与电力线合杆架设。在不可避免时，允许 10KV 以下电力线路合杆架设。但必须采取相应的技术防护措施，并与有关方面签订协议。与 10KV 电力线合杆时，电力线与通信线净距不应小于 2.5M，且电缆应架在电力线下部。

三、架空杆路杆材的选用

（一）邮电通信用钢筋混凝土电杆的规格

电杆的表示方法为：YD 杆长——梢径——容许弯矩。杆长的单位为米；梢径的单位为厘米；容许弯矩的单位为米。电杆梢径有 15cm 和 17cm 两种。

（二）电杆的选用

我国通信线路常用的是木电杆或采用钢筋混凝土电杆。电杆的选用应根据负荷区、杆距、杆高及光电缆程式、吊线程式等因素综合考虑，一般情况下使用 8 米长的水泥杆。钢筋混凝土电杆的安全系数不得小于 2，防腐电杆的安全系数不得小于 2.2，在长杆当中使用的安全系数不得小于 2.5。

（三）电杆的编号方法

为了施工和维护方便，我们将电杆按规定方向编号。

1. 中继杆路编号规定

从开端站至中继站，或从中继站至另一中继站，各段线路均应单独编号。杆号方向，由上级局站至下级局站，从架设起点向终点进行编号。分支杆路从分线杆开始单独编号。

号杆的内容通常由运营商的名称、建设年份（取年份的后两字）、杆路的起止点的地名、电杆序号等几部分组成。一条杆路电杆数量为 100 根以内则采用三位数编号，如"001"；一条杆路电杆数量为 1000 根以内则采用三位数编号，如"0001"；电杆序号应从 A 端到 B 端，从小号到大号依次顺编。

2. 市话杆路编号规定

（1）单局制市话网的市话杆路编号，由街道系统编号（即马路、街道编号）和电杆顺序号两部分组成。

（2）多局制市话网的市话杆路编号，由局号号码（即市话分局局号）、街道系统编号和电杆序号三部分组成。

（3）一条街路上如有两排杆路时，应各编一个街道系统代号。

（4）目前尚无杆路的街路，今后可能会建设杆路时，应预留街道系统代号。

（5）每根电杆只编一个号，特种电杆如 H 杆、L 杆、井字杆和品字杆等，也只编一个号。高拉桩与撑杆不编号，原则上应填与建设年份最后两个字或依照建设单位要求填写。

（6）还可以试行按固定配线区对杆路编号、杆号分局号、配线区编号和区内编号四个部分。

四、水泥电杆杆根的加固

（一）卡盘加固

在木电杆杆路中，角杆有时角深很小，且不能装设拉线时，改用固根横木来代替拉线。在钢筋混凝土电杆时，一般不允许采用这种方式，而用卡盘代替固根横木，在通信线路中较少采用。但在个别角深很小、负载很轻，且装设拉线确有困难时，可以采用加装卡盘的方法。卡盘程式规格应符合表 5-3-4 规定的要求。

表 5-3-4 水泥底盘、卡盘及拉线盘的程式

名称	程式（mm）	偏差（mm）	参考重量（kg）
底盘	500×500×80	长 × 宽 × 厚 ±10	46
卡盘	800×300×120		73
拉线盘	500×300×150	长 × 宽 × 厚 ±10	44
	600×400×150		69

（二）底盘

钢筋混凝土电杆由于自重较大，如在土质松软的地区以及装有拉线的终端杆和角杆时，应在电杆根部垫以底盘，目前采用的底盘有两种，即方形和圆形。方形的重量较轻，使用材料较少；圆形较重，但与电杆底部能较密切配合。底盘程式规格应符合表 5-3-4 规定的要求。

（三）石护墩保护

电杆埋深达不到规范要求时或设在土质松软的斜坡上时需做石护墩保护，电杆护墩一般要求高度为 60cm，上口径为 60cm，下口径为 80cm。

五、杆路吊线的设计

（一）通信杆路中较常用的吊线（镀锌钢绞线）的规格

镀锌钢绞线的规格、物理及机械性质见表 5-3-5。

表 5-3-5 镀锌钢绞线的规格

公称截面积（mm²）	钢绞线及股数	每根／每股钢绞线允许公差（mm）	钢绞线外径（mm）	拉断力（kg）（120kg/mm²）
50	7/3.0	±0.12/±0.02	9.0	5460
37	7/2.6	±0.12/±0.02	7.8	4100

公称截面积 (mm²)	钢绞线及股数	每根/每股钢绞线允许公差 (mm)	钢绞线外径 (mm)	拉断力 (kg) (120kg/mm²)
26	7/2.2	±0.12/±0.02	6.6	2930
22	7/2.0	±0.12/±0.02	6.0	2420
18	7/1.8	±0.12/±0.02	5.4	1920

（二）吊线程式的选用方法

架空光电缆杆路设计时选用吊线程式应根据所挂光（电）缆重量、杆档距离、所在地区的气象负荷及今后发展情况等因素决定。

依据钢绞线的物理与机械性能，合理选定安全系数，如表 5-3-6 所示。当钢绞线用作普通吊线及双吊线中的正吊线时，安全系数不得小于 3；钢绞线用作双吊线中的副吊线时，安全系数不得小于 2。必须考虑有人操作时的安全系数。一般按一个人和所带工具在吊线上操作其总自重约 900N 计算，其安全系数取定如表。

表 5-3-6　吊线的安全系数

吊线种类	安全系数 k，不小于
一般标准杆距吊线	3.0～4.0（取平均值 3.5）
长杆档双吊线中的正吊线	3.5
长杆档双吊线中的副吊线	2.5

1. 普通杆距架空光电缆吊线规格如表 5-3-7 所示。

表 5-3-7　普通杆距架空光电缆吊线规格

负荷区别	杆距 L(m)	光电缆重量 (kg/m)	吊线规格线径 (mm)× 股数
轻负荷区	L≤45 45＜L≤60	W≤2.11 W≤1.46	2.2×7
	L≤45 45＜L≤60	2.11＜L≤3.02 1.46＜L≤2.18	2.6×7
	L≤45 45＜L≤60	3.02＜L≤4.15 2.18＜L≤3.02	3.0×7

负荷区别	杆距 L(m)	光电缆重量 (kg/m)	吊线规格线径 (mm)× 股数
中负荷区	L≤40 40 < L≤55	W≤1.82 W≤1.224	2.2 × 7
	L≤40 40 < L≤55	1.82≤L≤3.02 1.22≤L≤2.18	2.6 × 7
	L≤40 40 < L≤55	3.02 < L≤4.15 1.82 < L≤2.98	3.0 × 7
重负荷区	L≤35 35 < L≤50	W≤1.46 W≤0.574	2.2 × 7
	L≤35 35 < L≤50	1.46≤L≤2.52 0.57≤L≤1.22	2.6 × 7
	L≤45 35 < L≤50	2.52 < L≤3.98 1.22 < L≤2.31	3.0 × 7

线路负荷区的划分应以平均 10 年出现一次最大冰厚度（缆线上）、风速和最低气温等条件为根据，划分标准见表 5-3-7 规定。

表 5-3-7 划分线路负荷区的气象条件

气象条件 ＼ 负荷区别	轻负荷区	中负荷区	重负荷区	超重负荷区
导线上冰凌等效厚度 (mm)	≤5	≤10	≤15	≤20
结冰时温度℃	-5	-5	-5	-5
结冰时最大风速 (m/s)	10	10	10	10
无冰时最大风速 (m/s)	25			

光电缆吊线在悬挂电缆后的最大垂度不应大于杆距的 2%。至于最大垂度究竟是出现在 -5℃有冰无风时还是出现在最高温度 +40℃时，需要通过临界温度计算加以判断。

在架空杆线设计中常会碰到非标准杆距的情况，设计时应经过吊线强度力学计算。

2. 吊线强度力学计算

（1）吊线荷载计算

$$g_1 = \frac{W_1 + W_2}{A} \text{ (MPa/m)}$$

$$g_2 = \frac{\pi b (d + dc + 2b) r}{1000A} \text{ (MPa/m)}$$

$$g_3 = g_1 + g_2 \text{ (MPa/m)}(3\text{-}1\text{-}3)$$

$$g_4 = \frac{0.06 \times 1.2 \times (0.88v)^2 \times (d + dc)}{1000A} \text{ (MPa/m)}$$

$$g_5 = \frac{0.06 \times 1.2 \times (0.88v)^2 \times (d + dc + 4b)}{1000A} \text{ (MPa/m)}$$

$$g_6 = \sqrt{g_1^2 + g_4^2} \text{ (MPa/m)}$$

$$g_7 = \sqrt{g_3^2 + g_5^2} \text{ (MPa/m)}$$

式中：

g_1——电缆及吊线自重产生的吊线单位长度的应力

g_2——冰凌荷载产生的吊线单位长度的应力

g_3——电缆、吊线及冰凌荷载产生的吊线单位长度的应力

g_4——无冰凌时风压作用在吊线单位长度上的应力

g_5——有冰凌时风压作用在吊线单位长度上的应力

g_6——原始荷载及风压作用在吊线单位长度产生的应力

g_7——原始荷载、冰凌荷载及风压作用在吊线单位长度上的应力

W_1——吊线每米长度的自重

W_2——电缆每米长度的自重

A——吊线截面积

b——冰凌厚度

d——吊线直径

d_c——电缆直径

r——冰凌密度 =0.9(g/cm³)

v——气象台记录的风速（测速仪标高为 12m）(m/s)

1.2——空气动力系数

0.06——风压系数

0.88——按电线杆上吊线（电缆）平均高度与风速测速仪高度比较考虑的高度系数（吊线高度一般按距地面 5 ~ 6 米考虑）

（2）计算吊线吊挂光电缆后允许的最大应力 δ_{max}

$$\delta_{max} = \frac{\delta P}{k} \text{ (MPa)}$$

k——光电缆吊线的安全系数 3.5

δP——光电缆吊线的拉力强度极限 1200N/mm²(Mpa)

（3）计算临界杆距

计算临界杆距，以确定吊线最大应力出现的条件。

① 在有冰区判断 δ_{max} 出现在 -5℃有冰时，还是最低温度 -40℃时，其临界杆距

$$l_k = \delta_{max} \sqrt{\frac{24\alpha(-5-t_{min})}{g_7^2 - g_1^2}}$$

α——吊线温度系数 $(12 \times 10\text{-}6)$

t_{min}——最低温度 (-40)

② 在无冰判断 δ_{max} 出现在最大风速（假定出现最大风速 25m/s 时最低温度为 0℃），还是在最低温度 (-20℃)，其临界杆距 l_k'：

$$l_k = \delta_{max} \sqrt{\frac{24\alpha(0-t_{min})}{g_6^2 - g_1^2}}$$

α——吊线温度系数 $(12 \times 10\text{-}6)$

t_{min}——最低温度 (-20℃)

当实际杆距 L > l_k'，δ_{max} 出现在最低温度时。

当实际杆距 L < l_k'，则 δ_{max} 出现在最大风速时。

（4）计算临界温度

计算临界温度，以确定吊线最大垂度出现的条件。为判断最大垂度是出现在 -5℃有冰时，还是出现在最高温度 +40℃时，其临界温度 t_k：

$$t_k = -5 + \delta_{-5}\frac{\beta}{\alpha}\left(1 - \frac{g_1}{g_2}\right)$$

δ_{-5}——-5℃有冰凌无风时吊线的应力 (Mpa)

β——吊线的弹性系数 $(50 \times 10\text{-}6)$

其他符号意义同前。

当最高温度 $t_{max} > t_k$，最大垂度出现在最高温度 +40℃。

当最高温度 $t_{max} < t_k$，最大垂度出现在 -5℃有冰无风。

（5）计算最大垂度时的吊线应力 δ_x

$$\delta_x - \frac{g_x^2 l^2}{24\beta\delta_x^2} = \delta_{max} - \frac{g^2 l^2}{24\beta\delta_{max}^2} - \frac{\alpha}{\beta}(t_x - t) \text{ (Mpa)}$$

t——出现 δ_{max} 时的温度 (℃)

t_x——出现最大垂度时的温度 (℃)

g——出现 max 时单位长度的应力 (Mpa/m)

L——实际杆距 (m)

g_x——出现 max 时的单位长度的应力 (Mpa/m)

当 t_x=+40℃时，g_x=g1

当 t_x=-5℃时，g_x=g7

（6）计算最大垂度 f_x

$$f_x = \frac{g_x l^2}{8\delta_x} \text{ (m)}$$

当最大垂度 $f_x > 1 \times 2\%$ 时，应取较小的安全系数 k 值或换用较大一级钢绞线（吊线），再重复计算。

（7）计算吊线空载时（未挂光电缆）各种温度下的应力 δ_0

$$\delta_0 - \frac{g_0^2 l^2}{24\beta\delta^2} = \delta_{max} - \frac{g^2 l^2}{24\beta\delta_{max}^2} - \frac{\alpha}{\beta}(t_x - t) \text{ (MPa)}$$

δ_0——各种温度下吊线空载时的荷载（指吊线自重和风雪荷载）

t_x——与 0 相应的温度

（8）计算吊线空载时各种温度下吊线的垂度 f_x

$$f_x = \frac{g_0 l^2}{8\delta_0} \text{ (m)}$$

（9）计算吊线上有人悬空作业时而增加的集中荷载的应力 T_1

当集中荷载位于杆距的中心点时，电缆吊线所产生的应力为最大。集中荷载按一人加上所带工具亦按总自重 900N 计算，人能够在吊线上悬空作业时的最低温度按 -10℃ 考虑。

$$T_1^3 - \left(T_0 - \frac{EAW^2 l^2}{24T_0^2}\right)T_1^2 - \frac{EA}{2l}\left(\frac{W^2 l}{12} + WP\frac{l^2}{4} + \frac{P^2 l^3}{4}\right) = 0$$

T_0——未加集中荷载时电缆及吊线自重作用引起的吊线张力 (N)

E——吊线的弹性模量 $2 \times 105 N/mm^2 (Mpa)$

W——电缆及吊线单位自重 (N)

P——操作人员及所带工具自重 (N)

A——吊线截面积 (mm^2)

L——杆距 (m)

（10）长杆档电缆正吊线单位长度的应力计算，长杆档电缆副吊线单位长度的应力计算方法如下：

$$g_1 = \frac{W_1 + W_2 + W_3}{A} \times \frac{(l-a)}{l} + \frac{W}{A} \text{ (MPa/m)}$$

$$g_2 = \frac{\pi b(d_1 + d_2 + 2b)r}{1000A} \times \frac{(l-a)}{l} + \frac{\pi b(d+b)r}{1000A} \text{ (MPa/m)}$$

$$g_3 = g_1 + g_2 \text{ (MPa/m)}$$

$$g_4 = \frac{0.06 \times 1.2(0.88\upsilon)^2(d_1 + d_2)}{1000A} \times \left(\frac{l-a}{l}\right) + \frac{0.06 \times 1.2(0.88\upsilon)^2 d}{1000A}$$

$$g_5 = \frac{0.06 \times 1.2(0.88\upsilon)^2(d_1 + d_2 + 4b)}{1000A} \times \left(\frac{l-a}{l}\right) + \frac{0.06 \times 1.2(0.88\upsilon)^2(d + 2b)}{1000A} \text{ (MPa/m)}$$

$$g_6 = \sqrt{g_1^2 + g_4^2} \ \text{(MPa/m)}$$

$$g_7 = \sqrt{g_3^2 + g_5^2} \ \text{(MPa/m)}$$

g_1——由于副吊线自重、正吊线自重和电缆自重所在副吊线单位长度上产生的应力

g_2——由于电缆和吊线上的冰凌荷载所增加的副吊线单位长度上的应力

g_3——由于副吊线、正吊线和电缆自重及其对冰凌荷载在副吊线单位长度的应力

g_4——无冰、有风时，风压作用在副吊线上单位长度上的应力

g_5——有冰凌、有风时，风压作用在副吊线上单位长度上的应力

g_6——原始荷载及风压作用在副吊线上单位长度上的应力

g_7——原始荷载、冰凌荷载及风压在副吊线单位长度上的应力

W——副吊线每米自重 (N/m)

W_1——正吊线每米自重 (N/m)

W_2——电缆每米自重 (N/m)

W_3——正、副吊线上附加的吊挂物每米自重 (N/m)

A——副吊线的截面积 (mm^2)

a——电缆吊线夹板之间距离 (m)

l——跨越档杆距 (m)

d——副吊线直径 (mm)

d_1——正吊线直径 (mm)

b——冰凌厚度 (mm)

r——冰凌密度 ($0.9g/cm^3$)

v——风速 (m/s)

1.2——空气动力系数

0.06——风压系数

0.88——按电杆上吊线（电缆）平均架设高度与风速测速仪高度比较考虑的高度系数（吊线高度一般按 5 ～ 6mm，风速仪高度为 12cm）。

3. 吊线角杆、仰俯角辅助装置的设计

为了加强在外角杆上光（电）缆吊线的固定程度，应根据角深的大小来考虑采取的加固方法，如光（电）缆吊线的坡度变化大于 20％ 时，电杆上应设置仰、俯角辅助装置。钢筋混凝土电杆常用拉线钢箍作辅助线装置。

4. 长杆档吊线装置的设计

架空光电缆杆间距离在轻负荷区超过 60 米，中负荷区超过 55 米，重负荷区超过 50 米时应采用长杆档建筑方式，应做辅助吊线。辅助吊线程式应比正吊线程式大一级为宜，且辅助吊线应装置在主吊线上方 60 厘米处，杆档中间设 2 ～ 3 处连铁正副吊线连接。辅助吊线两端要做终端拉线。

六、拉线的设计

（一）普通拉线程式的选用

一般按以下因素考虑：

1. 拉线程式应按防风拉采用 7/2.2 钢绞线，防凌拉、顺风拉、顶头拉、终端拉及角深在 15m 以内的角杆拉采用 7/2.6 钢绞线的原则。

2. 如线路的中间杆因两侧线路负荷不同时，应设置顶头拉线（如杆挡距离或线条数量不同），拉线程式与拉力较大一方的光（电）缆吊线程式相同。

3. 高拉桩杆拉线的程式一般和光缆吊线程式相同。

架空光缆线路的拉线程式，可参见表 5-3-8、表 5-3-9。

表 5-3-8　均衡负载拉线程式选用表

架设吊线数量及层数	线路段长度	吊线程式拉线程式拉线名称	终端拉线	泄力拉线
单层单条	三十档以下	7/2.2	2×7/2.2 或 7/2.6	
		7/2.6	2×7/2.6 或 7/3.0	
		7/3.0	2×7/3.0	
单层单条	三十档以上	7/2.2	2×7/2.2 或 7/2.6	2×7/2.2 或 7/2.6
		7/2.6	2×7/2.6 或 7/3.0	2×7/2.6 或 7/3.0
		7/3.0	2×7/3.0	2×7/3.0
单层双条	十五档以下	7/2.2	2×7/2.6	
		7/2.6	2×7/3.0	
		7/3.0	2×7/3.0	2×7/2.6
单层双条	十五档以上	7/2.2	2×7/2.6	2×7/2.6
		7/2.6	2×7/3.0	2×7/2.6
		7/3.0	2×7/3.0	2×7/3.0
双层单条	十五档以上	7/2.2	V 型 7/2.6	V 型 7/2.6
		7/2.6	V 型 7/3.0	V 型 7/3.0
		7/3.0	V 型上 2 下 1 7/3.0	V 型上 1 下 2 7/3.0

续　表

架设吊线数量及层数	线路段长度	吊线程式 拉线程式 拉线名称	终端拉线	泄力拉线
双层单条	十五档以下	7/2.2	V 型 7/2.6	
		7/2.6	V 型 7/3.0	
		7/3.0	V 型 7/3.0	V 型 7/2.6

表 5-3-9　角杆拉线程式选用表

吊线架设结构	吊线程式	角深（米）	拉线程式	吊线架设结构	吊线程式	角深（米）	拉线程式
单层单条	7/2.2	> 0 ~ 7	7/2.2	单层双条	7/2.2	> 0 ~ 7	2×7/2.2 或 7/3.0
	7/2.2	> 7 ~ 15	7/2.6		7/2.2	> 7 ~ 15	2×7/2.2
	7/2.6	> 0 ~ 7	7/2.2		7/2.6	> 0 ~ 7	2×7/2.2 或 7/3.0
	7/2.6	> 7 ~ 15	7/3.0		7/2.6	> 7 ~ 15	2×7/2.6
	7/3.0	> 0 ~ 7	7/2.6		7/3.0	> 0 ~ 7	2×7/2.6
	7/3.0	> 7 ~ 15	7/3.0		7/3.0	> 7 ~ 15	2×7/3.0

（二）特种拉线的应用

1. V 型拉线的应用

在同一根电杆上的同一方向必须装设两条拉线，但因地形受到限制，无适当位置可分别埋设拉线地锚时，可采用 V 型拉线。V 拉线的共用地锚横木应加大直径或增加根数（即多根横木），但两条拉线宜各用一个地锚辫（必要时采用拉线调整螺丝），以便调整拉线的松紧。

2. 八字顶头拉线的应用

当架空线路转弯时，其线路角杆的偏转角为 110° ~ 130°，装设一条拉线不能抵消线条的很大张力时，可采用八字顶头拉线。根据汇交力平衡条件及合成张力的原则，为加强反张力的强度，统一采取将两条拉线各内移 60±5 厘米。当偏转角度小于 110° 时，应分别设置顶头拉线。

3. 撑杆的应用

撑杆分为一般撑杆、引留撑杆和地撑杆三种。一般撑杆主要用于因地势限制无法装设拉线时；引留撑杆用于因地势所限，不能装设双方拉线的地方；当线条张力较小，且受地形限制不能做拉线及撑杆时，采用地撑杆。撑竿的距离比为 0.6，不得小于 0.5。

4. 吊板拉线的应用

在市区中由于受房屋建筑、街道狭窄或其他特殊地形的限制，拉线需设在路旁或人行道上，为便于行人和其他原因，其距高比在 1/2 ~ 1/4 时，可采用吊板拉线（一般仅限于木电杆，在钢筋混凝土电杆为角杆时，不应采用，若不得已，应加大电杆的等级）。吊板拉线的角深一般不应超过 8 米。

（三）拉线地锚、水泥盘的配合

常用的拉线地锚有铁柄地锚、螺栓拉线地锚、以及镀锌钢绞线或 4.0 毫米径镀锌钢线制成地锚弊（或称地锚把）的拉线地锚三种。铁柄地锚、螺栓拉线地锚可与木质横木或钢筋混凝土制成的拉线盘配合装设，钢绞线、钢线地锚把一般与横木配合使用，在工程中应根据器材供应条件选用，但为节约木材，应尽量采用钢筋混凝土拉线盘和螺栓拉线地锚。铁柄地锚水泥拉线盘、横木配合规格见表 5-3-10。

表 5-3-10　铁柄地锚水泥拉线盘、横木配合规格表

拉线程式	水泥拉线盘 长 × 宽 × 高 (mm)	铁柄直径 (mm)	地锚钢线程式 股 / 线径	横木 根 × 长 × 直 (mm)	备注
7/2.2	500 × 300 × 150	16	7/2.6（或 7/2.2） 单条双下	1 × 1200 × 180	
7/2.6	600 × 400 × 150	20	7/3.0（或 7/2.6） 单条双下	1 × 1500 × 200	
7/3.0	600 × 400 × 150	20	7/3.0 单条双下	1 × 1500 × 200	
2 × 7/2.2	700 × 400 × 150	20	7/2.6 单条双下	1 × 1500 × 200	
2 × 7/2.6	700 × 400 × 150	20	7/3.0 单条双下	1 × 1500 × 200	2 条或 3 条拉线合用一个地锚时的规格
2 × 7/3.0	800 × 400 × 150	22	7/3.0 双条双下	1 × 1500 × 200	
V 型 2 × 7/3.0+ 1 × 7/3.0	1000 × 500 × 300	22	7/3.0 三条双下	1 × 1500 × 200	

（四）拉线衬环的选用

1. 拉线与地锚连接时，7/2.6 钢绞线以下的采用三股衬圈，7/2.6 及以上的采用 5 股衬圈。

2. 圆钢地锚可用采用 7 股衬圈。

七、避雷线和接地线设计

（一）需安装避雷线的场合

1. 终端杆、引入杆及接近局站的 5 根电杆必须装置直接入地的避雷线。

2. 角杆、跨越杆、分支杆、12 米以上的特殊杆、高坡杆可利用拉线作入地避雷线。

3. 曾经受过雷击的电杆必须装置直接入地的避雷线。

4. 跨越 10KV 以上高压电力线两侧的电杆必须装置直接入地避雷线。

（二）需安装接地装置的场合

1. 有可能被电力线产生的过电压或雷击损伤光电缆及电吊线的电杆。

2. 架空光电缆屏蔽层或其吊线在终端杆、引上杆或其附近电杆应采取接地措施的地方。

3. 在年雷暴日超过 20 天的空旷地带或郊区架设的光电缆应做系统防雷接地。一般每隔 2KM 左右将光电缆屏蔽层连同吊线一起做一处接地，屏蔽接地尽可能做在光电缆接头处。

第四节　架空光电缆安装设计

一、架空光电缆品种选择

1. 设计选用的架空光缆的护层结构：防潮层 +PE 外护层。宜选用 GYTA、GYTS、GYTY53、GYFTY、ADSS、OPDW 或其他的优良结构。

2. 设计选用的电缆，应符合国家标准或行业标准。架空电缆的型号主要有 HYA、HYFA、HYPA、HYAT、HYFAT、HYPAT| 和 HYAC。电缆型号在设计中不宜过多，架空电缆容量不宜超过 400 对。

二、架空光电缆交越保护与接地保护

1. 架空通信线上方跨越的 10KV 及以下的电力线、低压用户线、农村高压广播线，不论其净距是否达到规定的标准，该三线是裸线、皮复线、塑料线、还是橡胶线均应做安全保护措施。10.5KV 及以上高压电力线不安装保护套管。

2. 三线安全保护措施采用三线交叉塑料保护管或绝缘保护夹板等。安装三线交越保护管（夹），其长度应超出电力线线路的两端各一米以上（垂直）。

第五节　墙壁电缆安装设计

一、墙壁电缆路由选择的一般要求：

1. 根据用户分布情况，选择电缆路由应尽量短直，并使分线设备分布合理，使用户引入线最短且方便使用。

2.电缆路由应能照顾到房屋建筑外表的整齐美观，沿建筑物敷设应横平竖直选择在房屋建筑的背面或侧面的墙壁上，或敷设在较隐蔽且不易受外界损伤的地方。

3.路由选择不妨碍建筑物的门窗开闭，电缆接头的位置不应选在门窗部位。

4.安装位置的高度应尽可能一致，住宅与办公楼以 2.5 ~ 3.5m 为宜，车间外墙以 3.5 ~ 5.5 为宜。

5.应避开高压、高温、潮湿、易腐蚀和有强烈振动的地区。如无法避免，应采取保护措施。

6.应避免选择在影响住户日常生活或生产使用的地方。

7.应避免选择陈旧的、非永久性的、经常需修理的墙壁。

8.墙壁电缆应尽量避免与电力线、避雷线、暖气管、锅炉及油机的排气管等容易使电缆受损害的管线设备交叉与接近。与其他管线的最小净距见表 3-5-1。

表 3-5-1　墙壁电缆与其他管线的最小净距表

管线种类	平行净距 (m)	垂直交叉净距 (m)
电力线	0.20	0.10
避雷引下线	1.00	0.30
保护地线	0.20	0.10
热力管（不包封）	0.50	0.50
热力管（包封）	0.30	0.30
给水管	0.15	0.10
煤气管	0.30	0.10
电缆线路	0.15	0.10

二、墙壁电缆安装工程设计

墙壁电缆与架空杆路、明配线管及暗配线管等敷设方式相比，特点是便于施工、维护，投资较省，安全，不影响空间环境，但容易受外界机械损伤。

（一）墙壁电缆建筑安装的一般要求

1.卡钩式墙壁电缆的敷设方法

卡钩式墙壁电缆敷设方法，是用特制的电缆卡子、塑料条将电缆直接固定在墙面上。电缆卡钩程式的选用应与电缆外径相匹配。不同程式的电缆可参见表 3-5-2。

表3-5-2墙壁电缆卡钩选用参见表

电缆外径/mm	8以下	>8~12	>12~14	>14~18	>18~22	>22~26	>26~30	>30~40
卡钩程式	8	12	14	18	22	26	30	40

2. 墙壁电缆吊线程式的选用

墙壁电缆的吊线应根据电缆程式、容量、质量来选择相应的钢绞线或钢线的程式。其吊线规格可参照表3-5-3墙壁电缆吊线规格选用参考表。电缆挂钩为60cm间距一个。

表3-5-3 墙壁电缆吊线规格选用参考表

吊线规格（股/线径/mm）	电缆线径/mm×对数	吊线支持物及间距	备注
7/1.4	0.4×50 及以下	1号L型支架、插墙板 5m一个	可用M6钢卡做终结
7/1.6	0.5×30 及以下 0.6×30 及以下 0.7×20 及以下 0.9×15 及以下		可用M6钢卡做终结
7/1.8	0.4×100	1号L型支架、插墙板 3m一个	可用M8钢卡做终结
7/2.0	0.5×50 ~ 100 0.6×50 ~ 100 0.7×30 ~ 50 0.9×10 ~ 20		可用M8钢卡做终结

（二）墙壁电缆引上及引入方式

1. 墙壁电缆的引上方式

墙壁电缆如由地下管道电缆或埋式电缆接出时，其引上方式一般采取从房屋建筑外墙壁引上，通常应符合如下要求：

（1）电缆引上点应选择在街区背后（即不是面临主要道路的一面）或较隐蔽的地方。

（2）引上电缆应采用引上保护套管保护，一般可选用镀锌对缝焊接钢管或硬聚氯乙烯管。保护套管长度通常为2.5m ~ 3.0m，其中出土部分不应小于2.0m，地下部分不得小于0.3cm。其引上保护套管的内径，一般以不小于电缆外径（包括电缆的外护层）的1.5倍来考虑。

（3）引上电缆应该平直，钢管的弯曲不超过一个。如钢管有两个弯曲时，应选用大一级直径的钢管。采用弯曲保护套管，其弯曲角度不得小于90度。

（4）电缆引上墙壁的位置，应选在墙壁的凹入部分，离墙角凸出部分一般不小于1m，以减少遭受外界机械损伤的机会。

（5）每一处引上点，以装设一根引上保护套管为宜，如需要装设两根以上保护套管时，则可分两处以上点引上。

（6）钢管的直径选用要考虑远期的需要，以避免因将来换放较粗的引上电缆同时换引上钢管。一般每一个引上点装设一根引上管为宜，避免在同一引上点有两根以上的引上管，必要时可采取分两处引上。引上电缆的容量应比配线电缆的容量适当大些。

2. 墙壁电缆的引入方式

墙壁电缆沿墙外引入室内时，通常采取从窗框或墙壁上打洞引入的方式。墙壁电缆穿过墙壁或窗框时，应安装硬聚氯乙烯管或瓷管等保护管。管子的内径比电缆外径大1/3左右，管子长度比墙壁厚度多2cm～3cm。穿墙管应向墙外下方倾斜2cm，管子两端用油石灰和建筑石膏等堵塞和加固，使雨水不致流入室内。

（三）墙壁电缆分线设备的安装设计

1. 墙壁电缆分线设备安装的原则

墙壁电缆主要用于用户密度较大的街区或厂区，用户引入线路均采用绝缘线且距离较短。

其分线设备一般采用分线盒。分线设备容量，应与墙壁电缆容量相适应，能满足规划期用户数的需要，避免频繁地移动。

分线盒的容量应尽量采用5对、10对和20对，避免采用20对以上的分线盒，如遇用户比较集中，需用较大容量的分线盒时，可适当分成两只在两处安装，或延伸分支电缆，以便分散过多地用户引入线。

2. 分线设备安装地点的选择

分线设备安装地点的选择应符合下列要求：

（1）分线设备安装位置，应以引入线为分布中心，尽量不使引入线过长，接线方便。

（2）分线设备一般应装在房屋建筑的背面或较隐蔽处，不宜装设在特别显著和影响美观的地方，且使电缆和用户线设在较隐蔽的地方。

（3）室内安装分线盒时，分线设备一般不装在房屋建筑的主要房间内，应装在房屋建筑内的公共地点，如走廊、楼梯间等处。

（4）分线设备不宜装在墙面突出部位和不够牢固的地方，避免使分线设备遭受外界机械损伤。

（5）分线设备应避免安装在易于引起燃烧、爆炸、腐蚀和潮湿的地方。

（6）卡子式墙壁电缆的分线盒的位置一般装在墙壁电缆的下面，盒体下边缘距地面应不小于2.5m，其上边缘距电缆约为60cm。

第六章　三维 GIS 输电线路管理系统的应用

第一节　三维 GIS 输电线路管理系统概述

一、三维 GIS 技术概述

地理信息系统 (Geographic Information System，简称 GIS) 是利用计算机技术显示和存储整个地球或部分区域的环境与资源信息。GIS 反映人们赖以生存的现实世界（资源或环境）的现势与变迁的各类空间数据及描述这些空间数据特征的属性。GIS 是在计算机软件和硬件的支持下，以一定的格式输入、存储、检索、显示和综合分析应用的技术系统。它是一种特殊的空间信息系统，它由采集、存储、管理、处理、分析和描述部分构成。是整个地球表面（包括大气层）与空间和地理分布有关的数据空间信息系统。地理信息系统作为新兴的技术体系支持空间定位信息数字化获取、管理和应用。随着计算机技术、空间技术和现代信息基础设施的飞速发展，它在经济信息化进程中的重要性日益显著。

特别是随着"数字地球"概念的提出，人们对 GIS 的重要性有了更为深入的了解。自20世纪90年代以来，地理信息系统在全球获得了空前迅速的发展，被广泛应用于各个领域，产生了巨大的经济效益和社会效益。

三维地理信息系统是 GIS 技术的一个新兴发展方向。三维地理信息系统（以下简称三维 GIS）起源自于二维地理信息系统 (GIS) 技术。现实世界处于三维空间中，二维 GIS 简单将世界投影与二维平面上的模型，其本质是基于抽象符号的系统。在描述三维空间信息过程中存在缺陷。三维地理信息系统的诞生是基于克服这一缺陷的需要。三维 GIS 技术的出现，弥补了二维 GIS 的空缺。GIS 技术达到一个全新的发展高度，应用的范围也变得更为广泛。

（一）三维 GIS 技术的特点

不同于二维 GIS 定义在平面 X, Y 对于高程值 Z 只作为属性信息，三维 GIS 通过 X、Y、Z 三个坐标轴表示空间坐标，清楚地显示地物的高程信息。它能构造出立体造型数字高程模型 (DEM)。与二维 GIS 技术相比，三维 GIS 技术的空间数据形式更加复杂，数据量更加庞大。三维 GIS 空间数据库的设计及其管理都较为复杂，容量也比之前任何数据库的数据量都要庞大，这也是三维 GIS 的一个特点。

（二）三维 GIS 技术的主要功能

Rhind 提出基于二维发展出的三维 GIS 包括 9 项功能：数据结构化（包括创建拓扑关系和转化拓扑关系），计算地物体积、表面积、方向、距离，显示变化（旋转，比例，平移，剪切），分析，系统管理，可视化。Breuing，Alexander 和 Sigrid 针对三维 GIS 在不同空间信息集成和城市三维应用提出了相对的功能阵。三维 GIS 拥有如下功能：

1. 三维 GIS 可以将空间对象置于三维立体空间中，显示出它们在三维空间中的几何空间位置和空间拓扑关系。

2. 二点五维、三维对象的可视化：无论是对三维对象的空间操作，分析和结果输出，还是对其的输入、存储、管理，都关系到三维对象的显示。三维对象的可视化表达和几何建模是三维 GIS 的一项基本功能。

3. 三维空间数据库 (DBMS) 的管理：三维空间数据库是三维 GIS 技术的核心，它对空间对象的管理与存储既不同于传统的二维 GIS，也不同于 CAD，科学计算可视化一商用数据库，它采用扩展关系数据库或是面向对象的空间数据库管理三维空间对象。

4. 三维空间分析：对于二维 GIS 和三维 GIS 来说，空间分析是它们有别于其他三维技术（如三维 CAD，科学计算可视化技术）的特有功能。三维 GIS 技术直接在三维空间中进行空间操作与分析，使得三维 GIS 的功能更加强大。

5. 三维 GIS 技术的发展可以及时地受益于现代数据获取方法和海量数据处理技术的发展。三维 GIS 要处理的数据量非常巨大，三维 GIS 技术的性能也同样受制于计算机软硬件技术的发展。所以现有的三维 GIS 技术要充分考虑到上述因素，在设计系统时留下易于扩展的借口，以便及时吸收未来的先进技术。

（三）三维 GIS 技术及其软件平台在国内外的发展现状

国内外对三维地理信息系统的研究始于 20 世纪 90 年代，三维 GIS 软件在测绘、国土、海洋、军事、林业、石油等众多行业中得到成功的应用。国外出现了 Skyline，Google Earth、World Wind 等三维 GIS 软件产品，国内也出现了 Geo Globe、EV-Globe 等三维 GIS 软件产品。

1. 国外发展现状

三维 GIS 的数据模型和建模方法是国外研究的主要方向，如边界模型法 (BR) 和结构实体法 (CSG)。近年来，基于混合结构的三维模型和空间分析研究，又提出了 FDS 模型，混合模型和 TEN 模型。在技术实现方面，已经形成 DirectX 和 OpenGL 这样成熟的三维图形接口。三维 GIS 技术和可视化技术结合，显示地物对象的视点距离、方向等关系，采用四叉树 (QTP)he TIN 技术简化地形数据，将每一个纹理片 (patch0 与地形数据片连接，显示地理对象的不同细节层次。国外 GIS 厂商也开发出许多三维 GIS 的软件产品，如 ERDAS 集成了数字高程子模块虚拟 GIS(Virtual GIS)，ESRI 在 Arc-GIS 9.1 中也创新地推出可视化模块 Arc Schematic。另外 2005 年美国 Google 公司研发的 Google Earth "数字地球"是三维 GIS 技术具有里程碑意义的软件。

2. 国内现状

中国科学院遥感与应用研究所首先在我国地学领域建立起第一个基于沉浸式虚拟现实技术的数字地球实验室，展开了对"数字地球原型"的研究。随后全国各地的大学也相继在地学领域建立了自己的虚拟现实实验室，如南京师范大学的"虚拟地理环境教育部重点实验室"、河南大学的"数字区域模拟重点学科开放实验室"、武汉大学测绘遥感信息工程重点实验室"武汉大学虚拟现实实验室"等。在理论上，我国学者提出了"自适应地图可视化应用""虚拟地理环境""地学信息图谱"等具有独创性的理念。另外，在三维可视化与虚拟现实方面，我国自主研发了一系列国产应用软件，如北京国遥新天地公司的 EV-Globe，武大吉奥公司的 Geo-Globe 等产品。

3. 国内外三维 GIS 平台简介

（1）Google Earth 是由 Google 公司于 2005 年推出的系列软件，Google Earth 以三维地球的形式把大量卫星图片、航拍图片和模拟三维图像组织在一起，使用户可以从不同的角度浏览地球，其主要的数据来源于高精度的商业遥感卫星影像和航片，包括 Quick Bird、IKONOS、SPOT5 等，但 Google Earth 还不具备有空间分析和大型数据库的管理功能。

（2）企业解决方案 (Skyline，Skyline Globe Enterprise Solution) 是美国 Skyline 公司为三维地理信息的网络运营提供的企业级解决方案，与 Google earth 不同，skyline 提供行业用户的使用，主要是针对局域网的环境。虽然 Skyline 可以用做二次开发，可是由于其源代码对国内用户开放度不够，加之 skyline 的软件价格昂贵，因此它的用户群体范围比较小。

（3）World Wind 是由美国宇航局 (NASA) 开放的一个开放源代码的项目软件。它可以免费使用 NASA 发布的海量数据，包括卫星影像、雷达遥感数据和气象数据等三维可视化能力，但同时也存在浏览速度慢，支持三维模型能力差，DEM 显示缺陷等不足，这些不足使 World Wind 很难应用于行业之中。

（4）EV-Globe，是由北京国遥新天地信息技术有限公司开发的三维海量空间信息平台。它由 EV-Globe SDK 二次开发包、EV-Globe Server 服务器、EV-Globe Pro 桌面平台、EV-Globe Datasets 影像数据集、EV-Globe Creato、数据处理工具五部分组成。自推出以来，EV-Globe 的应用领域就非常广泛，包括安全监督和管理、资源开发整合、环境保护检查、指挥调度、资源综合利用等。实践证明 EV-Globe 在海量数据浏览、三维功能分析、矢量数据的查询、安全性等方面具有明显的优势。

主流的三维 GIS 软件功能对比如下表 6-1：

表 6-1　主要的三维 GIS 开发平台及其特点

主要功能	EV–Globe	Google Earth	Skyline
三维影像、矢量浏览速度	较快	较快	较快
与二维 GIS 平台集成	可以与 Super Map，Arc GIS 平台集成	无	只能与 Arc GIS 集成
矢量选择、查询、分析	支持矢量点选、框选、圆选、路径分析、缓冲区分析等	无	支持点选查询，无 GIS 分析功能
三维空间分析	具有剖面分析、挖填方分析、坡度 / 坡向分析、淹没分析、通视分析等空间分析功能	无	具有较多三维空间分析功能
批量三维模型加载	较快	较快	快
KML 支持	完全支持，可以添加点、线、面、模型、照片、网页等	完全支持	支持
B/S，C/S 支持	是	是	是
三维特效	具有丰富的三维特效如粒子、烟雾等	无	较丰富
基于行业应用的二次开发	拥有标准的开发模板、详细的帮助文档，以及全面的开发接口，甚至可以从底层代码进行开发。采用 C# 语言，对二次开发者的语言要求不高	主要作为公共信息服务平台，不针对行业应用提供二次开发	已有功能封装较为成熟，国内二次开发人员难以进行深入二次开发，采用 C++ 语言，对语言要求较高

（四）影响三维 GIS 技术发展的因素

影响三维 GIS 技术发展的因素包含促进和抑制两方面因素。

1. 促进其发展的因素有

（1）二维 GIS 领域已经拥有比较成熟的理论与技术，例如数据获取、处理、管理、输出、数据模型与数据结构等方面，这些理论与技术在实践上已有了几十年的发展经验并被广泛地应用于各个领域。三维 GIS 作为从二维 GIS 发展而来的技术，可以借鉴二维 GIS 方面很多的理论、技术和经验。

（2）随着计算机可视化技术的成熟发展以及三维可视化技术在生物、医学、大气、地质等领域的成功应用，为三维 GIS 地形可视化显示提供了坚实的理论基础。

（3）空间数据库与面向对象数据库的研制已经进入了商业化阶段，如 GEO、Mallworld、Ge02 和 GODOT 等，为三维 GIS 系统提供了数据存储技术和工具支持。

2. 抑制其发展的因素主要有

（1）由于现阶段遥感，数字测量技术发展的局限，三维 GIS 地学数据的实时和廉价获取还相当困难。

（2）三维 GIS 系统所需要的数据量要远远高于其他系统，但当前海量数据库存储和快速管理技术还处于比较初级的阶段，对于三维 GIS 技术的发展产生了一定的限制。

（3）三维 GIS 技术的核心是三维空间数据库，而三维空间数据库的核心是三维数据模型和数据结构设计，虽然现在很多科学家展开对三维数据模型与数据结构的研究工作。但是并没有形成大多数人都认可的统一理论。

（4）将空间分析技术与专家决策系统引入三维 GIS 是三维 GIS 的一个重要的发展方向，由于现阶段的空间分析但大都是二维的，对于三维空间的分析还处于起步阶段，这也是三维 GIS 发展所面临的问题之一。

二、输电线路信息管理系统概述

（一）输电线路信息化

总体来讲，电力系统分为发电、变电、输电、配电，输电线路 (Power Transmission Line，简称 PLT)。负责实现发电、变电、配电之间的能量传导是电力系统的重要组成部分。输电线路的信息多样且复杂，单纯使用人工管理既缺经济性也缺乏安全性。随着计算机技术的飞速发展，对于输电线路网络管理的自动化与信息化成为电路运行管理人员和相关可研人员关注的焦点。多年来，电力工作者基于电子计算机设计并开发出一些输电线路信息管理系统，并成功地提高了输电线路规划、设计、施工、运维的经济性与安全性及输电线路生产的效率。近年来，电网点样等级的不断提高，规模的不断扩大，以及电网的商业化运营都给输电线路网络的管理提出了一定的要求和挑战。同时，随着输电线路数据采集手段的丰富，通讯方式的不断完备，输电线路的信息量也迅速增加。这就使得输电线路信息管理系统本身也需要不断完善，这成为当代电网信息化过程中重要的研究方向。

（二）输电线路信息的基本特征

要了解三维 GIS 输电线路管理系统首先要了解输电线路信息管理。无论是何种信息管理系统，都是以完成信息管理为目标的。因此，对于输电线路信息管理目标的清晰认识是首要解决的问题，而要确定合理、现实的目标首先要了解输电线路的信息特征。

输电线路信息的基本特征表示出输电网信息数据的本质属性，对其研究为开发合理、高效的输电网信息管理系统既提供了有力的指导又构成了约束。输电网信息的特征主要有：

1. 海量数据特征：电网送电系统复杂且庞大，既存在诸如地理信息、网络架构、系统内部对象属性等静态数据，又存在实时不断变化的包括描述系统内部运行状态，系统对象更新等动态信息，这就使得输电信息管理数据非常巨大。

2.地理特征：送电线路，特别是高压输电线路通常具有十分明显的地理特征，如输电线路的走向、跨度、分布、线路设备信息、变电所的位置等因素。

3.实时特征：电网送电系统是实时动态变化的系统，数据的不断更新也为数据的处理增加了负担。

4.多源、多类型、多格式特征：由于数据采集方法和数据通信手段的迅速发展，送电线路的信息数据不但包括图形，而且还包括音频、图像和视频等其他各种类型。这些多样的数据，来源也多种多样，使其成为输电网线路信息管理的又一属性。

（三）输电线路信息管理的目标

通过对输电线路信息特征的论述，建立输电线路信息管理系统的目标就是通过收集输电线路运维需要的各种人文、地理、经济的要素，建立完善的输电网运行、维护、事故处理等工作的模型。通过对各类输电线路相关数据有效的存取，用可视化的形式对输电线路的管理进行显示、模拟、查询、分析与处理，解决传统输电线路信息管理系统中存在的数据表现不够形象、缺乏足够的数据分析功能、信息表现和分析的刻度过细、数据结构不统一等问题，建立更为高效、可靠、经济、实用的信息管理系统。

（四）三维 GIS 输电线路管理系统

三维 GIS 输电线路管理系统是将新兴的三维地理信息（以下称三维 GIS）系统技术引入输电线路信息管理系统，而形成的新一代输电线路信息管理系统——三维 GIS 输电信息管理系统 (Three dimension geographic information system for power transportation line，简称 3DGIS-PL)。

三维 GIS 输电线路信息管理系统以三维 GIS 技术为基础平台，结合虚拟现实 (VR) 技术与科学可视化技术，将输电线路信息管理与 GIS 相结合，实现了输电线路及其设备的浏览、管理、查询、图表显示等功能。该系统能够综合存储和管理各种输电线路的信息，为输电线路的规划、施工、运维、管理提供地理位置数据和其他专业数据，从而实现输电线路的科学信息化管理，并提供辅助决策。提高输电网的劳动生产力，降低线路运维成本，对于整个电力系统的智能化经济运行具有重要意义。此外，该系统的建立为整个输电线路提供了一体化的管理系统，实现了用户与系统良好的互动机制，建立了高度重用且切实可行的电力系统可视化平台的软件结构体系，为输电线路的设计、运维、检修和基建管理提供了全新的理念。

第二节　三维 GIS 输电线路管理系统设计

以上简单描述了三维地理信息系统、输电线路信息化以及三维 GIS 输电线路管理系统的相关背景知识。下面这里将结合上述理论知识，对三维 GIS 输电线路管理系统的需求分析、功能设计和软件结构体系的问题进行深入的探讨。

一、三维 GIS 输电线路管理系统需求分析

（一）输电线路的管理特点及需求

总的来说，输电线路具有明显的地理特征，如输电线路的纵向、跨度、经过地区的自然状况（地形、地貌、地质、气候条件等）、线路跨越区情况等，这些特征使得输电管理的信息来源多样、种类繁多、处理精度要求相对较高。黄志明在输电线路建设和展望中提出了输电线路管理系统应具有的功能：能有效地管理各种空间信息，以便了解输电线路及其所属设备所处地区的环境特征；能方便地查看输电线路的各种视图；能便捷地查询输电线路及线路设备的属性资料；能以地形地物数据为基础，结合气象等其他数据提高输电线路建设，维护自动化和信息化水平；能根据地理环境数据为输电线路运维、故障诊断和杆塔定位等提供辅助决策。

（二）三维 GIS 输电线路管理系统功能需求分析

1. 根据上述输电线路管理系统的特点与需求，集合三维 GIS 技术的性能与特点可以提出三维 GIS 输电线路管理系统的功能需求：

（1）三维场景显示：实现三维场景中的漫游、缩放、旋转和飞行等基本功能；结合二维 GIS，可以在三维模型中显示、隐去、增加、和删除二维图层。这些图层主要包括在三维模型中不容易呈现的信息具体如：居民地、铁路、公路、乡村路、双线河、池塘水库等。输电线路显示，可以在三维场景中显示杆塔三维模型包括杆塔、金具、导线和绝缘子等设备并能实现线路的飞行，浏览直观的现实沿线的自然与人文情况。

（2）属性资料管理：包括档案资料管理和生产技术管理。其中档案资料管理包括线路资料档案、图档管理、编码管理；生产技术管理包括生产人员管理、生产计划管理、线路运行检修管理。

（3）输电线路辅助设计：在三维场景中绘制设计线路的路径包括起始点、边线等条件，系统根据这些信息自动布线。结果显示，完成输电线路辅助设计工作。

（4）空间信息辅助决策功能：最优化停电隔离点隔离决策——需要检修某段线路时，分析出最优化，最小范围的停电隔离点，为线路检修提供辅助决策负荷转移决策——在电

力生产中，难免要因为改线、故障停电、检修等原因要将部分电力负荷从一处转移至其他区域（如从一个变电站转移到另一个），系统可以建立负荷转移模型，为调度人员提供最优化的负荷转移方案。

停电管理包括计划停电和故障停电分析如图 6-1。

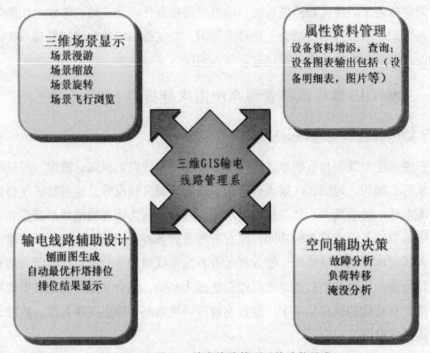

图 6-1　三维 GIS 输电线路管理系统功能需求

在上述功能中，对于属性资料的管理和空间信息的辅助决策，在二维 GIS 在配电网 SCADA 的信息管理中就已经被实现，而通过三维 GIS 技术实现的输电线路信息管理功能主要是三维场景显示与输电线路辅助设计。下面将重点讨论三维 GIS 如何实现三维场景的显示与输电线路的辅助设计功能这两项功能。

2. 三维 GIS 输电线路管理系统三维系统显示功能的设计

三维 GIS 输电线路管理系统显示三维地理环境时，由于二维的影像数据和三维的多边形数据 (DEM) 并不是同时生成，所以要利用图层叠加显示，即贴图技术。在三维场景的显示过程中，首先将由遥感或航空摄影得到的二维栅格影像数据与三维 DEM 数据统一在一个坐标系统内，后将二维影像数据作为表面帖服在三维多边形数据上，使二维影像数据根据坐标对应在相应的三维多边形图层上，形成真实的三维场景效果。系统不但要显示真实的三维场景，而且也要显示三维场景中不宜显示出来的信息：包括输电线路、发电厂、变电所等输电设备信息与居民地、铁路、公路、乡村路、双线河、池塘水库等地理信息，这些信息被标记如二维的矢量图层中，系统可以自由选择是否添加或删除这些图层。在系统的实际显示过程中，二维矢量放置在二维影像图层上。

系统在三维场景中不但要显示真实的地理环境，也要显示真实的输电设备，这就需要建立一个反映所有输电设备的三维模型库。需要说明的是，建立三维模型库，把同一类型的对象如同种类的杆塔，特征相似的房屋，树木等建立对应的三维模型并将这些模型组成一个模型原形库。在三维输电线路 GIS 系统的空间场景显示过程中只要将设备的实例及属性数据库中记录的设备的空间属性、电力属性以及与其他设备的关系属性与三维数据原型库中对应设备的三维模型结合起来就可以实现设备模型的显示，这样就使得设备的表现和数据内部的属性相对分离。使用这种数据存储结构，不但可以良好地满足交互式操作的要求，并且大大节约存储空间使系统的数据在一定的程度上可以共享（例如多个实例可以共用一个对象，模型每个客户端可以拥有一套相同的模型数据库，就可以根据属性数据库中的信息建立相应的输电线路 GIS 场景显示）。

3. 三维 GIS 输电线路管理系统输电线路辅助设计功能的设计

（1）输电线路选线的原则与方法

输电线路辅助设计的主要工作是帮助线路设计人员进行线路选线，因此要想了解三维送电 GIS 输电线路管理系统线路辅助设计的过程，首先要明确线路选线的基本原则。输电线路的路径选择就是在线路的起点和终点之间选择一条经济合理的线路路径，这是输电线路设计的关键性的工作。选择得好可以节省大量投资，这又是意向综合性很强的工作，涉及面很广，需认真做好调查研究，本着全面安排原则，选出一条路径较短，便于施工维护，不占或少占农田，对外界干扰小的线路路径是送电选线的主要目的。

线路选择一般分两步进行：

图上选线：又称为室内选线，主要任务是做好前期的准备工作，取得各种需要的资料并在地形图上（一般为 1：50000 或 1：100000 的地形图）设计线路方案。地图一般现场勘测获得，多为七八十年代的军用地图，如今由于遥感技术的发展，各个测绘单位也拥有了各种比例尺的航测图，这种地图不但时间较近，而且比例更加切合实际，可以根据选线的需要截取图纸，既可以把握大局又可以兼顾局部。首先在图上标出起始点、必经点，然后根据收集到的区域情况资料（城乡规划图、工矿发展规划、水利设施规划、军事设施、已有线路和重要管道布局图等）选线。尽量避开一些设施及其影响范围，同时考虑线路经过地形、交通、气象等因素，按最短路径原则，绘出几套方案，经过比较确定最优的两到三套。

现场选线：是将图上选线的结果移植到现场落实，为定线、定位工作确定线路的最终走向，设立必要的线路走向临时目标表示物，如设立转角桩，为线路前后的通视设立方向桩等，确定线路中心线的走向。在这一过程中，还应考虑一些特殊的塔位如转角塔、跨越点、大跨越塔等。对于某些特殊线路，如超高压送电线路，还应考虑设备能否运达架线场地等因素。

路径选择的原则是在遵守我国有关法律和法令的基础上，优先考虑地质情况好、沿线交通便利、便于施工、运行的线路。在可能的情况下，应选择地路径距离最短、转角少、角度小、特殊路段越少、水文气象条件好、投资少、省材料的线路。另外，对于一些特殊的路段和地区如转角点、跨河点、山区路径、矿区选线、都气象地区、严重覆冰地区等都有对应的原则需要加以考虑。

但是在传统的操作中，由于技术人员使用的地形图多为等高线和抽象符号组成，无法直观地感觉路径区域的真实情况。通常都要技术人员反复多次到野外现场勘查才能最终确定线路路径，尤其是对于山区地形起伏较大的地域，这使得选线工作变得困难，繁琐且效率低下。而且由于人的观察范围和能力有限，使有些线路的修筑成为不可能完成的任务，这就需要一种能够直观、科学、系统、全景展示路径区域的状况的管理系统，输电线路辅助设计功能就是在这些要求的基础上展开设计的。

（2）三维 GIS 输电线路管理系统输电线路辅助设计功能设计

综上所述，三维 GIS 输电线路管理系统输电线路辅助设计功能应具备两个主要的功能，三维路径初选和断面杆塔排位。

① 三维路径初选：三维 GIS 送电选线系统结合了虚拟现实技术和 GIS 技术特点，利用高分辨率 DOL 和 DEM，模拟真实三维景观。在三维场景中展示地形、地物、地貌、植被房屋分布、杆塔设备三维模型和送电线路走向，用户不但可以管理现有的送电线路信息，而且可以设计新的送电线路，并优化线路路径方案，实现线路跨境分析，根据所选的线路快速地提取路径断面图进行预排位，同时提供三维空间中的送电线路模型的信息查询，使线路的设计更加快捷，经济合理。

根据三维模拟场景中的地形地貌和现有的线路信息，在三维场景中设计线路路径。主要功能有：模拟新加线路、在现有线路上追加转角塔、移动和删除转角塔、改变杆塔类型等。调整杆塔的位置后，线路的走向也会根据新转角塔的位置进行相应调整。

线路杆塔，变电站的三维模拟显示，能在三维场景中加入点、线、面和标注等地物标识，便于路径设计时候综合考虑。能够将任意转角桩之间断面生成的断面图通过接口提供给断面杆塔排位设计子系统，并将子系统生成的杆塔桩位排位结果在三维场景中显示出来。

② 断面杆塔排位：根据在三维路径初选线中获取的路径断面图，在该路径断面图上进行杆塔设计排位。设计排位时要根据水平挡距、累距、高程、转角等情况以及塔形库中的杆塔型号进行排位设计。同时也要考虑导线对地安全距离、导线参数、各种跨越情况和天气条件等因素的影响，从而得到最佳的杆塔排位结果，并将结果展示在三维模型场景中。其基本的功能包括：杆塔设计排位；即根据路径断面图等信息，对杆塔位置进行预排位，为之后的参数分析提供基础。参数分析；主要是考虑导线参数与天气条件对弧垂的影响。导线的主要参数包括导线计算拉断力、导线单位场重、导线直径、弹性系数、膨胀系数、分裂数、运行应力等。天气条件主要包括最高和最低气温、平均温度、大风和覆冰条件等。成果输出；在考虑各种参数的基础上对杆塔设计排位的结果进行优化，并将成果在三维场

景中自动生成，利用三维的高度可视性，用户可以从不同的视角和不同的位置观察设计后的路线，并根据实际情况对塔位进行调整和优化。

最终，根据排位的结果，工程勘测人员可以到现场对断面及杆塔位置进行确认，修正和补测，进一步优化，最后确定线路方向。

二、三维 GIS 输电线路管理系统的软件结构设计与组成

（一）系统软件结构的设计背景

随着电网规模与电网商业化运行范围的逐渐扩大，对输电线路的建设和管理都提出了新的要求。在新环境下，输电线路信息管理系统不但要实现电力线路信息的交互式可视化信息管理，而且还要有效地存储和管理日益庞大与复杂的信息数据库。如果系统结构设计不合理，会造成系统数据库的柔性不足、信息孤岛增加、数据冗余反复录入以及可扩展性差、易用性不强等影响，而且由于设计得不合理，将业务和软件作为一个整体设计使任意一个方面的改动都会引起连锁效应，从整体上看，往往为了一个应用而不断的修改其他的功能，大量浪费了人力物力。

在新形势下根据送电线路管理系统的需求和特点以三维 GIS 技术为基础平台，利用软件体系结构技术 (SA)，为三维 GIS 输电线路管理系统 (3DGIS-PTL) 构建了一套高实用性和兼容性的软件体系结构。

（二）三维输电线路 GIS 软件体系结构的具体设计

根据上述讨论的三维输电线路 GIS 平台的目标，这里提出三维输电线路 GIS 软件体系应该自下而上分为三个层次：

客户应用层（高端应用层）：这一层主要是提供与用户的交互界面并满足用户不同的应用需要，如实现可视化显示、查找、分析、智能线路设计、故障分析、灾害模拟等。

系统实现层：该层由数据通信层和系统功能层两个子层组成。

数据通信层：主要实现数据转换与连接通讯两个功能。由于三维输电线路 GIS 的数据形式与来源多种多样，所以对于数据格式的统一转化成为系统必须要实现的功能，因此在数据通信层实现数据转换功能不但能够规范数据形式，而且经过数据转化功能转化的数据不但可以在系统内部中实现顺畅的传输，也可以被应用于其他的电力行业数据实现数据的共享，数据转换包含 COM 对象与远程调用等模块，可以实现数据转换功能的可扩充性，一旦有新的数据格式出现，那么该数据也可以方便的安装入系统并被使用，使系统地升级变得便利，数据通信则为数据转化后的数据提供传输途径与方法。

系统功能层：该层实现了系统的基本功能，包括图形设备管理（设备的添加、删除、修改、查询等）；显示模块（三维地形显示、杆塔设备模型显示、缩放、平移、飞行浏览等）；数据输出（各种图形打印输出、属性表显示等）。

数据存储层：包括空间数据如地形、地物（矢量，栅格和模型），关系数据与属性数

据如电力元器件属性，地物的地学属性等和三维模型库如杆塔三维模型，电力元件模型，地物对象三维模型。

三维 GIS 输电线路管理系统的 3 层结构体系是自下而上的层次型软件结构体系。它不但对传统的层次结构进行了改进，而且也将现有的软硬件技术水平综合考虑在内。每一层既要服务于上一层也需要下一软件层提供服务，系统数据的交互由于层次的拓扑关系只能局限于相邻的层与层之间。这样的层次型软件体系结构构建系统对于三维输电线路 GIS 系统而言具有一系列的良好特性。

若干个相互独立的软件层这样的系统结构使设计的难度大为降低。在上面的论述中我们可以看到，三维 GIS 输电管理系统数据的各种操作和数据对象之间具有明显的层次关系，因此层次的划分也会减轻开发者对系统开发与调试的负担。由于层次之间的相互独立性，若系统地功能发生变化或是科技发展需要对系统的软硬件进行更新，只需要把变化对应的层次进行独立修改，使得系统的更新与修改更加便利。相邻层与层之间信息交互完全使用接口，层与层之间只要提供相同的接口就可以进行信息的交互，因此就需要为系统设计标准化的接口，提高系统的交互性与开放性。

第三节　三维 GIS 输电线路管理系统数据来源与数据库设计

三维输电线路 GIS 管理系统本质上是一个信息管理系统，而建立一个优秀的信息管理系统的基础是数据。输电线路所包含的信息种类复杂且巨大，如各条线路的长短、输电设备方位及属性信息（如转角、直线）、历史维护记录、线路覆盖地区的地理条件、线路跨越地区的其他电力线路、通信线路、居民用地、农业用地、军事区和矿区等。因此如何高效地获取管理系统所需要的数据是我们要解决的关键问题。为了解决这一问题，我们首先要对三维送电线路 GIS 所需要的数据分类，对数据来源有清晰的认识，下面将逐一讨论。

一、系统的数据分类

虽然三维输电线路 GIS 管理系统包含的信息多种多样，但这些数据根据其空间特征可以分为空间数据与非空间数据，其中空间数据包括矢量数据、DEM 地形数据、栅格图形数据；非空间数据包括属性数据、资料数据、模型库数据等。这些不同类型数据的有着不同的组织和处理方式。

（一）矢量数据结构，它利用记录坐标的方式将地理实体通过点、线、面、体进行表达。矢量数据结构不像栅格数据结构一样对地物进行量化处理，它的空间坐标系是连续的，因此对于空间对象的位置，长度与大小等信息可以更加精确的描述。

矢量数据主要是数字化地图数据元素后获得。由于矢量数据的利用拓扑等关系，所以在相同的数据量下其表达的信息量要远大于其他数据。在系统中，矢量数据的存储方式分为以文件方式存储只用于查询和显示目的的数据，以记录的方式存储需要添加和删除等需要交互操作的数据，如三维场景中输电设备的数据。

（二）DEM(Digital Elevation Model) 即数字高程模型，它是按照一定的格网间隔建立的规则格，网高程数据模型是一种常用的空间数据结构。DEM 的数据可以利用航空摄影图像，使用数字摄影测量方法从中提取，也可以通过采集部分水系要素（等深线、水深点）和地貌要素（等高线、高程点）经过内插获得。DEM 数据存储于计算机系统中通常以文件的形式。

（三）影像数据如航空照片或卫星影像属于栅格数据，它在每个网络单元格内可以存储很多信息（多波段反射率，地物颜色等），颜色的位数越多，单元格范围越小，存储所需的空间越大，影像显示越清晰。它与矢量图形数据对比主要的缺点是无法无限级放大，当放大分辨率达到网格间隙大小时会出现模糊。

在三维 GIS 输电线路管理系统显示大范围三维场景时，为了真实、高效的显示输电线路及其所在区域的自然，人文环境，就必须包括该区域的遥感影像数据（卫星影像或航空照片）。这些栅格数据以纹理形式贴在 DEM 地形模型表面，利用碎步技术 (LOP) 存储显示，信息显示的真实、高效。

（四）据表示空间对象的非位置特征，是对三维场景中出现的空间对象或者目标范围的属性说明。通常属性数据会被存储于商业关系数据库中，如 SQL、Oracle、Server，Sybase 等。在实际情况下，很多的属性数据都已经存在（如 SCADA 电力系统管理数据库），因此这些属性数据可以通过 (ODBC，Open Database Connectivity) 等技术进行连接并通过关键字段进行远程存取。

（五）据库中主要存储的是输电设备的信息数据，是不含有空间位置特征的属性数据资料，主要包括设备的使用手册，设计施工过程实施规范，输电设备特征手册等供设计与使用人员查阅资料。若为设备特性与判断规则添加索引，可以调高其在数据库中的检索速度。

由于实际的工作需要资料数据库是动态和开放的，可以根据情况不断地增加或修改数据，三维 GIS 输电线路管理系统为各类资料数据的动态显示和调用、设计提供了相应的数据传输的接口。

（六）GIS 输电线路管理系统三维场景显示中，如输电杆塔、变电所等设备在场景中的都是通过相应的三维模型显示的，用户可以按照需要对模型进行位移、旋转、添加和删除等操作来模型。因此，需要针对输电线路设备设计一个描模型库，用户可以通过一些三维模型作图软件如 3DMax，Auto CAD 等为送电设备资料库中的设备如各种杆塔、绝缘子串、导线、变电所等设计三维模型，并将这些模型按照一定的格式存储于对应三维模型数据库，并为之设计索引。

由此可知，三维模型数据库实际是对送电设备进行虚拟现实三维描述的模型库。虽然我们在三维场景中仍然可以把这些送电设备对象模型看成是由简单的矢量点、线、面要素的组合，但其是系统从三维模型库中调用对应模型最后显示的结果。

在上文中我们已经提到，三维模型库中的模型，它只针对一类设备类型设计模型，并不是为每个实际存在的输电设备都为它设计一个对应的模型，如所有 ZSJ-1 类塔都使用一种模型，这样实现了数据与属性数据的分离式存储（多个实例可共用一个模型原形），节约了存储空间也为交互操作提供了便利。另外，同一设备类型在不同的分辨率下也可对应多个模型，这样可以提高模型的显示效率。在三维场景中，当视点与设备比较近时可以使用细致的模型进行表达，若距离较远时可以用粗糙的模型表达，当距离足够远时，则不显示模型（模型消失）。

二、系统的数据获取

由于电网系统已经建立了一套十分完整与详细的 FM(Facility Management) 设备管理系统和电网数据库 DBSM，系统所需要的输电设备的属性数据可以直接从中查找，获取。因此下文主要针对空间数据的获取进行论述。GIS 空间数据获取就是将非电子的原始数据转换成电子数据，在进一步处理加工成符合实际需求的数据。获取方式主要有野外采集、摄影测量、遥感影像处理，地图数字化等。

（一）GPS(Global Positioning System) 测量

美国空军和海军与 90 年代初完成了 NAVSTAR(navigation satellite time and Ranging) 全球定位系统 (GPS)。 GPS 由三部分组成：卫星、控制系统和用户。现在的卫星网络由 24 颗卫星在距离地表约 20，183 km 轨道上做环球转动，共分六条轨道面相互夹角 600，每条轨道与赤道面的夹角为 55，拥有 4 颗卫星。

GPS 用户使用专业的接收机接收卫星信号码和载波相位提取信息，将接收机产生的复制码与卫星信号码比较，确定接收机与卫星之间的距离。根据三维空间后方交会的计算公式，如果接收机可以同时接收到 4 颗或以上的卫星信号，就可以计算出接收机的位置的三维地心坐标（坐标系为 WG84 标准椭球面坐标）。若要进行高精度的大地测量，则要记录和处理载波或信息波的相位信息。

如果在空间数据采集应用 GPS 测量，则实时差分是必需的。这样空间数据的空间坐标精度可达分米甚至是厘米计，测量一个空间目标点的时间也不像大地测量一样需要持续几十分钟或几个小时，只要设置好基点位置，再将其他 GPS 接收机放置于需要测量的空间目标上就可以实时得到目标的坐标，这种采用实时差分的 GPS 系统已经问世，测量精度可以达到厘米，并且一台基站可以携带多台 GPS 系统，其数字测图方式与全站仪电子平板相类似。

GPS 测量空间目标的另一个问题是信号失锁问题。在有些情况下，如高层建筑的城区，往往受到的卫星信号少于 4 个，尤其是在测量建筑物的房角时，失锁现象相当普遍。

为了解决这一问题，可将实施差分 GPS 接收机与全站仪联合起来测量，GPS 用来快速定位，而出现失锁现象的地区则有全站仪测量，这种方法可能是一种新的测量模式。

（二）地图数字化

由于其相比其他拥有方法操作方便，成本相对低等优点，仍是获取空间数据的主要手段，但精度较野外测量相比较差。目前地图数字化的方式有两种：地图扫描数字化（如将地图扫描入计算机在利用制图软件数字化）和数字化仪的手扶跟踪数字化。

（三）数字摄影测量方法获取

测量经历了模拟摄影测量、解析摄影测量和数字摄影测量三个阶段。在计算机技术没有广泛应用以前，传统的摄影测量主要使用人工测图。随着计算机技术发展而引起的数字摄影测量时代的到来，摄影测量的产品的种类迅速增加。下面叙述几种主要的数字摄影产品。

附有内、外方元素的原始数据：如果已知单张航空影像的内外方元数以及摄影区域的 DEM，不需要做任何处理，就可以直接生成该地区的正色影像图 (DOM)。

数字地表模型 (Digital Surface Module，DSM)：某些情况下，数字地表模型 DSM 比数字高程模型 DEM 更有使用价值。如在设计输电线路杆塔排位的时候，地表往往存在树木或者房屋等覆盖物，所以相对比导线到地表的距离，设计者更为关心导线到地面地物的距离。

数字高程模型 (Digital Elevation Module，DEM)：是数字摄影测量的重要产品，目前 GEM 的数据格式尚未统一标准化，不同的应用软件拥有各自的 DEM 数据格式且互相无法读取，因此 DEM 无法作为一个标准产品进行销售。

线划图：既可以用传统的方法制作也可以用数字摄影测量技术制作，由数字摄影生产的画线图被称为数字画线数据 (Digital Line Graphic，DLG)，用抽象的图形表达地理空间实体，是最常见的 GIS 数据形式，它基本使用矢量数据，既可当工程软件使用又可被各类 GIS 软件读取，因此被广泛地应用于各个工程中。

数字正射影响 (Digital Orthophoto Map，DOM)，属于栅格数据，因此正射影像更为直观，表达信息也更为丰富。由正射影像与 DEM 共同生成的自然环境三维景观成为摄影测量产品的主要发展方向。为计算机可视化，虚拟现实技术，土地与城市规划等提供了必要的数据。

另外，数字摄影测量获取 GIS 数据的优势如下：

与野外数据采集相比，野外数据采集的手段主要有全站仪测量和 GPS 测量。其特点是只能采集地理点数据，要采集整个区域的数据必须一个一个点的测量，再整理绘制成图。这样就在效率方面有很大的局限性。而数字摄影测量方法可以一次性采集大范围的空间数据，成图周期短，效率高。另外，野外采集的高成本也是野外数据采集的一大弊端。

与地图数字化相比，虽然地图数字化的各种方法具有高效率，低成本的特点。但是由于是对已经存在的地图进行数字化，数据的滞后性就不可避免。现代社会发展迅速，而地图的制作周期最快也要一年半载（老旧地图更自不待言），这期间地表的地物不知道已经发生了多少变化，地图的实时性因此大打折扣。而数字摄影测量成图快，现势性强的优势就凸显出来。

与遥感相比，虽然目前卫星摄影已经达到很高的几何精度，受卫星距地球的距离和大气折射等因素影响，遥感提供数据的几何精度还达不到大比例尺成图的精度要求。而数字摄影测量使用飞机作为测量载体，距离地面距离近，受到的影响相对要小。

与雷达，激光扫描相比，虽然在干涉雷达和激光扫描可以很好获取空间数据，但该技术在国内尚处起步阶段，而摄影测量的理论与技术已经相当成熟且数据处理相对简单，解译难度也小。

尽管与其他数据获取各种方法相比，数字摄影测量拥有很多优势，但这并不代表其他方法就全无可取之处。在具体应用当中要根据实际情况来选择使用数据获取手段。对于三维输电线路 GIS 管理系统而言，要综合利用各种空间数据获取方法，利用野外 GPS 数据采集方法能够高精度采集地理点数据的优势，对输电线路杆塔进行定位，确定杆塔的空间地理坐标，使其能够准确地显示在三维空间场景中。利用数字摄影测量技术的大范围、高现势性、成图周期短、显示真实等特点，生成线路经过区域的数字地理模型 DEM，再将该区域的彩色航空照片作为 DEM 模型的纹理，制作成真实表达自然地理环境的三维空间场景。

三、系统数据库的设计

输电线路管理过程中涉及的数据关系复杂，类别繁多且数量巨大。既有输电线路属性数据，包括线路设备属性、线路施工图、施工录像等图文数据，运行管理过程中的各种社情、审批报表等，又有表达线路经过地区地形，自然，人文状况的 GIS 空间信息数据。如何对这些数据进行有效的存储、管理是输电线路管理首先要考虑的问题，而数据库设计的好坏直接影响到管理的运转效率、处理速度，因此数据的组织与数据库的实际就称为三维输电线路 GIS 选线管理系统开发的关键问题之一。

（一）三维输电线路 GIS 选线管理系统数据库拥有如下特点

1.范围广泛，海量数据：既包括反映地形地貌的空间数据，又包括反映线路，杆塔设备及其相关辅助信息的属性数据，施工图，录像的多媒体图像数据等，使得数据量非常庞大。

2.参数众多：数据库中的每一种数据都包含有许多对相应的参数，如杆塔数据就包含有杆塔样式、代码、材料、基本尺寸、杆塔所在线路的名称、电压等级、所在地段污秽情况、重大缺陷的历史记录等参数数据。

3.数据交叉调用：许多数据可能来自不同的数据库，甚至一些数据需要经过其他数据经过相关计算才能得到。

从总体来看，系统地数据主要可以分为表达空间地物位置（在三维场景中的位置）、相对位置（地物之间的拓扑关系）及描述其特征的空间数据和对输电设备基本参数、运行转台、修记录等各种工作的非空间属性数据，在数据库的设计中要根据它们的不同特征采用不同的方法进行管理，建立合理的数据库结构，实现空间数据和非空间属性数据之间的无缝连接。

（二）空间数据库的设计

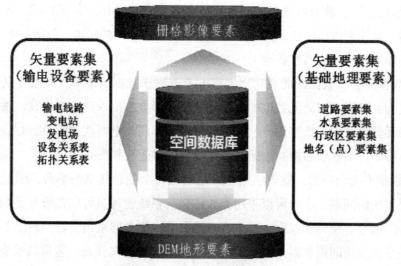

图 6-2　系统空间数据库设计

三维 GIS 输电线路管理系统的空间数据库数据按照数据的属性分为 DEM 地形要素集、影像栅格要素集、矢量要素集，其中矢量要素集又分为包括道路要素、水系要素、行政区划要素等基础地理要素和包括输电线路矢量、变电站、发电厂、设备关系表等输电设备专题要素。

空间数据库具有处理数据量大、结构复杂的特点，设计时将整个系统划分为一些子系统，在逻辑设计过程中，分两步进行。首先进行图块结构的设计，即按照数据的空间分布将数据划分为规则或不规则的块。图块划分的原则如下：按存取频率较高的空间分布单元划分图块，以提高数据库的存取效率；图块的划分应使基本存储单元具有较为合理的数据量；分区时应考虑未来地图数据更新的图形属性信息员及空间分布，以利于更新和维护；一般小比例尺地图按经纬线分幅，大比例尺地图按举行分幅，由于分幅后会出现某一空间实体会出现跨越不同图幅，空间实体被分为若干个空间基本单元的情况，因此需要在图幅、空间实体和空间基本单元之间建立连接关系。

在图块划分完成后按照数据的性质分类，将不同性质或不同级的图元要素进行分层存放，可以按专题、时间、高度等不同形式分层，形成不同的图层，每一层存放不同的专题或某一类信息。分类可以从性质、用途、形状、尺度、色彩几个因素考虑。按时间分层可以对数据进行动态管理，特别是历史数据。按垂直高度划分是以地面不同高程来分层，从二维转化为三维，便于分析空间数据的垂向变化，从立体角度去认识事物构成。应用中，用户可以根据自己需要，将不同内容的图层进行分离、组合与叠加形成自己需要的专题图。对于公用的要素，可以单独作为一个图层数字化，然后将其添加到要用的任何文件中去，假设 Li(i=1，2···n) 为人一数据层，则一幅完整的地图为 L=L1UL2···ULn，因此图块结构和图层结构是空间数据库从纵、横两个方向的延伸，同时空间数据库是两者的集成。

1. 在建立空间数据库中常见有如下几个问题

（1）数据标准：输电线路信息管理系统的数据来源多样且范围广泛，因此要保证系统数据库的一致性和可操作性，就要实现将数据转化成统一的标准（包括：统一的坐标系、统一的编码体系和统一的属性数据）。

（2）数据质量：数据库的成功很大程度上取决于数据的来源，一般将最初未经处理的数据称之为元数据，因此元数据的质量好坏直接影响数据库建设的成败。输电线路信息管理系统的元数据来输电线路设计、施工、管理等部门和电网数据库 DBMS，所以在采集数据过程中需要仔细甄别和检查数据，确保数据的时效性和准确性。

（3）数据库安全问题：输电线路管理系统是一个信息共享的平台，因此数据安全问题是必须要解决的问题，系统可以采用 C/S 结构，系统管理员可以在服务器端定义每一个客户端的访问账号、密码和权限，每个客户端完全在服务器端定义好的权限下操作空间数据库，而不是直接访问服务器上共享的可能被随时拷贝的文件夹。客户端系统则只能按照规定的方式访问空间数据库，从根本上解决了传统 GIS 数据存取模式上的数据安全问题。另一方面，在网络设计上较多采用网关和防火墙技术，尽力防止外部攻击。

2. 空间数据存储方法

（1）DEM 高程数据的分层存储方法

输电网管理系统的空间数据库的数据量相当巨大。因此必须采取有效的管理类手段管理和应用这些海量空间数据。对于大范围、类型的海量空间数据，设计的理想模式是把最底层，最大比例尺的空间数据存储在计算机中，当系统需要按照不同的比例尺来显示和制图时，从空间数据库中提取相应数据进行综合提取。但这样就存在了两个技术上的问题，首先是空间数据自动综合问题，虽然影响数据不同比例尺下的自动综合问题比较直观容易解决，可是矢量数据的自动综合目前还是一个难题。其次效率问题，由于存储在计算机中的是最大比例尺的数据，在显示不同比例尺数据时就需要把数据提取出来，再根据相对的比例尺对数据进行运算处理，再将结果显示出来，这样的效率远远不能满足系统实时漫游的要求。

一个现实的解决方案就是对这些数据进行分层存储，根据三维场景中视点的远近，视点近则显示精确，视点远则显示粗略，使图形画质与刷新速度达到最佳的结合。但是由于三维场景时有不同种类的数据叠加而形成的一个整体，而不同类型数据的性质不同其分层的方法也不尽相同。三维场景中主要负责显示表达地物及其特征属性的是矢量数据、影像数据和 DEM 地形高程数据。下面针对这三种数据的不同分层方法进行论述。

三维输电线路 GIS 选线管理系统使用的 DEM 是一种多边形或多面体模型数据，使用细节层次技术 (LOD) 可以使多种精度的多边形模型组合起来，比例尺大则精细，小则粗略，实现图像质量与刷新速度的较优组合。

1）层次细节技术简介

层次细节技术 (Level of detail，简称 LOD)，是计算机图形学中实时显示图像时生成的一项技术。细节层次技术，其本质上就是在实时显示系统中省略细节的技术 (Detail Elision)。 LOD 技术在不影响画面视觉效果的条件下，通过逐次简化景物的表面细节来减少场景的几何复杂性，从而提高绘制算法的效率。对于原始的多面体模型（如 DEM 模型）根据视角远近的不同显示要求建立几个不同逼近精度的模型，每一个模型根据需求保留相应的层次细节（视点越远则层次细节越低，视点越近则层次细节越高直到最大细节为止）。在三维场景中，根据观测点的远近的不同的要求选择对应的层次模型，在视角发生变化时对这些细节模型做对应的切换，改变三维场景的复杂度，既保证了场景的视觉效果又实现系统地实时显示。

2）层次细节模型的生成方法

LOD 技术用于简化多边形的几何模型，目前主要的 LOD 生成方法有：细分法、采样法、删减法。

① 细分法 (subdivision)：首先创建一个细节简单的初始模型，之后按照一定的规则不断地向初始模型中添加细节，成为一个新的层次，以此方法进行迭代，直到最后一个模型的细节满足用户的需求为止。这些层次模型构成了一个层次模型组。

② 采样法 (sampling)：一般适用于细节相对较丰富的几何模型，在原始模型（初始模型）表面按照一定的规则选取一些点，然后按照一定规律删除其中的一些点（重采样）并利用重采样以后的点阵生成新的细节层次。以此规律不断迭代直到采样点数小于用户要求。

③ 删减法 (Decimation)：主要通过对几何模型的基本单元（点、线、面）的删减、合并和简化模型。在实际应用中，计算集中几何模型一般都是以三角形网络架构的形式存储的，因此根据三角网络架构的几何特性与拓扑特性，可将简化操作分为三种：

顶点删除：删除网格中的一个顶点，然后在生成的空洞区域按一定的规律建立新的三角网，保持原有网格拓扑的一致性。

边压缩：将网格上的一边缩短成一个顶点，与该边相邻的两个三角形则被删除。

面收缩：将网格上的一个面收缩为顶点，其三个点收缩成一个点，与之相邻的其他三角形都被删除。

利用上述的这些基本操作，利用迭代操作的方法可以最终生成的多个层次模型组合称为层次细节模型，在生成的过程中用户要根据需要设定误差的阈值或是简化的尺度等级。之后将每一层次的细节模型存储如空间数据库中，显示时根据不同的视角位置调用相应的层次。为了节约存储空间，系统不可能对于所有的视角尺度多生成相应的层次细节模型，这就需要用户预先对尺度进行分级，如对 1：500，1：1000，1：5000 的比例尺下进行层次细化，生成三层模型，当系统显示三维场景时，若视角的比例尺在这三个等级之间，则系统选择显示视角比例尺最近最大的一个（1：750 视角比例尺时选择 1：500 显示）。这样不但可以减少存储所需的空间，也可以加快显示速度。

（2）影像数据分层存储方法

在三维输电线路 GIS 选线管理系统中使用的影像数据主要是航空数字摄影的数字正射影像 (DOL) 属于栅格数据，利用贴图技术附在 DEM 上表达真实场景。瓦片地图技术 (tile) 是栅格显示中一种常用的技术，其可以根据显示比例尺提高或降低影响分辨率从而提高图形的显示和刷新速度。

瓦片地图技术介绍：

瓦片地图技术（有称地图切片 map-tile）是一种地图预缓存技术。瓦片地图技术将拥有一定坐标范围的地图图片按照若干比例尺（可以是固定也可是用户设定）和指定图片尺寸及格式切成若干行及列的正方形图片，切得的地图切片被称为瓦片 (tile)。

瓦片将会按一定的命名规则和组织方式存储到空间数据库中，形成金字塔结构的地图切片。瓦片的金字塔结构是一种多分辨率层次结构，越处于金字塔结构顶部的瓦片分辨率越低，反之亦然。但表达的地理范围不变。

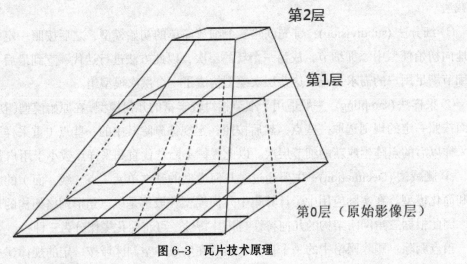

图 6-3　瓦片技术原理

由图 6-3 可以看出，每一个上层的瓦片都对应着数个下层的瓦片，每个瓦片都对应着自己的空间坐标和分辨率，每一层瓦片都对应着一个比例尺，越上层的瓦片对应的地图区域的面积越大，比例尺越小，图片的分辨率越低。由于计算机屏幕的显示区域是有限的，系统只要将显示区域对应的瓦片文件调出而不必将全部地图区域加载，当用户改变显示比例尺时，只将该比例尺对应层的瓦片调出即可。这样就大大降低了系统读取的数据量，降低了地图加载和显示速度。

瓦片地图技术是一种静态地图缓存，系统只是加载已经存在于空间数据库中的数据而未对数据进行处理。因此要在原始影像数据录入数据库之前对其进行切片处理，实际存储在空间数据库中的数据是已经处理完的拥有一定规律和目录的瓦片图形数据。

使用瓦片技术也可以方便地图的更新。当今世界发展迅速，地物的变化快，这就需要地图有很强的现势性能够及时地更新数据，但是地区的发展是有差异的，有些区域比如城市及其郊区可能几个月甚至几个星期就发展剧烈变化，而某些偏远低于如沙漠、山区等可能数年也没有明显变化。地图更新时，就要根据实际情况进行取舍，应用瓦片技术更新时，只需将需要更新的区域的瓦片予以替换就可以实现该区域的更新，不但降低了数据量也使地图局部更新更为便捷。

（3）矢量数据分层存储方法

矢量数据的分层存储要比 DEM 数据和影像数据简单得多，由于矢量数据拥有无限放大的性质，所以无论比例尺如何都可以在三维场景中显示出来，若显示的矢量要素较多，就使得显示效果异常杂乱，让用户很难提取需要的信息。一个实际解决方案是在矢量数据的属性数据中加入等级属性，如在标示输电线路线数据中，根据线路的等级（一级线路，二级线路）或线路的电压等级在其属性数据中加入相应的字段。在三维场景显示中，根据视角的远近，逐级显示各等级线路，同时根据线路的等级为显示线路着色，最高主干线路为红色，其次黄色，再次绿色等，视角越近显示线路越多。

三种类型的空间数据在三维场景中显示中是一种叠加关系，DEM 数字高程模型在最底层，影像数据 DOL 利用贴图手段附在 DEM 数据表面，矢量数据作为标示数据位于最上层，当三维场景的视角发生移动时，3 种数据都根据各自的分层方法同时变化，对于同一片山区，当视角较远时，使用相对模糊的细节层次和分辨率较低的贴图，反之则更为精细，清晰。因此就解决了这里开头提到的自动综合提取和显示效率两个问题，实现系统实时显示和漫游等功能的需求。

（三）非空间属性数据设计

输电线路非空间属性数据主要由输电线路设计、施工、管理等部门的 FM(Facility Management) 设备管理系统和电网数据库 DBMS 提供。非空间属性数据涉及的内容复杂，主要包括：

线路设计相关数据：包括输电线路概况、设计气象条件、导地线参数、各种导线比载、各种导线最大使用应力和平均运行应力、临界挡距、控制气象条件、各种气象条件下各档距的导地线应力及弧垂、以及各种杆塔、导线、金具、避雷线、杆塔基础、接地装置、拉线等设备明细。

线路运行相关数据：包括输电线路评级与路验收数据、接地电阻遥测记录、绝缘子零值测试及更换记录、绝缘子防污记录、事故异常记录、绝缘子劣化率、杆塔材料更换记录、带电作业记录、交叉跨越测量记录等值附盐密度测量记录等。

线路检修相关数据：检修记录、接地装置检测、负荷测量、导线连接器检测等。

图形及影像数据：包括全部施工图，如线路平断面图、接地装置图、绝缘子串组装图、基础图以及线路、各种杆塔图、变电站施工，运行及检修过程的照片与录像等。

其他相关数据：包括备品明细、工作计划、总结、运行管理人员配置等。

出于方便管理的需要，可将非空间属性数据分为基础数据库和工程数据库。基础数据库主要包括典型气象区、定型杆塔、导地线、绝缘子及绝缘子串、金具及附件、基础等具体的设备数据，与具体工程无关的通用数据，相当于用户设计手册、产品样本等。工程数据库包括与某项具体工程有关数据的集合，任何与该工程有关的设计、施工、运行检修以及其他数据，包括图形、图像等，均存放于工程数据库中。工程数据库中的数据大部分可直接从其他系统导入，也可人工输入。本系统编写有相应程序，可根据要求由基础数据库生成线路有关设计数据。对于实时数据可通过实时监控系统录入。

建立属性数据库时几个解决的问题：

1. 合理划分数据库，减少数据冗余度。将具有大量共同数据的数据库细化分为若干较小的数据库，对共同数据只存储一次。为提高读写和操作效率，对这些数据库进行统一编码（即给每一种数据库唯一的标识），由编码作为关键项索引，各库表之间的关系也更清晰。如对于定型杆塔而言，同一类型不同设计条件的杆塔，其塔头尺寸只有几组固定的数据，但不同的呼高具有不同的根开，因此可考虑将定型杆塔数据库划分为杆塔设计条件数据库、塔头数据库、杆塔根开数据库。在存储定型杆塔参数时只需存储编码号，通过编码号在细表中查询并显示其具体数据。

2. 编写程序计算取代直接数据存储，减少数据输入和存储量。根在管理软件中编写相应的算法生成相关数据。在工程数据库中，对线路设备只需存储设备编码，需要时通过编码在基础数据库中查找详细参数；根据基础数据库中的气象区数据库，由程序生成设计气象条件数据库；根据导线基础数据库，生成导线参数数据库；根据导线参数数据库和气象条件数据库生成导线比载数据库，进一步生成导线应力数据库，继而得到弧垂应力曲线和安装曲线等。

3. 合理设置各个表的公共属性，保证数据的一致性。一个表的公共属性发生改变时，其他表的公共属性就会随之改变。公共属性的正确使用，使破坏数据异常即修改异常、插入异常和删除异常发生的机会最小。

第四节　三维 GIS 输电线路管理系统的开发实例及其应用

这里以某电力勘测设计单位的三维输电线路 GIS 选线管理系统开发为例，根据上几章提出的软件功能设计要求，数据管理方法与软件体系设计，开发出能够实际应用的三维 GIS 输电线路管理系统，并以该系统具体应用实例来展示该系统的实现的功能和应用方法。

一、系统的数据

系统使用的原始数字影像数据（包括数字正射影像 DOL 和数字高程模型 DEM），来源于北京高德软件公司为国土资源部第二次全国土地资源普查的摄影测量结果，范围包括省级输电网络的区域。航空摄影于 2007 ~ 2008 年完成，采用德国 Z/工公司 DMC 数字航空摄影机，镜头焦距 f=120mm 系列，飞行高度 6000 米，摄影比例尺 1：5 万，摄影中附加工 MU 惯性制导系统进行空间摄站定位。野外 GPS 控制点布设密度航向 30 条基线，旁向 2 条基线。其中 DEM 模型数据是根据航空摄影成果、IMU 惯性制导系统定位数据、野外 GPS 控制成果、内业摄影测量工作站解析空中三角测量数据建立的数字模型运用数字相关理论自动生成的。数字相关理论是根据同名影像积分运算值最大化来实现的。但由于某些区域的树木植被覆盖，无法观测到地面，这时 DEM 的点阵就是树顶的高程。在植被密集的地方，通常树木高度可达到 8 ~ 10 米，因此造成的断面误差达到 8 米。另外需要说明的是，由于系统创建三维场景时使用的数字正射影像 DOL 与数字高程模型 DEM 叠加的贴图模式，数字正射影像（不包含垂直信息）的误差水平是 0.lm，而数字高程模型的误差则为 8 ~ 15m，因此造成了三维场景中水平测量误差和垂直测量误差的不同，但这种误差并不影响实际的应用。

系统使用输电线路的属性信息包括各个输电设备的明细表与数字摄影数据（如实物照片），各类输电杆塔及杆塔设备数据线路的杆塔、导地线、气象条件等设计参数信息、施工设计图纸信息等，主要来源于电网数字管理中心 PMS 数据库，各地区线路管理中心数据库，个别地区的数据使用人工实地记录方法。

二、系统的硬件支持

由于本系统数据量较大，需要足够的服务器存储空间，故采用 SAN 光纤网络存储系统装载系统的数据平台。设备型号 DELL EMC CX4-480C SPE，磁盘阵列控制器模块，双控制器，含 8 个 FC 和 4 个 iSCS 工前端接口；16GB 缓存；300GB，（15 块）450GB（15 块）15000 转 4Gb 光纤接口硬盘；4GB 8-PORT FC SW 工 TCH（2 台）；多路径负载均衡软件 window 系统介质。

三、系统实现功能

（一）三维场景的显示、查询和空间分析功能

系统利用三维 GIS 强大的空间检索与分析功能为输电线路的设计和运维提供有力支持。

系统显示功能包括：可以显示整个三维场景并在其中可进行漫游、缩放、旋转及飞行等操作，显示整条输电线路包括导线、杆塔模型并可以将线路的耐张段直观地显示出来，可以沿线路进行飞行模拟直观的展示线路跨越区域的状况。

系统的查询在功能包括：在三维场景中可以快捷的查询任一输电线路及其相关数据，包括线路电压等级、连接方式、起始点、路径长度、回路数、使用导线型号、输电杆塔空间位置及其结构图、材料表、绝缘子串、金具等设备信息。

系统空间分析功能主要包括：洪水淹没分析、施工土石方体积计算、透视分析、刨面分析、断面分析等。

（二）线路辅助设计功能

系统可以为预设线路方案提取线路的刨面图和横断面图，并将其传输至专业的线路杆塔排位软件。待专业软件完成排位工作后将其排位方案反馈给系统，系统在三维场景中对该方案模拟显示出来，供设计人员对其进行分析和修改。

（三）数据管理功能

系统包含的数据来源复杂，种类繁多且数量庞大，因此系统必须拥有强大的数据管理功能，主要包括数据共享功能、统一坐标系功能、设备管理功能（设备增减、修改）、数据校正功能等。

（四）图表输出功能

系统需要完成一定的输出或打印任务，如线路路径图，杆塔断面图、线路属性表以及各种分析查询结果等。

四、系统具体设计

（一）系统地开发软件

系统采用 EV-Globe 三维空间信息服务平台为基础，EV-Globe 是由北京国遥新天地信息技术公司自主开发的新兴的三维空间信息管理平台。它的服务器端支持 windows，Linux，Unix 等多种平台，客户端支持 windows 平台。EV-Globe 采用组件式开放方式，将所用功能以类或空间形式封装于动态类库 (dll)，方便用户进行二次开发。它可以实现海量空间数据的一体化管理；集成遥感与 GIS，同时管理矢量与栅格数据实现二维与三维矢量联动；提供用户友好的个性化界面，方便非专业人士的使用。EV-Globe 拥有全组件式开发接口，可以针对不同的应用方便地进行扩展，并具有良好的兼容性，可以无缝集成当前主流的 GIS 软件如 Super-map，Arc GIS 等。

（二）系统平台的开发

1. 三维模型库的建立

三维模型指的是各种杆塔、绝缘子串、导线、变电所等设备对应的三维模型集合，系统使用与 Google Earth 兼容的 Sketchup 建模软件针对各种型号的输电设备制作对应的三维模型，模型保存成 3DS 格式文件。

2. 三维地形的建立

首先利用原始点阵数据生成不规则三角网 (TIN) 建立 terrain 模块，生成三角形化后的地形模型，再将影像数据贴到 terrain 模块生成的地形上去，形成真实三维场景。

为了保证三维场景显示的流畅性，系统采用细节层次模型 (LOD) 技术，但是在两个 LOD 模型之间实现切换会在视觉上产生不连续感，显示模型会有一个跳变的过程。为解决该问题，系统采用 Morph 技术，可以每一层 LOD 模型的节点一个 Morph 节点（通常该节点是离复杂度都较低的 LOD 模型层最近）。当由复杂度较高的层向较低层切换时，首先显示他的 Morph 节点，然后再逐步显示其他节点，这样两个相邻层的 LOD 切换时就会有一个渐变的过程，具体原理如图 6-4：

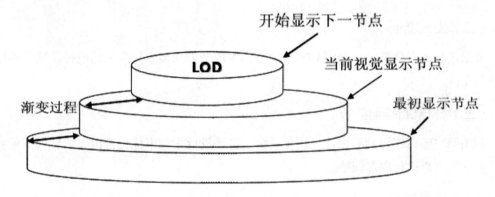

图 6-4　Morph 的工作原理

（1）属性数据库的建立

系统的属性数据包括表示空间对象的非位置特征的数据如地表人文数据，输电设备的资料数据包括设备种类、运行状态、生产手册等。通常这些数据通过设计以一定的结构观存放到商业化的关系数据库中，本系统采用 SQL server。系统中有些数据是已经存在的，位于电力系统运行单位和设计单位的相关数据库中，通过开放式数据库连接技术 (ODBC) 进行远程存取。

（2）系统软件开发

系统以微软工资的 Visual studio 8 平台开发，使用 c# 作为开发语言，采用 EV-Globe 的三维空间信息服务平台提供的 SDK(Soft Development Kit) 作为组件和接口库。系统程序采用面向对象的设计方法，将系统的事物映射为对象，事物的属性及其行为则为对象的属性与方法，系统功能则以功能函数的方法实现。

（三）系统软件结构

系统总体架构采用层次性软件结构，在系统数据库层中加入外接数据接口数据库负责系统数据与外部数据的交换。系统最上层向技术管理人员提供友好的交互画面，用户可以使用其对输电线路的生产调度和规划建设进行管理。

由于电力系统信息的保密性，系统的网络构架暂时采用在局域网下的 C/S 模式，用户需要在客户端上安装该系统的客户端程序，使系统的保密性得到提高。同时客户端程序也可以存储少量的离线数据，使技术管理人员在可以野外工作时调用。

五、系统应用实例

系统在辽阳渝州 220kv 选线中的实现输电线路辅助设计时应用包括下面几个功能：

（一）线路路径初选

线路路径初选是根据三维场景中的地形地貌走向和地面信息分布，在三维场景中进行选线。

（二）生成断面

根据选择地线路路径，利用 GIS 系统中的生成断面功能直接生成送电排位软件所用的断面图文件。

（三）杆塔优化排位

利用架空输电线路勘测设计一体化系统，自动进行无约束优化排位，然后根据重要地段及特殊地点再进行局部调整。

（四）三维展示

通过 GIS 系统地导入功能，把排完位的杆塔用三维模型按照实际位置展示在 GIS 系统中。利用三维的高度真实性，从不同位置和不同视角观测杆塔位置和设计后的线路走向，按照系统中的地面信息对杆塔排位进行进一步调整和优化。然后再把修改后的塔位信息返还到排位软件中，重新进行排位。通过反复优化调整，最终规划出适合本工程的最优杆塔方案。

第七章 3S 技术及其在线路设计中的应用

第一节 GIS，RS，GPS 原理

一、GIS 原理

（一）GIS 的功能

地理信息系统 (GIS) 由计算机硬件、软件组成，是用来获取、存储、检查、管理、处理、分析和显示空间定位数据的计算机系统。GIS 可以实现在各个阶段中对不同数据类型的转换，功能主要表现为：

1. 数据的采集与录入

这是指将采集的各种数据转化为便于处理软件识别并保存的过程。变化之后的数据形式多样，如图像数据、栅格数据、测量数据、属性数据等。

2. 数据的与更新

数据的图像与属性是数据的主要内容。在生产过程中数据库的管理中，数据的属性尤为重要。误差校正和图形修饰等是图形的主要内容。新采集的数据会使得原有数据失去了原有的作用，将新数据代替旧数据可以更好地满足为生产中对观测区域动态分析的需要，从而实现观测区域的长期动态的监测。

3. 数据的存储与管理

以一定的格式序列把数据存储在计算机当中，通过特定的逻辑从而实现数据的快速储存。把各种空间数据以严格的逻辑储存起来，从而形成数据库是 GIS 对空间数据管理的核心。

4. 空间分析与查询

GIS 与其他系统最根本的不同在于其对空间数据的分析与查询功能，这也是 GIS 的关键所在。它通过缓冲区分析和空间插值等基础功能从而实现对空间数据的分析工作。

5. 空间决策支持

它是指为了找出空间数据与现实之间的联系,我们可以运用空间分析对所采数据进行处理。以直观、明了的方式表现出来,为决策者提供合理、准确的决策支持,拓展 GIS 的空间数据获取、存储、查询、分析、显示的功能。

6. 数据显示与输出

它是指通过显示器表达出最后的结论。它可以依照生产需求对所产生的数据进行缩放,最后通过各种形式对数据进行输出。

在特高压线路设计中,需要将航测获取的影像录入到全数字摄影测量系统中,对其进行解析空三测量等处理,生成正射影像图,进行可研选线,规避障碍。线路路径确定后,进行平断面量测,生产线路平断面图,进行杆塔预排位和方案对比等。还可以生成三维景观图,进行立体量测。

(二)空间分析方法在输电线路选线中的应用原理

通过 GPS,RS 技术实现了高精度的地理信息数据获取之后,开始对输电线路的路径进行选择。路径选择是在线路起点与终点之间,设计出满足符合国家建设标准又安全经济性线路路径。输电线路路径的选择,除了要尽量减少建设成本费用外,还要降低施工难度,降低工程运行对周围生态环境的影响。这是涉及工程、环境、经济等方面的多目标的空间决策问题。

对于传统输电线路路径选择工作,一般是在地形图上选线配合野外实地勘测来进行。先在纸质地形图上设计几个路径方案,然后实地勘测关键区域地理信息,并进行技术经济的比较。同时,获取沿线单位的详细数据及其路径通过建议,进一步签订协议书,确定路径推荐方案。再经过有关审核后,进行确定最终路径和后续勘测设计工作计划。这种方法步骤多,现场初勘和收集数据耗时耗力,有时对路径上一个点的否定就导致一段路径不可行,要重新进行上述工作。因此,专业人员一直在尝试用新的技术手段改进输电线路路径选择工作。

计算机技术的发展为 GIS 进行地理信息处理提供了强大的支撑,GIS 为输电线路路径自动选择提供了的技术基础。GIS 是现实世界的一个抽象模型,但是却更为丰富实用。它可提取现实模型中的空间地理信息,还可获取各种地理现象的空间尺度指标。因为计算机强大的计算能力,也可实现对复杂的多种的路径分析。可以看出,GIS 非常适合于输电线路的路径选择,并辅助完成输电线路路径的分析工作。

输电线路路径选择主要的考虑因素有地理条件和经济合理性。地理条件直接决定路径是否可行,具有强制性的约束力;经济合理性则主要从造价的角度出发,节约投资减少成本费用。影响线路路径的地理条件因素许多,如军管区、湖泊、建筑物、河流、管线、自然保护区等,沿途这些不可跨越物是导致线路不能通过的要素。经济合理性因素主要包括路径长度、沿线地形地貌、土地类别、地表覆盖物的拆迁、水文地质条件等。

因为地理条件是决定路径是否可行，具有强制性的因素，是选线设计是最先要考虑的条件，GIS 缓冲区分析的功能为解决这一问题提供了方便的技术基础。首先根据国家相关电力规范及其他行业强制性标准中规定的最小安全距离建立缓冲区，即分别对路径选择可能产生影响的范围内地物建立缓冲区，如村镇、水塘、河流、已有线路、采矿区、自然保护区等。缓冲区的建立不仅可以为线路路径的可行性提供了可靠的数据论证，更提供了路径的信道走廊，为进一步分析经济合理性提供了基础。

经济合理性则主要从造价的角度对线路路径进行优化，影响线路工程造价的因素有很多，最主要的是路径的长度增加会导致造价的大幅增加；山地、高山地等复杂地形相比较于平地会增加施工及运输费用，不良的水文地质条件则会增加杆塔基础的造价；林区、田地、拆迁等土地的使用及迁建费用，转角塔数量的增加等因素都会导致造价的增加。应用GIS，进行线路路径设计，首先量化造价影响因素，再通过规划成本分析和人工赋分等方法，对其指标分别进行评分，计算出各因素的权重。其次，通过找到合适的方法建立计算模型，建立总造价与各个影响因素的逻辑关系，通过汇总综合造价，优选出最佳路径。

二、RS 原理

（一）遥感技术

运用无人机和卫星等设备上的传感器对地球表面所反射的电磁波等辐射进行收集与处理的方法称为遥感技术。这项技术可以通过对收集的信息进行处理和判断分析，对地球环境和资源进行探测和监测。所有物体本身具有各自对光谱吸收和反射特性。每种物体对不同的光谱会有不一样的反射效果，不一样的物体对每种光谱的发射效果也不相同，再加上光谱照射时会因地点与时间的改变发生变化，这也会导致物体反射的信息发生改变。一般情况下，在遥感技术对地表信息进行探测时使用绿色、红色和红色三个波段的光。多数情况下土壤、岩石和地下水等信息用绿光进行监测；水污染和检测植物变化等信息用绿光进行监测；红外线区域来检测土地、矿物和资源。另外，还有一些微波段用来监测海洋生物和大气变化。

（二）数字摄影测量及其立体定位原理

数字摄影测量基于数字影像与摄影测量的基本原理，从处理的原始数据，中间的记录数据到处理成果均是数字的。

数字摄影测量实现立体定位的基础是共线方程，它是对通过遥感技术所采集的信息进行处理的基本方法。它利用在一条直线上的地面点、像点和摄影中心构建了影像点与相对应的地面点的联系。

$$x = -f \frac{a_1(X-X_S)+b_1(Y-Y_S)+c_1(Z-Z_S)}{a_3(X-X_S)+b_3(Y-Y_S)+c_3(Z-Z_S)} \left.\begin{array}{c}\\\\\\\\\\\end{array}\right\} \cdots \cdots$$
$$y = -f \frac{a_2(X-X_S)+b_2(Y-Y_S)+c_2(Z-Z_S)}{a_3(X-X_S)+b_3(Y-Y_S)+c_3(Z-Z_S)}$$

式中，(X, Y, Z) 为地面点坐标；(x, y) 为像点坐标；(X_S, Y_S, Z_S) 为摄影中心坐标。

数字摄影测量中共线方程方法有很多实质的应用，主要包括：

1. 应用前方交会地多像空间和应用后方交会的单像空间。

2. 最基本的通过光束法平差解析空三测量的数学模型。

3. 构成数字投影的基础。

4. 利用已知的信息求解像点的坐标。

5. 通过 DEM 制作正射投影。

6. 利用单幅影像实现测图。

现阶段输电线路测量中应用的正是遥感技术中的数字摄影测量系统，它的应用较传统测量方式更加快捷、便利的获取线路通过区地形、地物和地貌，提高了输电线路的设计效率。

三、GPS 定位原理

（一）绝对定位原理

在 GPS 定位的过程中，通过记录在太空轨道上多颗卫星的瞬间位置，通过后方交会的计算得到 GPS 接收机的地面位置。

设四颗卫星瞬时的位置为 $(x_i, y_i, z_i, i=1, 2, 3, 4)$。可从卫星的星历文件中查出四颗卫星的卫星钟差为 V_{ti} $(i=1, 2, 3, 4)$。GPS 卫星接收机与在轨卫星两者之间的相对距离为 d_i $(i=1, 2, 3, 4)$。信号的传播时间为 $\triangle t_i(i=1, 2, 3, 4)$。根据以上叙述的信息，我们可以列出方程：

$$\left.\begin{array}{l}\sqrt{(x_1-x)^2+(y_1-y)^2+(z_1-z)^2}+(Vt_1-Vt_0)=d_1 \\ \sqrt{(x_2-x)^2+(y_2-y)^2+(z_2-z)^2}+(Vt_2-Vt_0)=d_2 \\ \sqrt{(x_3-x)^2+(y_3-y)^2+(z_3-z)^2}+(Vt_3-Vt_0)=d_3 \\ \sqrt{(x_4-x)^2+(y_4-y)^2+(z_4-z)^2}+(Vt_4-Vt_0)=d_4\end{array}\right\} \cdots\cdots$$

可解算出 x, y, z 和 Vt_0 的数值，得到待测点的实时坐标。

（二）差分定位原理

在同一时刻运用两台或者多台的接收机对相同的一颗卫星进行实时观测，从而确定每个接收机相对位置的方法叫作差分定位，也叫作相对定位。它通过由参考站发出的校正数据对流动站的测量结果进行实时的改正，得到准确的位置数据。一般情况下，分为位置、伪距和载波相位三种差分方式。他们是由参考站发送的参数类型决定的。

1. 位置差分

位置差分参考站发送的是坐标改正数，消除参考站和流动站的常见的如卫星轨道误差等误差。但是，因为流动站不固定的原因，基准站和流动站的距离相对较大时，卫星不能同时被两者观测到，造成误差增大。所以，位置差分只适合测量范围较小，基准站和流动站分离不是太远的测量工作。

2. 伪距差分

所有卫星的距离误差通过伪距差异传送到移动台，通过运用在距离测量中产生的误差来校正测量的伪距。然后使用校正的伪距来求解移动平台的位置坐标，可以消除误差校正。伪距差分被广泛使用，其优点显而易见：伪距校正可以在 WGS-84 坐标系中以高精度执行，每颗卫星的校正数可以由参考站提供；移动台则可以接收太空轨道卫星的位置信息，并且可以通过运用含有差分功能的简单接收机来实现。

3. 载波相位差分

通过对多个测站的载波相位的观测，为用户提供作业时移动站测量的高精度三维坐标，这样就实现了载波相位差分，这种技术又被称之为 RTK。载波相位测量时，测站和卫星之间的相位差主要由三部分组成：$N_i^j(t_0)$ 为起始整周模糊度；$N_i^j(t-t_0)$ 为从起始时刻至观测时刻的整周变化值；$\delta\phi_i^j$ 侧为相位小数部分。可以列出方程：

$$\varphi_i^j = N_i^j(t_0) + N_i^j(t-t_0) + \delta\phi_i^j$$

这个相位差乘以波长 λ，即可得到卫星至测站件的距离。将参考站发给流动站的改正数、改正数的变化率和流动站测出的伪距，还有卫星的瞬时位置等代入上面公式中，在起始整周未知数确定后，即可通过参考站和流动站同时观测相同的 4 颗卫星，求解出流动站瞬时的坐标。

RTK 技术可以通过基准站、流动站和卫星三者之间利用对载波的实时处理从而实现观测者的高精度定位。在输电线路设计过程中，应用 GPS 进行测量，应用最广泛的就是 RTK 技术，它的应用替代了传统线路测量中很多体力劳动，如爬树摇旗、反复奔波等，可以在不顾通视情况下直接采集平断面数据和对塔基定位，简化了工序。

第二节　3S 技术在 1100kV 特高压直流
输电线路中的应用

一、工程概况

对于某直流特高压线路，其曲折系数为 1.11，航空线长 2997km，线路长 3319km。西起于新疆的五彩湾换流站，东至安徽的皖南换流站。其沿线途经新疆、宁夏、甘肃、河南、陕西、安徽等六个省份，海拔在 10 ~ 2300m 之间。

　　文中论述的包段为包 26 将军山 - 王圩，路径长度 49.3km，途径安徽省六安市舒城县、合肥市庐江县，海拔高度在 0 ~ 500m 之间。按地形分类：平地 16.3km，占 33%、丘陵 23.7km，占 48%、河网 9.4km，占 19%；按地貌分类：52% 耕地（含水田）、48% 林地。本标段交通较为便利，沿线有 G206 国道及 S317，S319 省道及一些县道、乡道可以利用。采用 GIS 辅助选线、航测采集平断面、现场放样定位的程序。可研选线使用国网公司电网工程，可研信息化平台进行辅助，测区航片、空三数据、控制点坐标及分带方案均由北京洛斯达公司完成并提供，航测平断面采集使用适普全数字摄影测量 VirtuoZo NT。对于平断面复测、现场定位、塔基断面图及塔位地形图、林木调查及分布、房屋分布测量等使用南方 S82TGPS 接收机 6 台、南方银河 GPS 接收机 2 台进行 GPS RTK 作业，平断面使用道亨 SLCAD 架空送电线路平断面处理系统。

二、使用 GIS 进行可研选线

（一）电网工程可研信息化平台

　　目前在国家电网的特高压输电线路可研究阶段，使用"电网工程可研信息化平台"辅助选线。平台基于时相新的高分辨路卫星影像、DEM、基础地理数据及专题数据，进行路径大方案比选和优化调整，辅助工程过程管理和进度控制。

　　采用可研信息化工作平台进行特高压输电线路工程的可研阶段选线工作，主要是利用 GIS、遥感技术，并整合走廊多源信息，以完成路径选择，进行杆塔预排位和技术经济比较，实现优化设计，为下一阶段的初步设计提供有力保障，在提高初步设计的质量和效率的同时，可减少搬迁和林木砍伐等任务，降低了工程造价又保障了勘测设计的质量。

　　对于某直流特高压线路，主要搜集的数据有：2.5m 分辨率遥感影像、DEM、基础地理数据、专题图数据和工程信息数据等。将搜集的数据按照平台需要的格式进行处理，并导入工作空间建立平台系统，为后续优化选线提供数据基础。

　　1. 高清晰卫星影像：数据时相为 2010 ~ 2012 年，分辨率为 2.5m。全线影像长度约为 3400km，通道宽度为 40km，作业面积约为 136000km^2。

　　2. 数字高程模型：按照卫星影像的范围收集 DEM 数据，原始采样间隔为 90m。

　　3. 基础地理数据：全国地名图层、水系、行政区划界、道路等。

　　4. 专题数据：包括全国地震烈度分布图、中国各省冰区划分图、自然保护区、地质分布图、植被分布图等 5 项专题数据。

　　5. 工程信息：根据各设计院提供的设计资料，进行相关信息矢量化，提取路径方案、自然保护区及规划区、矿区、交叉跨越电力线等工程信息。

（二）优化原则

　　该工程在可研信息化平台上对初选路径进行精确调整，以实现规避一些自然人文资源，如规划保护区、居民城镇、厂矿企业、军事和民用重要设施等。与此同时，对跨越地物进行统计处理，可为可行性研讨阶段及前期布局阶段提供合服要求的数据。

路径调整依据设计院初选路径，依托可研信息化平台，以节约本体投资，减少林木砍伐和房屋拆迁为原则并取得相应成果，并推荐路径方案。原则如下：

1. 在初选路径的基础上综合考虑地形、地物等的影响，进一步缩短路径长度。

2. 路径优选时，对照避让房屋村而增设转角并增加长度和减少转角和路径长度而跨越房屋村庄两种方案，选择更加经济合理的路径方案。对于跨越地物，如房屋，可设置合理的线路转角，以减少房屋拆迁。

3. 优先采用直线转角塔，避开障碍物和通过拥挤路段，减少塔材使用，节约成本。

4. 要求尽可能避开经济作物区、自然保护区、风景名胜区等地区。

5. 对于大型工矿企业、军事设施或其他重要设施，要尽量避开，并减少对其的影响。

6. 优先考虑荒地、山地走线，尽量避开基本农田。

7. 必须考虑对沿线及其附近的弱电线路、机场、电台等的影响。

8. 充分结合当前交通条件，尽量靠近现有道路如国道省道等，方便施工及维护。

9. 尽量避开不良地质带和采动影响区等影响安全运行的其他地区。

（三）车辅助优化选线

1. 辅助选线

在可研信息化工作平台二维视图上，沿路径观察沿线的地物与地貌，并利用等高线判定坡度信息，量测对线路有较大影响的地物到路径中心的距离，如建筑物等，并综合考虑其角度和数量、距离等信息，判定路径是否可用，并对路径进行调整。

2. 杆塔排位

利用平台将调整后的路径进行实时三线断面提取，根据设计参数进行杆塔的概略排位。根据排位结果和显示参数，初步检验杆塔能否达到规范要求。根据杆塔情况判断路径是否合理，并作出相应调整。

3. 统计分析

利用平台的统计分析功能，可以快速了解到设计方案的长度、交叉跨越次数，当设计了多个方案时，可以同时进行统计分析，以比较方案之间的相关指标，据此判断哪一种方案更合理。

利用平台可按照设计院需求的走廊宽度设置缓冲区，结合高分辨率卫星影像数据，主要采用目视识别方法，人工判断缓冲区内（含边缘部分）的房屋，量测房屋边缘。利用平台对房屋进行统计，输出成果，编制统计报告。

4. 地图制图

平台的地图制图功能，将设计线路的平台操作界面以卫星影像为底图制成指定比例尺的卫星影像路径图或者其他专题图，以满足设计人员的相关需要。在昌吉—古泉直流特高压线路可研阶段，制成供线路终勘定线使用的 1∶10000 正射影像图，是可研路径选线的最终成果的部分影像图，黄色线为该 1100kV 特高压输电线路径，红色线为原有的 ±500kV 宜华输电线，新建线路一直平行原有线路，这段路径跨越了萤石矿、部分村庄和村村通、一条省道、漳河河道和一条规划道路（蓝色线）。

三、全数字摄影测量生产平断面图

（一）航空摄影测量

1. 辅助初设与选线

（1）构建预选线平台

基于全息大场景立体平台进行平台搭建工作，将 2.5m，0.5m 分辨率的高清卫片数据、5km 幅宽的 0.5m 超高清卫星影像数据、可研资料、电力线、冰区等其他障碍物和敏感点全部叠加在选线平台上。

（2）航飞路径方案确定

根据工程数据及软件平台，包括包段 1∶50000 万路径图（纸质或电子版）、路径转角坐标或者平台中的 Vector.gdb 文件夹等，在室内或现场根据踏勘情况进行选线，确定航飞路径方案。

2. 航空摄影

全线分四段同时驻场，采用四台数码相机分段进行航摄。部分复杂路段及补飞航线，采用无人机进行机动航摄工作。

3. 外业控制、调绘与像控点测量

外业控制测量采用静态作业模式，调绘和像控点测量采用 GPSRTK 模式。

4. 辅助路径优化设计与检查

（1）建立优化平台，空三加密建立立体像对，DTM 生成与、录入调绘信息，生成正射影像图，制作全数字影像图，制作影像专题图。

（2）路径优化，投入 10 套海拉瓦设备和选线人员，配合设计单位进行路径优化。

（3）辅助专家组进行初步设计路径方案优化检查，协调总体路径，检查环境敏感点和协议落实情况，并配合设计人员落实专家组意见，进一步优化路径。

（4）辅助施工招投标及巡线检修道路方案规划，借助三维可视化平台，主要辅助业主进行施工招标、辅助设计、运行单位测算施工、巡线道路工程量，并规划实施方案。

5. 三维电子化移交

电子资料收集与整理分类、数字化处理、建立电子化移交数据库和入库、建立索引，以及辅助施工过程应用。

（二）航测平断面测量

1. VirtuoZo 系统简介

全数字摄影测量系统 VirtuoZo 电力版是专门的电力设计软件。其功能对于电力勘测设计十分合适，可大大降低优化选线地工作量和工程造价、缩短勘测设计周期、提高勘测设计质量。

VirtuoZo 电力版的工作模式突破了 VirtuoZo 标准版的局限性，将解决以往 VirtuoZo 不能处理的绝大部分难题，显著地提高线路工程的工作效率。VirtuoZo 电力版的主要特点：高度智能化的功能；数字化自动进行影像预处理、定向、建立 DEM、提取等高线和制作 DOM 等操作；可快速匹配同名点，超过 2000 点 /s 以上；有两种处理方式，即 "自动化" 和 "交互处理"；可生产多种比例尺的 4D 产品，如 DLG；可处理各种平台遥感影像，如 SPOOT，SPOT5 等；可以实现 Micro Station 和 VirtuoZo 的实时数据通信。

2. 使用 VirtuoZo AAT 进行空三加密的作业

空三数据准备阶段首先建立测区，设置基本参数，输入外业控制点、影像格式转换，然后进行内定向，确定航线偏移量。然后进行空三自动转点，出现异常时需要人工辅助干预。下一步进行空三加密利用 PATB 剔除粗差，量测控制点，平差，最后输出加密点。

空三自动转点，这一过程需要计算机用较长时间完成。数据准备在白天完成，自动转点安排在夜晚，以充分利用计算机并降低工作量。

3. 使用 VirtuoZo ELE 进行平断面图量测

（1）基本功能

VirtuoZo ELE 具有如下的基本功能：引入 AAT 空三成果；引入 Heleva 空三成果；引入 Inpho 空三成果；引入 SAT 成果；引入 ADS 成果；创建大场景；三维选线；平断面设计；TL 联机和道亨联机；输出线路路径图；输出塔位地形图、塔基断面图；三维漫游显示。

（2）核线匹配和生成 DEM/DOM

AAT 成果引入后，需要进行核线重采样及其匹配，DEM、DOM 等产品的生成，DEM 拼接等步骤，Heleva 和 Inph 等成果的引入与 AAT 成果引入步骤相同。

（3）创建大场景

创建大场景需输入以下信息：正射影像文件、DEM 文件、指定生成的 VST 文件、指定视线夹角，将它们添加到任务中，重复前面操作，并添加多个待处理的任务，然后计算、处理并生成 VST 模型。

（4）选线量测

① 采集输电线路断面，利用"电力线路设计"功能进行处理。

② 采集调绘地物，选择要采集的地物类型，例如"3011 独立房屋"等。

③ 采集中心线、左边线和右边线，可以使用手轮脚盘或者鼠标进行控制。

④ 地物包括点位、删除添加地物、闭合连接地物、直角化地物、翻转地物、断开地物、伸缩移动直线、双点打断、连接一元素到交点、伸缩两元素到交点、转角点号、指定线路颜色、清除等高线等。

⑤ 量测地物可进行距离量测、角度量测、高程差量测、边线距离量测、线路缓冲区统计、区域地物统计、土方统计、多边形面积量测等。

⑥ 查看线路平断面。选择"起始塔号"和"终止塔号"，确定线路段查看平断面。

⑦ 杆塔排位。为更方便的查看线路的断面信息，可以选择"显示/隐藏断面线""显示自动采集断面线"和"显示较高断面线"。还可以进行调高塔位、添加删除塔位、修改塔位及塔属性、调低塔位等。送电设计专业进行塔基排位，测量专业辅助完成。

⑧ 导出塔位文件。可导出几种格式的文件，包括 DXF 文件、DWG 文件、MAP 文件、ORG 文件、TXT 文件、XYZ 文件等格式。

（5）联机测图

可以应用 VirtuoZo 电力版进行联机测图，可以与洛斯达 TL 平断面量测软件或者道亨 SLW 平断面量测软件联机，从立体场景中获取相应信息，并将采集结果直接反馈到平断面量测软件中。这种方法非常直观，采集到的数据同步在线路平断面测量软件中显示。

洛斯达 TL 平断面量测软件和道亨 SLW 平断面量测软件是目前各地区和省电力设计院使用最广泛的两种平断面测量软件，设计可直接在软件中进行塔基排位。

四、GPS 技术的应用

（一）GPS 控制网的建立

1. 控制网建立方法

使用 GPS 静态（快速静态）作业模式建立输电线路首级控制网，像控点测量和联系测量等使用 GPSRTK 模式，为输电线路的后续测量工作提供三维起算坐标数据。

利用 GPS 静态（快速静态）作业模式建立输电线路的控制网主要包括前期准备、选点与埋石、GPS 外业、数据平差处理、成果输出等步骤。

（1）前期准备

首先搜集资料，包括线路路径图、沿线国家控制点、沿线交通、地物、地貌等基本情况。然后确定平面坐标和高程系统，编制勘测大纲，对确定使用的仪器设备进行检验和维护。

（2）选点与埋石

根据线路路径情况，沿线已有的控制点资料情况，根据对应测区实际情况合理布置

GPS 主控制网。控制点间距离一般控制在 4km ~ 10km 之间。控制点点位需要选择交通方便且满足接收条件的位置，埋设固定桩，并绘制点之记号详细记录控制点的位置。

（3）GPS 外业

使用 12 台 GPS 接收设备，测量精度达到四等 GPS 控制点标准。GPS 网各项精度应符合规程要求，按照同步图形扩展进行观测。在观测之前，我们需要制作相应的技术设计书、GPS 预报图及相应的调度计划等，然后准备相关仪器设备，最后做好外业测量及观测记录。

GPS 控制网应与附近高等级的国家平面及高程控制网相互连接和转换。对于高程联测点数，不少于 3 个点。对于平面联测点数，不少于 2 个点。对起算平面测量成果及高程测量成果需要校准测量。对跨越多个经度的同一线路的处理，可分成多个投影带，并在分带的交线边添加国家平面控制点以进行联测。

像控点观测与 GPS 控制点观测同时进行，但分别进行测量平差处理。

（4）数据平差处理

GPS 数据处理分为数据传输、格式转换、基线解算、测量平差处理、坐标转换等阶段。其中测量平差处理包含无约束平差、粗差剔除、约束平差和平差成果输出等步骤。平差后进行坐标转换，计算坐标转换的参数。

（5）控制网成果

输出的成果除了控制网坐标和高程数据，还包括基线结算结果及标准差、无约束和约束平差结果及其标准差、坐标转换参数及精度、误差检验和精度估计等内容。

2. 控制网检查

某直流特高压线路平面坐标系统为 1954 年北京坐标系，椭球参数长半径 r=6378245m，a=1/298.3，中央子午线为 E1170，高程系统为 1985 国家高程基准。GPS 控制网由其他单位测设，在进入现场进行终勘测量时，首先对控制点进行复测。有 6017，KZO1，KZ02，KZ03，KZ04，KZO5，KZ06，6018 等 8 个控制点，平面和高程精度均为四等。计算控制点之间校核误差，平面差值在 9cm 之内，高程差值在 1cm 之内，平面差值较大。通过几次试验计算，去掉 6018 后，其余 7 个控制点之间平面差值在 4cm 之内，高程差值在 1cm 之内，因此使用 6017，KZO1，KZ02，KZ03，KZ04，KZO5，KZ06 等 7 个控制点，采用经典三维方法建立坐标转换关系。

转换后各控制点内部残差平面小于 0.04m，高程小于 0.01m。转换关系的七参数如下：

Dx=175.9634m

Dy=167.7717m

Dz=234.6836m

Wx=2.52716″

Wy=7.35414″

Wz=-3.02174″

K=10.636431 × 10e-5

任意点架设参考站，输入解算参数，以各个控制点为校正点和校核点，采用 RTKGPS 测量。参考站设置在卫星接收条件好、交通方便的位置。

（二）线路定位测量

特高压线路勘测涉的各阶段可以应用到 GPSRTK 技术，如航片调绘、可研选线，但 GPSRTK 技术最主要的是应用在线路设计的定线与定位阶段。

1. 定线测量、桩间距离和高差测量

利用 GPSRTK 技术进行定线测量使用其直线放样功能。按前期工作获取的转角坐标进行放样直线桩并测量相应坐标和高程，使用测得坐标反算桩间距离。直线桩的布设应满足后续工作的需求。

同一段测量线路之中，需要采用一个参考站进行直线桩放样，这可控制其间的直线精度。对于相邻直线桩间的距离，按照规范要求，应不小于 200m，特殊情况增加校核条件，以保证精度。

在 RTK 放样直线桩的过程中，必须满足相应的观测条件。对于高程精度指标，按照规范要求，应该小于 ±30mm。对于显示偏距，按照规范要求应小于 ±15mm，并需确定直线桩位置，记录相应的数据，如桩号等，且同步观测卫星不少于 5 颗。变更参考站时，对于前一次放样的结果需重复测量，且高程较差不应大于 ±0.1m，坐标较差不应大于 ±0.07m。

2. 平断面测量

线路平断面图测量时对线路中心线及左、右边线的断面数据进行了采集，与数字摄影测量系统采集的平断面进行对比，按照定位手册中的精度要求（平面坐标误差平地、丘陵不大于 1m，个别不大于 1.5m；高程误差平地、丘陵不大于 ±0.3m，对超限的数据按照 GPS 测得的数值修正平断面图）。对线路中心线和设计确定的边线附近高出中心断面 0.5m 的危险点和风偏点，测量其线路坐标和高程并标注在断面图上，在跨越林区时测量树林的范围和树木的高度，在平面上标注了树种、树高、胸径等信息，在断面上标注树木自然生长高度。

3. 定位及数据检验测量

定位测量以设计专业提供的塔位明细表、具有导线对地安全线的平断面图、设计定位手册为依据，使用 GPSRTK 实地放样各塔位桩。

定位时对危险点、风偏点、重要交叉跨越点进行检测，对照平断面图，对沿线地物地貌进行检查，以发现漏测、与实地不符的地物地貌等。并进行相应的补测改正和对图面信息与地面实际进行一致检测。

4. 塔基断面、塔位地形测量

根据设计要求，塔基塔位进行了塔基断面和塔位地形测量。塔位地形图的坐标系统采用线路独立坐标系：以塔位中心为原点，以垂直线路为X轴，方向往上，以线路方向为Y轴，方向向前。高程系统保持与线路高程系统一致。

塔基断面测量平地4个方向、丘陵山区8个方向，成图比例尺横纵均为1：300，对塔腿方向上地形变化点和基础角点逐一测量，每个塔腿方向的测量距离直线塔为27.5m，转角塔为32.5m。直线塔位测量范围为55m×55m，转角塔位测量范围为65m×65m。塔位地形图的等高距为0.5m，比例尺为1：3000塔基断面测量方法如下：

（1）直线塔：塔腿间夹角为90°，A，B，C，D腿与后退方向的夹角依次为135°，225°和315°。

（2）转角塔：塔腿间的夹角应为90°。假设转角度是a，并且左转时取正值，反之取负值，后退方向与A，B，C，D腿夹角为45°-a/2；135°-a/2；225°-a/2和315°-a/2。

5. 房屋分布图

房屋分布图测量以数字摄影测量系统输出的平面图为基础图，使用GPSRTK配合全站仪、钢尺、测距仪等对中心线50m范围内的房屋进行面积、偏距测量，同时进行属性调查，记录房屋的属地、建筑材料、结构类型、层数、户主姓名电话等信息。所有房屋均拍摄照片，条件允许时每个房屋近景和远景照片共拍摄五张。

6. 林木分布测量

林木分布测量以数字摄影测量为主，外业采用GPSRTK实测校核方法，对送电线路交叉跨越中心线左右75m的林木，实测其树木边界，并采用全站仪和测高仪现场测取树木中具有代表性的树木高度，并进行林木种类、密度、胸径、分布、自然生长高度等属性调查，按照实际情况修改平断面图上信息。对线路附近需要砍伐的树木配合设计人员确定范围及数量，同时拍摄砍伐林木的分布照片。

第三节　应用实例成果分析

一、GIS辅助可研选线分析

（一）节省投资，统筹考虑经济效益

高分辨率卫星影像数据，结合多种专题数据的全数字化表达，提高路径可行性，加深可研深度，从源头上有效控制工程投资。同时，平台支持杆塔规划，有效提高线路的准确性和可信度，确保路径方案具有更合理的工程量估算，大范围的优化设计，实现整体效益。

（二）保护环境，有力保障环保效益

对矿区、风景区等需避让地物有效避让，考虑日后的规划发展，使得在相关规划中能建立合理的线路走廊，在规划中将电网建设与地方建设有机地统一协调起来，提高规划质量。

（三）产品丰富，根本改善作业环境

所提供的产品包含转角坐标、卫星影像路径和站址图、房屋统计数据、森林长度数据、河流和电力线等交叉跨越的数量统计。二维选线与三维可视化结合，使得成果更直观，并将部分外业工作转移到室内，尤其对需要多方案对比的复杂地段，可以在很短的时间提供各个方案的断面图以供使用，减少了野外劳动量。

（四）符合全寿命和过程的管理理念

对于全寿命、全过程的规划、整合及控制，保证可研工作的可控、在控。平台采用现行通用的数据格式和标准，对于可研路径，其数据成果可以快速无缝衔接，以保证各阶段之间信息传递的有效性和及时性。并可作为后期招投标、初步规划以及施工的数据输入。

（五）提高决策水平，缩短决策时间

宏观把握，辅助决策，提高电网建设的信息化水平。可以直接减少决策过程去实地调查或勘查的成本，减少时间成本，提高决策的可靠性。

（六）有效提升管理效益

采用数字化、高集成度的管理工作平台，大幅度缩短了可研工作时间，避免了大方案调整引起的投资大幅度调整，体现了很好的管理效益。

二、航测平断面数据和 GPS 数据的对比

（一）数字摄影测量系统限差

使用数字摄影测量系统在线测量软件进行平断面的采集。因没有针对 ±1100kV 特高压输电线路勘测测量的现成规范，按照参照《输电线路工程测量手册》编制的《昌吉 - 宣州 ±1100kV 特高压直流输电线路工程包 26（将军山 - 王圩）定位手册》（施工图设计阶段）的精度要求执行。

在数字摄影测量系统进行绝定向工作中，平面坐标的误差应符合以下规定：平地、丘陵地区不大于 0.0002M（单位为 m），个别不大于 0.0003M，M 为成图比例尺分母；山地、高山地区不大于 0.0003M（单位为 m），个别不大于 0.0004M，M 为成图比例尺分母。高程定向的误差应符合以下规定：平地、丘陵地区不得大于 ±0.3m；山地、高山地区不得大于 ±0.5m。

某 1100kV 特高压直流输电线路工程包 26 将军山 - 王圩段地形均为平地和丘陵，平面

比例尺为 1 : 5000。因此绝对定向平面坐标误差为：± 0.0002 × 5000= ± lm，个别不大于 0.0003 × 5000= ± 1.5m。绝对定向高程定向误差为 ± 0.3m。

（二）数字摄影测量与 GPS 获取的平面坐标数据对比

选定若干便于数字摄影测量系统和 GPS 测量定点定位的坐标点，一般为房角点和围墙脚点。共选取 136 个坐标值，它们分段连续并分布在整条线路上。坐标值整数部分保留后四位。

数字摄影测量系统采集的坐标值与现场 GPS 工程测量采集到坐标值，在无遮挡的耕地中未超过 lm 限差的比例到达 97.8%，超过 lm 限差的两点 △ 平面为 1.08m 和 1.07m，均为超过个别不大约 ± 1.5m 这个要求，认为在无遮挡情况下，数字摄影测量系统采集的坐标值可用。在有遮挡的地中，未超限率为 37.8%，树木等的遮挡影响了数字摄影测量系统采集坐标的精度，这种情况现场要用 GPS 复测平面坐标值，修正数字摄影测量系统采集坐标的误差。

（三）数字摄影测量与 GPS 获取高程数据对比

选定若干便于数字摄影测量系统和 GPS 测量定点定位的高程点，一般为房角点、道路路面（水泥路和机耕路）、独立地物和围墙脚点，在线路整段选取 122 个高程值。

数字摄影测量系统采集的与现场 GPS 工程测量采集的高程值，在耕地即无遮挡的情况下未超过 0.3m 限差的比例到达 96.0%，特别需要注意到的是，在第 2，5，7，19，23，60 点等六处水泥路面点和第 40，44，点等三处机耕路中的 2 处，数字摄影测量系统采集到的高程与 GPS 采集的高程较差不大于 0.1m，精度较好，因此认为使用数字摄影测量系统采集高程时，光滑的路面比粗糙地面如耕地精度更高；在超过 0.3m 限差的两点 △ h 为 0.31m，0.42m 和 0.31 米，比较接近 0.3m 的限差，因此认为在无遮挡情况下，数字摄影测量采集的高程值可用，但需要检测并修正。

在有遮挡的林地里，未超限率仅为 25.5%，树木的遮挡影响了数字摄影测量系统采集高程值，这种情况下，现场要 100% 用 GPSRTK 复测高程，以修正数字摄影测量系统采集高程值的误差。

三、航测遥感技术应用分析

（一）促进作业方式的转变，提高生产效率

在输电线路工程勘测中，利用遥感获取地形、地貌、地物等基础资料，这是现代信息采集技术与具体工程项目的紧密结合，改变了输电线路工程勘测的作业方式。在路径确定后，使用数字摄影测量系统采集平断面和定位数据，测图速度可达 10 ~ 15km/ 天，外业一次终勘定位，使用 GPSRTK 技术进行复测和定位，外业工作时间可减少 30% 以上，提高了勘测设计的效率。

（二）利于路径优化，提高路径成立可信度

在卫星影像和 DEM 模型构建的工作平台上，进行路径优化，可以全面综合的考虑影响路径的各种因素，设计人员在室内的计算机上可观察沿线的地形地貌和有影响的地物，可方便地进行方案的反复对比调整，减少了路径不确定因素的干扰，可以减少转角，避免不必要的林木砍伐和房屋拆迁，实现设计优化，提高了路径成立的可信程度。

（三）避免勘测差错

内业测图是在立体的仿真环境下进行，较比野外实地，由于作业人员的视角不同，对于边线和危险点的判别更加容易，避免漏溅，减少产生差错。

（四）局限性

对于地面被遮挡的林区，数字摄影测量系统采集平面坐标和高程精度难以满足横 1 ： 5000、纵 1 ： 500 的平断面图要求，需要在终勘定位时复测，使用 GPS 重新获取数据，为后续工作提供精确的测量数据和图纸。

第八章　输电线路计算机辅助设计

第一节　输电线路相关计算

一、架空线的机械物理特性和比载

架空输电线路中最广泛使用的架空线是钢芯铝绞线，其结构较复杂，因此着重研究钢芯铝绞线的机械物理特性，其他类架空线的机械物理特性可类似得到。

（一）综合弹性系数

钢芯铝绞线由具有不同弹性系数的钢线和铝线两部分组成，在受到拉力 T 的作用时，钢线部分应具有应力 σs，铝线部分应力为 σa，绞线部分的平均应力为 σ，三者之间并不相等。但由于钢芯与铝股紧密绞合在一起，所以认为钢部与铝部的伸长量相等，即钢线部分和铝线部分的应变相等。根据胡克定律：

$$\sigma = E\varepsilon \ , \quad \sigma_s = E_s\varepsilon_s \ , \quad \sigma_a = E_a\varepsilon_a$$

$$\varepsilon = \frac{\sigma}{E} = \frac{T}{EA} \ , \quad \varepsilon_s = \frac{\sigma_s}{E_s} = \frac{T_s}{E_s A_s} \ , \quad \varepsilon_a = \frac{\sigma_a}{E_a} = \frac{T_a}{E_a A_a}$$

上式中，T，Ts，Ta 分别为架空线的总拉力、钢部承受拉力和铝线承受拉力 A，As，Aa 分别为架空线的总截面积、钢部部分截面积和铝线部分截面积。

三者应变相等，即 $\varepsilon = \varepsilon_s = \varepsilon_a$，而 $T = T_s = T_a$，$A = A_s = A_a$，所以有

$$E = \frac{E_s A_s + E_a A_a}{A} = \frac{E_s A_s + E_a A_a}{A_s + A_a} = \frac{E_s + E_a A_a / A_s}{1 + A_a / A_s} = \frac{E_s + m E_a}{1 + m}$$

其中铝钢截面比 $m = A_a / A_s$

（二）温度线膨胀系数

架空输电线路中最广泛使用的架空线是钢芯铝绞线，将温度升高 1℃时钢芯铝绞线单位长度的伸长量称为温度线膨胀系数。在钢芯铝绞线中，铝的线膨胀系数较大约为 $=23 \times 10\text{-}61/℃$，钢的线膨胀系数较小约为 $=11.5 \times 10\text{-}61/℃$，钢芯铝绞线的温度膨胀系数

α 介于 α_a 和 α_a 之间。

$$\alpha = \frac{E_s \alpha_s + m E_a \alpha_a}{E_s + m E_a}$$

由上式可以看出，钢芯铝绞线的温度线膨胀系数大小不仅与钢、铝两部分的温度线膨胀系数有关，而且还与两部分的弹性系数和铝钢截面比有关。

（三）架空线的比载

在架空线的相关计算中，常用到单位长度架空线上的荷载折算到单位面积上的数值，将其定义为架空线的比载，根据架空线上作用荷载的不同，将常用的比载分为七种，计算方法如下：

1. 自重比：是架空线自身重量引起的比载，计算式为：

$$\gamma_1(0,0) = \frac{m_0 g}{S} \times 10^{-3} \ (MPa/m)$$

其中，g，mg，S 分别代表重力加速度、架空线的单位长度质量 (kg/km) 和架空线的截面积 (mm²).

2. 冰重比载：架空线的覆冰重量引起的比载，若取覆冰的密度为 ρ =0.9 × 10-3kg/cm3，则冰重比载为：

$$\gamma_2(b,0) = 27.708 \times \frac{b(b+d)}{S} \times 10^{-3} \ (MPa/m)$$

其中，d, b, S 分别为架空线的外径 (mm)、架空线覆冰厚度 (mm) 和架空线截面积 (mm²)。

3. 垂直总比载：架空线的垂直总比载是自重比载和冰重比载之和。

4. 无冰风压比载：无冰时架空线单位长度、单位截面上的风压载荷可按下式计算：

$$\gamma_4(0,v) = \frac{\beta_c \alpha_f \mu_{sc} d W_v \sin^2 \theta}{S} \times 10^{-3} \ (MPa/m)$$

其中，μ_{sc}，α_f，d，W_v, S, θ 分别为风载体型系数、风速不均匀系数、架空线直径 (mm)、架空线外径、风压 (CPa)、架空线截面积 (mm²)、风向与线路方向的夹角。

5. 覆冰风压比载：架空线覆冰时，其直径由 d 变为 d+2b，迎风面积增大。同时风载体型系数也与未覆冰时不同，规范规定覆冰时风载体型系数一律取为 μ_{sc} =1.2。另外，实际覆冰的厚度要大于理想覆冰的厚度，实际覆冰的不规则形状加大了对气流的阻力，需要引入覆冰风载增大系数 B。覆冰时的风压比载计算式为：

$$\gamma_5(b,v) = \frac{\beta_c \alpha_f \mu_{sc} B(d+2b) W_v \sin^2 \theta}{S} \times 10^{-3} \ (MPa/m)$$

6. 无冰综合比载：架空线无冰有风时的综合比载，是自重比载和无冰风压比载的矢量和。

7. 覆冰综合比载：架空线的垂直总比载和覆冰风压比载的矢量和。

二、架空线的状态方程及弧垂的计算

（一）架空线的许用应力和安全系数

架空线的应力，指的是架空线在单位截面积上的内力。架空线悬挂在两杆塔之间，由于自重、冰重和风压等荷载作用，其任意横截面都存在应力。如果对架空线任意点位置在忽略摩擦力的情况下作静力学的受力分析，根据平衡条件可得到：一个耐张段在紧线时，其各点应力的水平分量均相等，而根据机械力学的相关计算可知，架空线最低点的应力是水平方向的。所以架空线的应力一般指其最低点的应力。

架空线的许用应力是指架空线弧垂最低点所允许使用的最大应力，工程中称之为最大使用应力，其值由下式确定：

$$[\sigma] = \frac{\sigma_p}{k}$$

式中，σ_p 和 k 分别为架空线的抗拉强度和架空线设计的安全系数。

影响安全系数的因素很多，如悬挂点的应力大于弧垂最低点的应力，补偿初伸长需增大应力，振动时产生附加应力而且断股后架空线强度降低，因腐蚀、挤压损伤造成强度降低以及设计、施工中的误差等。

（二）连续档架空线的计算

实际工程中，一个耐张段一般由若干基直线杆塔构成，耐张段包含的不同挡距称为连续档。连续档各个挡距的长度和悬点高度通常是不相等的，由于悬垂绝缘子串在竣工时通常处于铅垂位置，所以各档距在水平方向的张力是相等的。如果运行中气象条件变化，各档架空线会按各自的参数相应的变化，例如，当比载增大时，小挡距的应力增大较少，大挡距的应力增大较多，造成悬垂绝缘子串偏斜。

在计算连续档架空线的应力、弧垂等参数时，可以将连续挡距用一个等价孤立的挡距，即代表挡距来表示，从而简化计算过程，并且必须把各档之间的相互影响考虑在内。

由于挡距和气象条件并非固定的，它们的变化会影响架空线的应力和弧垂，利用状态方程式，我们可以求出不同条件下架空线的应力。

1. 状态方程

假设一个理想状态，当架空线为理想柔线和完全弹性体，且其荷载均匀分布，可以得出架空线的基本状态方程式如下：

$$L_1\left[1 - \frac{\sigma_{cp1}}{E} - \alpha\left(t_1 - t_0\right)\right] = L_2\left[1 - \frac{\sigma_{cp2}}{E} - \alpha\left(t_2 - t_0\right)\right]$$

其中 L1 和 L2 为两种气象状态时架空线的悬挂长度，由此可以推导出以下两种情形的斜抛物线的状态方程式：

（1）考虑高差影响

若一个耐张段各档距悬挂点不等高，并且需要考虑高差影响，这时引入架空线所在平面的高差角，并设 m 状态为已知状态，n 状态为待求状态，从而得到耐张段连续档的状态方程。

（2）忽略高差影响

若零差角，可以得到忽略高差影响时的耐张段连续档的状态方程。

2. 弧垂

（1）忽略高差影响

挡距中央的弧垂为：

$$f = \frac{l^2 \gamma_n}{8\sigma_n}(m)$$

（2）考虑高差影响

挡距中央的弧垂为：

$$f = \frac{l^2 \gamma_n}{8\sigma_n \cos\phi}(m)$$

（三）孤立档架空线的计算

由于线路进出变电所或跨越障碍物等原因，输电线路中往往出现两基耐张杆塔相连的情况，这种两基耐张杆塔自成的耐张段称为孤立挡距，简称孤立档。

孤立档的两端为耐张型杆塔，两端悬挂的耐张绝缘子串往往比架空线本身的重量较大，由于孤立档通常具有 T 接线或其他集中荷载所用，其比载不同于架空线的比载。架空线通过耐张绝缘子从采用耐张线夹固定在横担上，如果挡距和架空线截面较小，耐张绝缘子串的荷载对架空线会有较大的影响，所以，孤立档架空线的计算应按非均匀荷载进行。此外，孤立档架空线的线长、弧垂和应力不受相邻档距的影响。

1. 状态方程的构造

（1）两端都联有耐张绝缘子串

在构造这类架空线的状态方程式时，需要代入架空线的各类参数。其中描述架空线本身属性的主要有：

E 架空线的弹性系数 (MPa)，L 架空线的挡距，ϕ 架空线两端的高差角，α 架空线的热膨胀系数 (1/℃)；

在方程两边分别代入初始和待求条件两种状态的变量有：

γ_m，γ_n 分别代表初始和待求条件下的比载 (N/m.mm^2)，

t_m，t_n 分别代表初始和带求条件下的温度 (℃)，

σ_m 表示在比载 γ_m 和温度 t_m 时的应力 (MPa)，

σ_n 表示在比载 γ_n 和温度 tm 时的应力 (MPa);

K_{2m}, K_{2n} 分别为已知和待求情况下，两端都联耐长串的悬点不等高档距的比载增大系数，这是计算水平应力的关键参数，在计算时需要考虑为电线截面积 s(mm²)，为耐长串长度袄 m，已知和待求情况下绝缘子串的比载 γ_{Jm}, γ_{Jn}(N/m.mm²)，以及已知和待求情况下的绝缘子串重力 G_{Jm}, G_{Jn}(N)；

（2）一端联有耐张绝缘子串

在构造仅右悬挂耐张绝缘子串时，需要引进额外的参数如下，其他符号意义同前。

L_1，架空线所占挡距；

G_J，耐张绝缘子串的重量；

W_i 架空线的单位截面荷载；

γ_β 架空线的水平投影比载。

2. 弧垂

（1）两端都联有耐张绝缘子串

挡距中央的弧垂为：

$$f = \frac{l^2 \gamma_n}{8\sigma_n \cos\phi} + \frac{(\gamma_{Jn} - \gamma_n)\lambda^2 \cos\phi}{2\sigma_n}(m)$$

（2）一端联有耐张绝缘子串

$$f = \frac{l^2 \gamma_n}{8\sigma_n \cos\phi}\left(1 + 2\frac{\gamma_{Jn} - \gamma_n}{\gamma_n} \cdot \frac{\lambda^2 \cos\phi}{l^2}\right)(m)$$

另外，在计算孤立档架空线最大设计应力时，还需要考虑门型构架的最大允许张力。

第二节　数据库系统的设计与实现

架空输电线路辅助设计系统数据库主要由图形数据库，和架空输电线路参数数据库两部分组成。

一、数据库与数据库系统

数据库 (DB) 是在传统的文件系统基础上发展起来的，以数据集合的形式存储在计算机内，为了方便数据被所有可能应用共享，这些数据往往有着一定的组织方式，并能够赋予最优的存储结构和重复率。目前所有的应用程序几乎都必须有数据库支持。

（一）数据库系统的构成

数据库系统通常由以下几个部分组成，包括计算机系统、数据库管理系统、数据库及其描述等。

计算机系统是用于数据库管理的计算机资源，不仅包括软件资源，还有硬件的支持。数据库及其描述指的是存放实际数据的物理数据库和存放数据逻辑结构的描述数据库。描述是通过数据模型实现的，数据模型种类很多，其中层次模型、网状模型和关系模型是最常见的三种。数据库管理系统是为了维持数据库系统的正常运行而建立的一组软件，当用户提出各种访问数据库的应用要求时，DBMS 可以接收并回复这些要求，从而使数据库数据得以维护。DBMS 在用户和数据库之间架起了桥梁。

（二）数据库系统的主要特性

数据的独立性。是指用户的应用程序对数据的非依赖性，应用程序与存储在设备上的数据彼此分开、各自独立。当数据库的物理性质发生改变时，如更换存储设备、改变组织方式等，不需要修改应用程序——物理独立性；当数据库的逻辑结构发生改变时，不需要修改应用程序——逻辑独立性。反之，应用程序改变时，不要求数据结构作相应改变。

最小的数据冗余度。如果数据库中的数据重复率较大，将占用一定的存储空间，保证数据的冗余度尽可能小是保证数据一致性的关键，而且也能提高搜索速度。

最多的共享性。实现数据共享是数据库最本质的特点。数据的共享体现在，不同的应用可以使用同一个数据库；不同的应用可以在同一时刻存取同一数据，即并发使用；当前存在的应用和未来的新应用均应能使用同一数据库；可以使用多种语言编写应用程序访问同一数据库。

二、架空输电线路参数数据库的设计

（一）数据库概念设计

作为数据库应用系统开发的关键环节，数据库设计意在为用户和各种应用系统提供一个基础设施完备、结构良好且效率较高的运行环境，这个过程需要数据库管理系统的支持，参照用户的需求和数据库设计的规范。关键步骤在于，在一个给定的应用环境下，选定最优的数据模式，建立一个能够有效地存储和管理数据并能满足用户需求的数据库应用系统。主要任务是，根据用户的信息需求、处理需求和相应的数据库应用环境，设计出包括概念结构、逻辑结构和物理结构的数据库。其特点有，设计过程结合软件与硬件，应结合应用系统的设计规范，与具体应用相关联。

为了对系统参数数据进行全面、翔实的分析，按照数据库规范化的要求为系统建立多张表，包含杆塔、气象信息、工程信息、金具等。

（二）数据库逻辑结构设计

逻辑结构设计的任务是将概念结构设计阶段产生的实体关系图转化为逻辑结构图，由此形成与数据库管理系统所支持的数据模型相符的逻辑模型。E-R 图是由实体、属性和实体间关系组成的关系结构图，它与概念模型的不同在于概念模型与现实无关，其信息结构独立于数据库管理系统，而 E-R 图确定了关系模式的属性和码，是逻辑结构的一组关系模式的集合。具体而言就是转化为选定的 DBMS 支持的数据库对象，如表、字段、视图、主键、外键、约束等数据库对象。

（三）SQL 语言

1. SQL 语言概述

结构化查询语言 SQL(Structured Query Language) 是关系数据库的标准语言，功能强大、易学易用。SQL 结构化是指 SQL 利用结构化的语句 (Statement) 和子句 (Clause) 来使用和管理数据库，语句是数据库系统中可以执行的最小单位，语句可以由多个子句组成；SQL 具有强大的查询功能，狭义的查询指获取所需的数据信息，广义的查询还包括数据库的创建与删除，以及用户权限的指派等；而 SQL 不能脱离运行环境独立运行，需要依靠对应的服务器提供的编译环境。SQL 还具有数据定义和数据控制功能，是集数据定义语言 (DDL)、数据查询语言 (DQL)、数据操纵语言 (DNIL)，数据控制语言 (DCL) 于一体的关系数据语言。1986 年由美国国家标准局 (ANSI) 及国际标准化组织 (IS0) 公布作为关系数据库的标准语言。

人们为数据库设计的体系结构非常严谨，在数据库领域，工人往往应用三级模式的标准结构来组织和管理数据，即外模式、模式和内模式，数据库的逻辑独立性和物理独立性大大提高。在三级模式结构中，用户级对应外模式，概念级对应模式，物理级对应内模式，使不同层次的用户对数据库形成不同的视图。数据库的体系结构分为三级，SQL 也支持着三级结构，其中，外模式对应视图，模式对应基本表，内模式对应存储文件。

2. 常用 SQL 语句

（1）连接查询：连接查询是指以两个或两个以上的关系表或视图的连接操作来实现的查询。等值与非等值连接查询是最常用的连接查询方法，是通过两个关系表中具有共同性质的列的比较，将两个关系表中满足比较条件的记录组合起来作为查询结果。如系统中以下三个表关系如图 8-1 所示，如果要获得表 Tower Lib 中的杆塔名称和表 Project 中的工程名称值，可以使用以下语句

SELECT Tower Name，PJName
FROM TowerLib，Project，Tower SelPara
WHERE Project.PJID=Tow SelPara.PJID
AND Tow Sel Para.Tower ID=Tower Lib.Tower ID

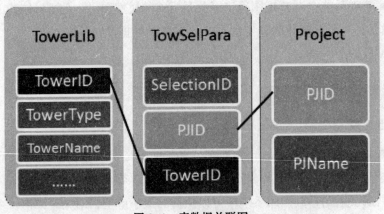

图 8-1　表数据关联图

（2）删除数据

在 SQL 中删除表中的一条或多条记录，使用 DELETE 语句实现。

如：DELETE FROM TowerLib WHERE TowerID-9 语句能实现从 TowerLib 中删除 TowerID 为 9 的记录。

（3）修改数据

在 SQL 中修改满足指定条件元组的指定列值使用 UPDATE 语句，其中满足指定条件的元组既可以是一个元组，也可以是多个元组。

例如，要把 TowerID 为 30 的记录，其标志高改为 30，用以下语句可实现：

UPDATE TowerLib SET TowerHeight=30 HWERE TowerID-30;

（4）插入数据

在 SQL 中插入单个元组或多个元组的数据使用 INSERT 语句。

例如，现在往 TowSelOfProj 表中插入一条新纪录，选择 ID 为 16，工程 ID 为 377，杆塔 ID 为 804025，相应的语句如下：

INSERT INTO TowSelOfProj(SELEID，PROJECTID，TOWID)VALUES(16，377，804025);

SQL 也将子查询结果集一次性插入基本表中，如果字段名序列省略则子查询所得到的数据列必须和要插入数据的基本表的数据列完全一致。

三、图形数据库与参数数据库的访问

随着计算机辅助设计的技术不断发展，基于二次开发平台的应用程序也越来越强调模型的概念，传统的绘图工具式应用程序已经慢慢地退出一线的市场，称为只能辅助设计程序的补充与拓展。在只能辅助设计程序的开发中，数据库发挥了重大的作用。面对单机应用程序，Access 是一个不错的选择，在大型网络数据库方面，SQL Server 的应用非常广泛。把参数数据库的信息写到图形数据库中，一般用可以采用扩展数据 (xdata)，扩展记录 (Xrecords)，任何对象的扩展字典，保持数据的自定义对象等机制来参加。

这样既可使用户根据自己的需要对输出的图表等信息进行定制，也方便了用户的再次开发。

四、输电线路设计基础数据库和参数数据库

基本数据库是线路设计通用的数据库，它具体线路工程无关的。架空输电线路设计的通用数据库一般有架空线数据、杆塔相关数据、气象数据、金具及附件数据、绝缘子及绝缘子串相关数据、基础形式及有关数据，通常组成相应的数据库。

由于杆塔、金具、基础种类多，属性数据差别大，应合理划分数据库，可将较大的数据库划分为较小的数据库只存储一次共同数据，从而使数据库具有最小的数据冗余度。为提高读写和操作效率，可对这些数据库进行统一编码，为了使各库表之间的关系更清晰，通常由编码作为关键索引项。例如，在存储定型杆塔的参数是，同一类型不同条件的杆塔，其塔头尺寸只有几组固定的数据，可以只存储编码号，下级表中查询或显示其数据通过编码号即可实现。金具及其附件可以根据类别设置悬垂线夹数据库、耐张线夹数据库、联板数据库、方振锤数据库、重锤数据库、均压屏蔽环数据库、护线条数据库、间隔棒数据库等，根据上述原则，将具有大量共同数据的定型杆塔数据库划分为杆塔跟开数据库、杆塔设计条件数据库和塔头数据库。

基础数据库中的数据一般来源于标准、手册和产品样本等，数据库的结构通常与其一致。

将与某一工程有关的设计数据的集合称为工程数据库，当进行和该工程有关的计算、绘图等工作时，工程数据库可提供需要的数据信息。其中的数据大部分由相应应用软件根据基础数据库生成，特殊情况可直接录入。例如，设计用气象条件数据库可根据基础数据库中的气象区数据库生成，导线参数数据库根据导线基础数据库生成，导线比载数据库根据气象条件数据库和导线参数数据库则可生成，于是导线应力数据库可进一步生成，继而得到应力弧垂曲线和安装曲线等。

五、数据库网关

DBMS 是非常复杂的软件，编写程序通过某种数据库专用接口与其通信是非常复杂的工作，为此，产生了数据库的客户访问技术，即数据库访问技术。开放的数据库访问接口为数据库应用程序开发人员访问与不同的、异构的数据库提供了统一的访问方式，采用这种数据库接口可以通过编写一段代码实现对多种类型数据库的复杂操作，实现了开放数据库的互联，并大大减小了编程的工作量和开发时间。

目前流行的开放数据库访问接口有：ODBC，JDBC，OLE DB 和数据库网关（SQL 网关）。在进行输电线路设计时，推荐使用数据库网关作为访问接口。数据库网关也叫 SQL 网关，是一种应用程序接口（API），通过使用同一接口提供对运行在多种平台上的不同数据库的访问。它们类似于实际的数据库中间件产品，为开发者提供访问任意数目数据库的

接口。数据库网关把 SQL 调用解释成为标准 PAP (Format and Protocol) 格式。PAP 格式实现通用的客户机和服务器连接,也就是异构数据库和运行平台的通用联结。数据库网关可以把 API 调用直接翻译成 PAP,把请求传递到目标数据库并翻译,以便目标数据库和平台做出响应。

第三节　架空输电线路辅助设计系统

架空输电线路的初步设计是对线路路径、气象条件、杆塔和基础等的进行设计,对路径方案进行比较分析,以及对气象资料进行分析和取值,然后进行汇总;机电部分的绝缘、防震措施,绝缘配合和防雷接地等措施。杆塔和基础部分主要对杆塔的形式以及选择原则,杆塔使用条件,基础形式以及设计原则和选用进行分析。

一、输电线路辅助设计简介

(一)AutoCAD 功能

从目前的数据库及硬件技术的发展来看,一个较为完整的输电线路 CAD 软件可以包括以下功能和模块:

1.三维地表模型模块(包括 TIN 渲染模块)。该模块允许用户用鼠标直接在地表模型上选择或更改路径,在平面或断面图上移动杆塔位,自动生成纵断面和横断面,用唯一的特征编码和符号标识地形和地物,以各种视角和光照渲染地形,从各种数据源导入地形数据等。

2.输电线路设计模块。该模块允许用户显示各种形式的导线类型、杆塔类型以及绝缘子;在数据库中选出最合适的杆塔和架空线;交互的或自动地进行杆塔定位,确定所有设计载荷,并能进行总体成本优化;交互的或自动地进行挂线;进行各种情况下的任一点弧垂和应力的计算;效验导线对地或跨越物的接近净空间距;效验各种情况下的摇摆角;通过结构分析程序,效验杆塔的强度和刚度;对架空线和绝缘子系统地振动进行三维可视化模拟。

3.允许用户对设计条件的有关参数进行定义,包括气象条件、线路负荷情况和导线运行情况(初始时、塑变后、过载时)等。

4.图形系统,在平面视图中叠加航空照片或地图,扫描图纸的矢量化等。

5.材料管理系统。该系统允许用户从已存的数据库中获得零部件和劳动量数据,自动生成杆塔成本和杆塔组立施工的材料清单等。

（二）AutoCAD 二次开发

1. 交互式 CAD 开发原理

计算机辅助设计 (Computer Aided Design) 指利用计算机及其图形设备帮助设计人员进行设计工作。AutoCAD 是世界上最为流行的通用 CAD 软件，是由美国 AutoDesk 公司开发的通用计算机辅助绘图设计系统，成为众多行业的产品设计的强大平台。然而，有些企业具有单件、小批量的生产特点，标准化、通用化的图库很难满足千差万别的产品结构，因此应用成组 CAD 或参数化 CAD 的原理无法实现产品的设计。为了解决这个难题，可采用交互式 CAD 来对这些类产品进行设计。交互式 CAD 即利用了交互图形显示系统的功能使得设计人员以人机交互的方式进行设计。由于系统提供了硬、软件资源，交互式 CAD 开发工作对资源的充分利用可以大大提高交互设计速度，这就是二次开发的优势。交互 CAD 应用软件开发的任务通常包括人机交互主控程序的开发，以及数据库、图形库和程序库的建立等。

（1）数据库：数据库指的是以一定方式储存在一起、能为多个用户共享、具有尽可能小的冗余度的特点，是与应用程序彼此独立的数据集合。CAD 数据库是以一定方式存储有关计算、绘图与各类参数的数据信息。CAD 数据库的建立，并在此数据库中添加了许多中间数据，使得设计者在设计的过程中方便资料的查阅，同时也减少了数据输出、输入的次数。

（2）图形库：图形库是将交互设计中设计的一些基本图形以及企业、有关部门等自行规定制定的一些零部件结构图，运用参数绘图的方法编制的图形库。例如，在输电线路设计的过程中，设计者可以调用图形库中的基础与施工部件结构图，而不需要重新绘制，不仅减少了设计的时间开销，也使得多张图纸的统一性得以保证。

（3）程序库：架空输电线路的相关分析、设计和数据处理软件都存储在程序库中，如电气相关计算、机械力学计算等，在架空线设计过程中可以随时根据系统需要进行程序调用，程序库使辅助设计有了边算边画的交互的特点。

（4）人机交互主控程序：人机交互主控程序是一个人与计算机通过用户界面来实现的人机接口，它是对杰出的设计师的产品设计的开发思路进行模拟，指引技术人员的设计工作顺利地进行。

交互式 CAD 软件功能十分灵活，设计产品多样，所以在一些相关部门及企业应用十分广泛，这样的高标准对技术人员要求较高，交互式 CAD 可应用于很多种产品的设计中，特别是对一些标准化以及通用化程度低、结构相似性差的产品。

2. AutoCAD 二次开发工具

AutoCAD 能成为世界上应用最为广泛的 CAD 绘图软件，与它很早就开始提供功能强大的二次开发工具有关。设计工作涉及几十个行业，AutoCAD 不可能推出满足所有行业需求的功能，因此它通过提供二次开发工具、培养二次开发商等方式，鼓励开发者创建各种插件来扩展 AutoCAD 的功能和应用范围。AutoCAD 提供了多种二次开发方式供用户选择。

（1）AutoLISP/Visual LISP：通过 LISP 语言访问 Au to CAD 的内部命令，或者访问 COM 对象模型，也可以通过 DCL，O 句 ectDCL 等方式创建用户界面，这是最早的一种二次开发方式，到现在仍然有很多活跃开发用户。

（2）VBA/COM：与 Microsoft Office 软件类似，AutoCAD 也提供了基于 COM 对象模型的编程接口，通过内置的 VBA 开发环境，可以在进程内访问 AutoCAD 的对象模型，也可以通过外部的应用程序，通过 OLE 的方式跨进程控制 AutoCAD。这种编程方式开发难度低，制作用户界面很方便，但是能够获得的编程接口很少。

（3）基于 VC++ 的 ObjectARX：通过动态链接库的方式加载到 AutoCAD 中，拥有与 AutoCAD 自身几乎相同的编程接口和控制能力，是目前最为强大的二次开发方式，这种开发方式难度大，但是程序运行的效率最高。

（4）基于 NET 的 ObjectARX：通过 Managed C++/CLR 技术对 VC++ 的 ObjectARX 进行封装，以面向对象的方式提供了几乎全部的 ObjectARX 接口，这也是目前 AutoCAD 最为推荐的编程方式，这种编程方式难度适中，能够访问的接口数量较多。

二、系统体系结构设计

系统体系结构主要分为数据层、功能层和界面层。

（一）数据层：在系统体系结构设计中，各种参数数据库主要包含导线物理参数信息、气象分区信息、杆塔型信息、杆塔典型金具库、杆塔金具选择、杆塔金具配置方案等信息。

（二）功能层：体系结构设计中的功能层主要是线路路径的选择、杆塔选择预览、电线力学计算、金具材料统计。

（三）界面层：体系结构设计的界面层是直接与用户交互的界面，它是通过菜单加载命令来实现相应功能的。

三、系统功能设计

系统功能设计主要由菜单加载、架线杆塔、数据库维护、电线力学计算、杆塔金具统计、索引与帮助六个模块组成。

（一）数据表维护

数据库系统是由计算机系统、数据库及其描述、数据库管理系统 (DBMS) 等组成，与具体线路工程无关的线路设计通用数据库称为基础数据库。输电线路设计的通用数据由杆塔数据、气象参数数据、金具及附件数据、导线与地线参数数据、基础形式及有关数据，组成相应的数据库。

由于基础数据库中大多数据项具有细致的分类，所以通常要建立多个数据表加以区分，数据表之间通过总表进行关联。例如 2-1 节中提到的我国九个典型气象区的划分，而每个气象区有根据自己区气候变化的特点，制订了该分区气象条件参数标准，这些参数均可通过访问数据库查阅，查阅第 V 典型气象区的气象组合参数。

由于数据库中存在大量共同数据的数据库，因此将其划分为若干较小的数据库，对共同数据库只存储一次，从而达到数据库的最小冗余度。比如杆塔、金具、基础等种类多，属性数据差别很大，在存储各绞线的性能时，通常按绞线的型号标号为主索引，搜索某种型号就可以查阅该绞线的所有常用规格和性能。

（二）架线杆塔

1. 路径选择

高压输电线路设计，首先需要确定线路起止点间的路径，然后进行图上选线。从多个路径方案中设计出允许条件下线路距离最短方案，初步拟定出几个可能的路径方案，并选出 1 ～ 2 个较好的方案，作为进一步搜集沿线资料和初勘的对象。将批准的初勘路径在现场具体落实，确定线路的最终走向，主要包括定线和定位工作。选线时要兼顾杆塔位的经济合理性，对特殊点应该反复比较，并且要考虑转角点、跨河点、山区路径、覆冰区路径、居民区和厂库房路径等进行选择。

2. 杆塔定位

杆塔定位是线路设计的重要组成部分，线路方案选定后，即可进行详细的勘测工作，包括定线测量、平面测量和断面测量。并且在定位时要保证导线对地和交叉跨越的电气距离，为此需依据最大弧垂气象下导线的悬链线形状，比量档内导线各点对地及跨越物的垂直距离，来配置杆塔和杆塔高度。

杆塔定位原则包括杆塔的选择、挡距的配置、杆塔的选用等原则。杆塔定位与勘测工作密切相关，需要依据现场的地形地物情况才能对塔形、塔位和塔高做出合理安排，是一项实践性很强的技术工作。杆塔定位的具体内容及步骤是首先确定转角杆塔和耐张杆塔位，线路转角处必须要安排一基转角杆塔，再根据各类交叉跨越物的类别、耐张段长度的规定等，确定出其他需要立耐张杆塔的地点。用弧垂曲线模板排定直线杆塔位。针对待定耐张段，根据地形及常用杆塔的排位经验，计算待定耐张段的代表挡距，初选最大弧垂曲线模板，然后对每一耐张段自耐张杆塔位进行排位。若定位时不能充分利用标准杆塔的设计挡距，可考虑使用减低型杆塔。

该系统在设计过程中，将杆塔库中大量参数数据生成杆塔库明细材料表，当平断面图设计完成后，系统可调用杆塔库的数据信息，绘出线路中用到的杆塔设计图，从而解决原来的线路设计效率低的问题。在设计输电线路过程中，需要拥有大量的设计数据和表，其中包括：杆塔高度，杆塔型号，杆塔序号，挡距，防震锤安装距离等大量参数数据，以便有效提高施工效率以及以后参考。此模块是依据设计中得到的数据信息以及数据库来实现施工区间的杆塔高度、型号、序号、导线、挡距、避雷线等参数的计算和输出，从而生成明细材料表，此模块的实现大大提高了手工计算工作效率。

3. 杆塔定位及线路模块设计

将绘制好的地形图数据导入数据库之后，根据数据库中地形资料由系统自动选择杆塔型号、避雷线和导线型号，其中布杆子程序在确定气象条件及选定导线之后在一个耐张段内定为一定数量的杆塔。

该线路模块设计大大减少了绘图的工作量，提高了设计效率。

通过程序的自动布杆的输出，并对障碍物以及地面不满足指定安全距离的悬链线进行调整杆塔位置或高度，直到满足安全距离为止，便可得出最终方案。

（三）电线力学计算

架空输电线路导线力学计算是架空输电线路设计的重要环节，它应包括以下内容：确定线路设计的气象条件，导线所受的荷载计算；导线弧垂应力计算，包括悬垂曲线的方程、状态方程及其求解、断线张力计算、避雷线支持力计算；导线震荡及其防治措施等。上述系统结合电线力学计算过程中常用的方法和公式，将该模块分为三个子模块，即放线计算、状态方程和特征曲线。

放线计算子模块按架空线的临界挡距不同，分为孤立档和连续档两个方面。孤立档不会因相邻档而影响其架空线的弧垂、应力和线长。耐张型杆塔位于孤立档两端，架空线通过耐张绝缘子串时采用耐张线夹悬挂于杆塔上。在架空输电线路中，一个耐张段内两耐张杆塔之间设有若干基直线杆塔，采用悬垂绝缘子串悬挂导线，这些线档就成为连续档，气象条件变化后，各档距内线长以至导线张力变化不相同，这样连续档的计算方法就和孤立档有所区别，需要用到不同的力学公式。

导线的状态方程式用来描述导线应力随气象条件变化而变化的基本方程，是导线力学计算的基本关系。架空线的线长和弧垂是其比载、应力的函数。当气象条件发生变化时，以上相关参数将会随之发生变化，由于气温的变化将会引起架空输电线的热胀冷缩，而导致弧垂、线长、应力发生相应变化。架空线的状态方程式正揭示了架空线从一种气象条件改变到另一种气象条件下的各参数之间关系。

在架空线路设计中，为了方便使用，经常将考虑各种气象条件下架空输电线的应力和有关弧垂随挡距的变化表示成曲线的形式，这种曲线称为应力弧垂曲线，又称力学特征曲线，为方便架线施工，需要制作各种可能施工温度下架空线在无冰、无风气象下的弧垂随挡距变化的曲线，称为安装曲线或放线曲线。

电线力学计算模块综合了分析、计算和绘图三个主要功能，为架空线设计提供便利。

下面以计算架空线综合比载为例，说明执行过程。

1. 架空线综合比载的计算

由于架空线外界气象条件不断变化，其比载的不同会使导线张力大小随之改变，在对导线进行受力分析时，作用在导线上的比载是首先要明确的条件。

当用户需要某种导线的综合比载时，首先通过菜单输入导线的型号，系统判断该型号是否存在，若不存在，则自动调用导线工程数据库维护命令，添加或修改导线参数。当系统定位到待求导线的型号时，将提示用户选择相应的气象区，典型的气象区共有九个。之后，系统根据上述选择从参数数据库中读出对应导线的截面积、外径和质量，这既是计算比载时所需的参量，也是最终输出结果的部分数据。系统此时判断对应气象区的覆冰厚度值是否为零，由于无冰有风时导线的综合比载是其自重比载风压比载的矢量和，而有冰有风时的综合比载是垂直总比载和分压比载的矢量和，所以需要根据不同情况计算最终结果。最后，系统将根据相关计算公式，计算输出架空线的综合比载和其他物理特性参数。

此外，该方法输出的计算结果将同时保存在类成员数组中，以便后续工作调用。

2. 架空线的应力弧垂分析

架空线的弧垂、应力和线长都是很重要的机械物理特性，是构造状态方程和生成机械特性曲线都要用到的参数，因此，在做力学分析时，需要专门设计应力与弧垂的计算的功能。

由于架空线挡距很大，所以可以忽略导线材料的刚性，现假设悬点等高，并将沿线长均匀分布的比载简化为沿挡距两侧导线悬挂点的连线均匀分布。并且，根据导线弧垂与应力成反比，与挡距的平方成正比的规律，容易设计计算流程。

在计算弧垂和应力时，仍然需要用户输入导线的型号，系统根据型号查找导线相关的参量。而基于上述简化条件，我们只需计算导线的自重比载，然后根据输入的挡距值，计算输出挡距中点的弧垂，和距杆塔指定一点的弧垂。

程序将计算所得的各点弧垂和悬点应力保存在类数组中，以便后续调用。同时，可以根据输入的挡距和各点距杆塔的距离等参量，生成等比例的悬链线示意图。

（四）金具材料统计

金具是架空输电线路的重要组成部分，它是将杆塔、导线、避雷线和绝缘子连接起来所用的金属构件。线路金具按照其性能和用途大致分为连接金具、接续金具、拉线金具、保护金具以及悬垂线夹和耐张线夹等六大类。根据数据库技术、ADO 数据访问技术、软件工程的理论，结合设计架空线施工中的实际要求，选定了此模块的功能、界面和操作流程。以下为主要功能：

1. 金具材料库的维护，架空输电线路的配套金具随着架空输电线路技术的发展逐渐出现，用户可随时将这些金具放入金具材料库。完成该项功能需要执行菜单命令"金具材料库维护"。

2. 在架空线路的配套金具发展过程中，随着长期实践的检验和积累，在不同的地区和使用条件下，将不同环境下的工程的不同新的型号的金具，以及相关的配置都逐步累积放入金具数据库中，使该配置方案不断地完善，形成一套完整的配置方案，进而对一些典型的杆塔设计，随着数据库配置的不断完整将逐步形成较为完备的配置。这样就好像为用户建立了一个自动更新的经验数据库。这种方式，不仅大幅度减少了设计的工作量，而且也对电力企业的数据系统、分析系统以及挖掘系统产生了很大的支持。

3. 在 AutoCAD 中，为了对所选杆塔的基数及金具进行配置，提供了一个友好的用户界面。系统自动将配置好的金具进行表间关联，系统运用 ADO 和 SQL 语言的优点来自行计算，可以把杆塔当做分组的标准，不仅能输出各杆塔所有的金具明细表，而且也可输出总的金具数，它也可以十分准确快速的计算出杆塔的金具成本以及金具总负载，并且可以使设计人员从经济性和安全性两方面来选择所使用的金具。

4. 配置的结果，直接以 DWG 文件格式输出。

第九章 RS技术在输电线路选择中的应用

第一节 RS技术在输电线路路径选择中的应用

一、RS技术在输电线路路径选择方面中的应用

RS技术的应用和GIS，GPS密不可分。GPS的静态定位、RS提供资料的快速更新和各种专题图的提取制作给测量问题提供了快捷、经济的方法和手段，GIS的信息处理功能提供了有效的管理手段和模式。

实践表明，RS技术有其特色，它可以快速获取沿线涉及的不同地貌单元和地质单元的工程地质、水文地质等特征，但是单独应用也有其局限性，RS技术不能够对获得的信息数据进行管理和处理，实用性大大减弱。而GIS强大的数据管理和空间分析功能，正好可以对线路选择区域的各种数据资料进行处理与管理，并且为线路拐点杆塔合理布置提供支持，与RS技术实现互补功能。因此在实际规划问题中，往往先通过RS技术快速、全面地获取规划区域的现状资源与环境信息，提供二维和三维通用空间分析，使设计人员能从多角度对规划区域进行充分研究，再利用GIS强大的地理信息处理功能，对RS获得的信息进行处理分析，从而实现规划辅助设计、文档的跟踪、流程自动化及空间分析的功能。

二、常用RS软件及RS数据处理平台

常用的RS软件有PCI、ERDAS、ENVI等，其中，PCI，ERDAS多用于实际工程项目、科学研究；ENVI主要用于研究领域、教育领域，实际工程项目应用较少。这里选用ERDAS完善RS数据属性信息，由于这里需要根据规划区域不同地理信息因素的图像综合处理，得到最终成本值分布地图，需要对图像属性进行处理分析并结合其他信息，因此所以使用ArcGIS软件处理经完善后的RS信息，最终将处理得到的数据作为路径选择的基础。

第二节 输电线路路径选择的地理信息评价模型

输电线路路径选择中，环境因素对于路径选择的重要性的排序是具有层次性的。特别重要的区域，如：机场、军事区域等，是需要严格避让不可跨越的；对于可以跨越的区域，则需要根据该地区的地理环境、气象因素等因素综合判断跨越该区域的成本代价。因此，这里采用引入模糊层次分析法来构建地理信息评价模型。

一、影响输电线路路径选择的因素

影响输电线路路径选择的因素很多，主体上由这四个部分构成：

（一）导线成本

导线所占费用约在工程本体造价的 20% 左右，导线的选择对接之后杆塔的选择有决定性作用，并且也会间接影响到杆塔基础工程的部分造价。导线型号和分裂数的选择，除了根据线路电压等级、输送容量这些确定因素之外，还要考虑输电线路沿线的风速、覆冰、温度分布的情况，不同导线型号的输电能力、机械强度、抗腐蚀性能差别很大，且这些气象因素也会影响导线的应力大小、分布以及导线弧垂的形状等，也会影响导线的选择。

（二）杆塔成本

塔形、塔高和塔数的确定，除了与电压等级和交叉跨越情况相关外，还需要综合考虑选择的路径沿线的地形、气象等条件的影响，其造价约占本体造价的 30% 以上，是线路本体造价中占比重较大的部分，并且是杆塔基础大小的重要影响因素之一。

（三）基础工程成本

主要包括杆塔所处位置地面的基础工程和土石方工程等，约占线路总造价的 15% ~ 30%，施工时间大约占线路施工总时间的 30% ~ 50%。基础工程也分为多种类型，其中包括预制基础、桩式基础和岩石基础，不同类型之间在施工方面存在差异。塔基的影响因素主要包括杆塔类型、地形和地质，采用不同的类型成本相差很大。

（四）施工成本

导线经过地区需要综合考虑线路跨越地区的地形、地质和运输条件，地形按实际情况一般分为五类：平地、丘陵、河网泥沼、一般山地和高山大岭。地形状况的不同，直接影响到施工的难易程度和人力运输距离的长短；地质条件的不同，则表现为基坑挖方的难易程度和挖方费用的高低。因此地形、地质对施工的成本影响较大。同时，还应尽量避免拆迁房屋、砍伐森林、跨越公路铁路、跨越河流等，它关系到线路其他费用的高低，如：场地建设征地费、清理费等。

地理信息和气象条件会影响到以上各因素的成本，从而决定输电线路路径的走向。通过分析各地理信息指标因素，细化影响较大的地理信息和气象条件得到：地形、地质、温度、用地类型、覆冰情况、风速等。这些信息中，有的影响其中某一成本因素，有的同时影响多个成本因素，并且在各个因素中的影响程度不一致。

以地形影响为例，根据《国家电网公司输变电工程通用造价220kV输电线路分册2010年版》标准，其中地形对导线成本、杆塔成本、基础工程成本、施工成本都会产生影响。对于基础工程成本，丘陵、山地地形主柱加高比例各不相同，其中山地主柱加高要求要明显高于丘陵地形；对于杆塔成本，不同地形的铁塔类型，塔腿情况和塔形设计也不相同，如山地和高山地形铁塔需采用全方位长短腿铁塔；对于导线成本，在复杂地形下的可能需要可承受应力较大的导线而提高成本，同时需考虑高山及高海拔地区避雷线设计和导线的电晕影响成本；对于施工成本，不同地形导致人力运距和汽车运距不相同而影响成本。

二、模糊层次分析法

输电线路路径选择的最终目标是得便于施工，具有较高经济性的输电线路，然而众多影响因素，自然因素有如：地形、地质、风速、覆冰、气温等，人为因素有如：房屋拆迁、公路和铁路跨越、耕地等，这些因素量纲各不相同，无法就它们的指标直接计算其对路径选择的影响程度。

层次分析法兼顾主观定性判断和系统逻辑分析，它可以通过把路径选择评价最终指标分解、分层分析各层对其上一层的影响、每层两种影响因素间两两比较、综合分析计算，根据最终得到的评价指标值来决策。通过层次分析法可以使规划区域的地理信息更加数字化，以便使用计算机进行计算。输电线路路径选择是无明显结构特性的系统，层次分析法对于这类复杂得多准则系统尤其适用。

（一）基本层次分析法定义

随着输电线路的发展，对输电线路的设计要求也越来越高，在传统要保证经济性、安全性的同时，也要兼顾对周围生态环境的环保性。因此，影响输电线路路径成本的因素，除了线路自身（输送容量、导线类型等），还有输电线路沿线的地形、地质、人为建筑、公路等因素。这些影响因素之间量纲不同，两两之间无法直接比较，各个因素对输电线路路径选择的影响程度也不相同，因此难以判断不同影响因素组合条件下对路径选择的影响情况。同时，很多因素只能定性说明，更增加估算其影响程度的难度。对于计算机自动选择路径来说，必须要有定量的评估标准，使得计算机可以根据这个标准对种种因素量化处理，根据处理结果来判断路径走向。因此需要找到一种合适的能够处理定性和定量相结合问题的方法，从而建立影响因素评估模型，完成对影响因素的处理，为路径选择提供数据支持。

层次分析法 (Analytic Hierarchy Process，AHP) 是 Salty 于 20 世纪 70 年代提出的一种定性与定量结合的、系统化、层次化的分析方法，它把复杂问题中的各种因素划分成相互之间有联系的有序层次，根据客观事实对每一层次的相对重要性给予定量表示，利用数学方法确定每一层次的每个元素的相对重要性次序的权值，最终根据排序来决定方案。层次分析法所采用的模糊量化定性指标的方法，比较适合于处理具有层次结构交叉评价指标的目标系统，并且其最终目标又难以通过定量方法描述的复杂决策问题。

1. 层次分析法具有以下几个优点

（1）系统性的分析方法。层次分析法通常将一个问题系统地分为方案层、准则层和目标层几个层次，且不割断不同层次之间各个因素结果的互相影响，对于每一层影响权值的设置都会直接或者间接地影响到目标层结果，在分析的过程中，每个该层因素对上一层的因素的影响程度都是量化的，非常清晰、明确。

（2）决策方法简单实用。层次分析法一方面注重数学分析，另一方面也兼顾逻辑、推理，把定性和定量分析方法有机地结合起来，模仿人的思维过程，把人的思维过程数字化、系统化，便于人们理解和接受，且最终的量化指标也能够直观反映结果，容易为决策者判断提供依据。

（3）所需定量的信息较少。层次分析法主要从评价者对评价因素的理解出发，更需要的是定性的分析与判断，对人主观的要求只有人对各因素相对重要性的判断。

2. 但是基本的层次分析法存在以下几个问题

（1）当判断矩阵不具有一致性时，矩阵的调整过程反复且较为烦琐。
（2）检验判断矩阵一致性的依据：CR<0.1，缺乏科学根据。

因此，这里在基本层次分析法的基础上，引入模糊分析法，通过模糊层次分析法构造模糊一致判断矩阵来解决以上问题。

（二）模糊层次分析法

层次分析法的缺点是在某一层的评价指标较多时，其思维的一致性难以得到保证，从而难以满足构建的判断矩阵的一致性。在这种情况下，将模糊分析法和层次分析法结合，形成模糊层次分析法 (FAHP)，通过构造模糊一致矩阵。

1. 可以很好解决这一问题。模糊层次分析法和基本层次分析法的区别在于

（1）建立判断矩阵的不同，层次分析法是通过两两元素间相互比较建立判断一致矩阵；模糊层次分析法是通过两两元素间相互比较建立判断模糊一致矩阵。

（2）求解矩阵中各元素的相对影响程度的权重的方法不同。

模糊层次分析法有效地避免了传统层次分析法构建判断矩阵所存在的缺点，提高了决策的科学性。

2. 模糊层次分析法的层次结构建立过程：

（1）建立优先关系矩阵：就每一层中的每个因素对上一层中的每个因素的相对重要性构造模糊互补矩阵 $R = \left(r_{ij}\right)_{n \times n}$，其中 $0 \leq r_{ij} \leq 1$，（i=1，2...n；j=1，2...n），且满足 $r_{ij} + r_{ji} = 1$。矩阵中的值由 0.1 ~ 0.9 标度表示。

（2）将模糊互补矩阵改造为模糊一致矩阵：对矩阵 $R = \left(r_{ij}\right)_{n \times n}$ 按行求和，记：

$$r_i = \sum_{k=1}^{n} r_{ik}, i = 1, 2 \ldots n$$

对模糊互补阵的元素进行如下改造：

$$r_{ij}^{'} = \left(r_i - r_j\right)/2n + 0.5$$

得到模糊一致矩阵 $R' = \left(r_{ij}^{'}\right)_{n \times n}$，i=1，2...n；j=1，2...n。模糊一致矩阵中 $r_{ij}^{'} = 0.5$ 时，表示 i 因素和 j 因素同等重要；$0 \leq r_{ij}^{'} < 0.5$ 时，表示 j 因素比 i 因素重要，重要程度与 $r_{ij}^{'}$ 大小呈正相关；$0.5 < r_{ij}^{'} \leq 1.0$ 时，表示 i 因素比 j 因素重要，重要程度与 $r_{ij}^{'}$ 大小呈正相关。

（3）计算该层因素对上层某一目标的权重：根据文献的证明，采用此方法求因素 i 对目标 k 权重因素：

$$s_i^k = \frac{1}{n} - \frac{1}{2\alpha} + \frac{\sum_{j=1}^{n} r_{ik}^{'}}{n\alpha}, i = 1, 2 \ldots n$$

其中，$\alpha \leq (n-1)/2$。

得到的权重因素大小即为各因素相对目标因素的重要性程度。

（4）层次综合：综合中间层和顶层、底层间的层次关系，将局部的层次间的重要性权值转化为相对于总目标的综合权值。

三、输电线路路径选择的地理信息模型建立

（一）地理信息栅格模型

地理信息模型是输电线路路径选择的基础，建立的模型必须是可以方便地被输电线路路径选择模型使用。RS 获得的信息如 TM，ETM 数据均为栅格形式，高程信息 DEM、气象图、年平均气温分布图等信息也可以转化成规则的栅格形式。栅格数据的规则性以及其直接记录属性的特点，可以令其在要求的精度下较好地对输电线路经过的地理环境建模。因此，这里采用将规划区域对输电线路影响较大的因素的图层栅格化处理，通过 GIS 提取其属性信息构成不同因素对应的属性矩阵，建立的模糊层次分析模型对这些因素的属性矩阵进行处理，得到最终的成本值矩阵，便于计算机能够根据模型直接对其进行计算。

由于输电线路路径选择时，除了受到自然因素等自然条件，如大的河流湖泊的限制之外，还受到社会条件的限制，例如：军事区域、机场升降区、自然保护区等，这些因素条

件对输电线路路径的限制十分严格，输电线路不能跨越这些区域，需要对这些区域进行避让。因此根据输电线路的特点，将模拟的实际环境栅格分为两种类型：

1.A 类：输电线路可以跨越地区，如：不受限制的地区、道路两侧等。

2.B 类：输电线路不能跨越地区，如：大型的湖泊、跨越较大的河流、生态保护区域、机场升降区和军事保密区域等。

这两种类型对规划区域的栅格进行了严格的划分，对 A 类栅格，输电线路可以正常跨越；对 B 类栅格，输电线路必须进行避让、绕道。

（二）栅格成本值设置

路径选择的过程中，除了以上对 B 类栅格的避让之外，对于可以让输电线路经过的 A 类栅格来说，虽然其不受不能跨越的限制，但是在不同的地形、地址、覆冰、温度、风速等条件的情况下，输电线路对其跨越所产生的成本也不尽相同，这些因素对线路建设成本的影响，大部分都只能进行定性分析而没办法定量计算。因此，首先需要将地理因素进行等级评分，将定性分析转化为定量计算，再通过模糊层次分析法构建模糊层次分析模型，计算出各基本的影响因素对线路跨越栅格成本的影响权重，通过等级评分结果和权重计算结果，得到线路跨越栅格的成本值，从而将这个评估过程由定性分析转化为定量计算。栅格成本值的计算分为以下几个部分：

1. 地理因素等级评分

通过对输电线路建设成本影响因素的分析，这里从这七个因素考虑其影响：地形地貌、地质条件、风速、气温、污秽分布、覆冰情况、用地类型。因为各项因素自身量纲不同，没办法对其进行统一运算，也无法直接通过这些条件估算实际工程造价，所以这里通过对国家电网输电线路工程典型造价的分析以及专家评分的方法，以等级评分的形式对其进行量化处理。

2. 建立层次分析结构

目标层 F 为栅格成本值，第一准则层 S 根据输电线路造价成本特点分为：导线成本、杆塔成本、基础工程成本和施工成本四个，而这四个成本又受到具体的地理因素和气象条件等的影响，因此将第二准则层 P 设置为影响第一准则层各项成本的具体因素，且第二准则层中的某些因素可能会对第一准则中的多项成本产生不同程度的影响。

3. 构造优先关系矩阵

结合专家意见和工程实际情况，以 S-F 和 P-S 中的"导线成本 S1"为例，该成本下包括风速 P1，覆冰 P2、污秽 P3 和气温 P4 四个因素。其余的准则层的求解方法相同。

4. 计算各因素权值

根据公式计算模糊一致矩阵中各因素的权值，为了提高排序结果的分辨率，取 $\alpha =$

(n-1)/2，S-F 权重为：$\omega_1 = \left(s_1^1, s_2^1, s_3^1, s_4^1\right)^T = (0.225, 0.325, 0.250, 0.200)^T$

P-S 权重为：

$$\omega_{21} = \left(p_1^1, p_2^1, p_3^1, p_4^1\right)^T = (0.2458, 0.2875, 0.2125, 0.2542)^T$$

$$\omega_{22} = \left(p_4^2, p_5^2, p_6^2\right)^T = (0.300, 0.350, 0.350)^T$$

$$\omega_{23} = \left(p_6^2, p_7^2, p_8^2, p_9^2\right)^T = (0.216, 0.250, 0.267, 0.267)^T$$

$$\omega_{24} = \left(p_{10}^2, p_{11}^2, p_{12}^2\right)^T = (0.3500, 0.300, 0.350)^T$$

计算 P-F 层各子目标相对总目标的综合权值为：

$$\omega_0 = (0.055, 0.065, 0.048, 0.057, 0.097, 0.114, 0.114, 0.054, 0.063, 0.067, 0.067, 0.07, 0.06, 0.07)^T$$

将同种影响因素的权重相加，最终得到综合权值。

5. 计算栅格成本值

假设某栅格其 P 层因素评分等级为 [1223421]，则通过该栅格的成本即为 [1223421]·ω_0=2.201。

（三）栅格信息整合

利用 G1S 软件的地理信息处理功能，通过 RS 获得规划区域遥感图像，划分出 A，B 类栅格的分布，对于 B 类栅格，首先需要根据栅格所处的地形、地质、年平均气温、覆冰等情况进行等级评分，然后通过建立的模糊层次分析模型获得的综合权值对评分结果进行处理，最终获得栅格成本值。

第三节　输电线路路径选择模型与杆塔自动定位模型

传统的路径选择，分为图上选线和终勘选线两部分，设计人员搜集规划区域的资料，在输电线路路径选择区域内根据路径选择的原则，尽量使得路径距离最短，初步设计得到几个较好的路线方案。再对已经选定方案进行实地勘察，最终得到最合适的方案。设计手册中虽有一些选线的原则，但这些原则在实际设计中，互相之间往往会有些许冲突，例如，线路要求尽可能短，又要求尽可能避开森林、绿化区，由于输电线路可以对森林、绿化区进行跨越，但是跨越这些区域需要考虑加高杆塔的塔高等其他措施，所以这就需要设计人员判断到底线路是进行跨越并加高杆塔塔高等来缩短线路路径更为合适，还是避开这些区域、增加线路路径长度比较合适。在确定线路路径时，如何协调路径选择中这些原则间的矛盾，突破几十年来的习惯设计法，是个值得研究的问题。

这里提出一种改进的蚁群算法输电线路路径自动选择模型：通过 GIS 技术将 RS 获得

所需规划区域的地理信息：地形、风速、覆冰、气温等分布图，按一定精度转化为所需栅格数据来模拟真实环境和约束条件，由改进后的蚁群算法得到从起点到目标点的输电线路路径，从而保证选线结果的全面性和科学性。得到规划线路路径以后，根据线路的断面图，按照规划区域地理条件和气象条件选择杆塔塔形，然后通过粒子群算法随机生成 n 个初始方案，根据粒子群的运动规则，使这 n 个初始方案不断向最优定位方案（杆塔耗费钢材量最少）演化，最终得到最优定位方案。

一、输电线路路径选择模型

将规划区域的地图栅格化并对栅格进行分类和赋予成本值后，路径选择问题就相当于在一个加权的网络图中寻找最优路径解的问题。输电线路路径选择是一种需要考虑大量约束条件的非线性离散组合优化问题，求解方法可以分为数学优化和启发式优化两大类。

传统的最优路径选择算法有两种：Dijkstra 算法和 Floyd 算法。Dijkstra 算法是图论中求解最短路径的一个基本算法，通过 Dijkstra 算法可以求得图上的一点到图上其他所有点的最短距离树，但在栅格地图应用中，数据规模较大、节点较多，Dijkstra 算法所采用的邻接矩阵数据结构使得它对存储空间的要求很高，其搜索过程中要花费大量时间并且占用较多内存空间。Floyd 算法是经典的动态规划算法，通过 Floyd 算法可以得到图上任意两点之间的最短路径，在稠密网络处理中其适用程度比 Dijkstra 算法要高，但是由于其时间复杂度较高，在处理大规模数据时更为耗时，效率不佳。

近些年来，随着计算机技术和人工智能的发展，一些新型智能算法开始崭露头角，它们对目标函数的形式没有严格的要求，并且鲁棒性很强，适用于处理各种非线性规划问题，在规划计算方面得到了广泛的应用。蚁群算法 (Ant Colony Algorithm，简称 ACA) 是一种新型的模拟进化算法，是由意大利学者 Marco Dorigo 等研究人员受到自然界中真实蚁群在寻找食物过程中的集体行为的研究成果的启发而首先提出的。蚂蚁在从蚁穴到食物端的过程中，会在走过的路径上分泌信息素，当蚂蚁每走下一步时，会根据路径上残留的信息素大小随机地选择一个方向，同时也释放出与路径相关的信息素，走过的路径越短，释放的信息素浓度越高，这样就形成了一个正反馈的机制，等下一只蚂蚁再走到这个地方时，选择较短路径的概率就会更大一些。

蚁群算法是一种用来求解组合问题最优解的新型通用启发式方法，该方法具有正反馈、分布式计算和富于建设性的贪婪启发式搜索的特点。蚂蚁由蚁穴到食物源的过程恰好可以类比成输电线路从起始点向终点形成路径的过程，每组蚂蚁成功到达食物端可以类比于线路路径每一次成功搜索到终点，并且输电线路路径选择也可以借助于蚁群信息素更新的思想，使得每一次的路径搜索结果向着最优解的方向进行。因此，这里采用蚁群算法并根据输电线路设计的特点加以改进，通过改进后的蚁群算法来完成输电线路路径的选择。

（一）基本蚁群算法理论

将规划区域地图栅格化，形成栅格网络，赋予每个栅格分类和成本值，然后通过基本蚁群算法选择路径。其流程如图 9-1 所示：

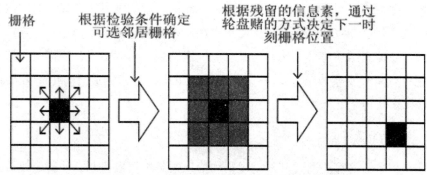

图 9-1　基本蚁群算法搜索流程示意图

蚁群算法的搜索流程主要由两个规则构成：移动规则和信息素更新规则。移动规则决定蚂蚁选择下一步所走位置的方向，信息素更新规则是则蚁群算法的核心所在，通过信息素的启发引导作用能够促进蚁群搜索结果朝着最优解的方向发展。设在 t 时刻，假设蚂蚁在 A 图中的位置 o（黑色部分），它下一步可以移动到的栅格位置如 B 图中灰色部分所示，蚁群算法搜索时，蚂蚁的行走方向受移动规则的影响，由路径信息素浓度和与邻居栅格距离决定。设蚂蚁行走下一步待定的栅格为 i，则由当前位置 o 移动到 i 的概率为：

$$p_{o \to i} = c_{o \to i}^{\alpha} \tau_{o \to i}^{\beta}$$

归一化处理为：

$$p_{o \to i}' = \frac{c_{o \to i}^{\alpha} \tau_{o \to i}^{\beta}}{\sum_{i=1}^{n} c_{o \to i}^{\alpha} \tau_{o \to i}^{\beta}}$$

其中 $c_{o \to i}^{\alpha}$ 是栅格 o 到栅格 i 的距离的倒数，即 $1/d_{o \to 1}$；τ 是栅格 i 上的信息素浓度；α、β 分别代表 c 和 τ 对路径选择的控制强度；n 表示可选邻居栅格的数量。通过上面公式得到每个邻居栅格被选中的概率，由计算机随机生成一个 0 ~ 1 的数字 r，通过轮盘赌的方式，即当 $\sum_{i=1}^{n} p_{o \to i}' \geq r$ 时，此时的邻居栅格 i 即为下一刻蚂蚁所在栅格位置。

至于信息素 τ，对于规划区域内的每个栅格来说，其 τ 的大小都不是恒定的，而是随着每组蚂蚁搜索完成在不断发生着变化。假设第 j 次搜索过程中，各个栅格的信息素浓度为 τxy，在该次过程中每组蚂蚁搜索完成后，根据该组蚂蚁得到的搜索路径的结果，修改该组得到的最优路径所经过的所有栅格信息素浓度 $\Delta \tau$，

$$\Delta \tau = \frac{k}{w}$$

式中，w 为线路总成本；k 为修正系数。

因此，每组蚂蚁搜索完成后，该组蚂蚁所经过的路径上的栅格的信息素浓度均会发生改变，并且改变的程度与搜索结果的优劣直接相关，这样就形成了一个正反馈机制，使这些栅格上的信息素浓度增加，当下一次搜索进行到该栅格时，该栅格被选中的概率要更大一些，从而促进了搜索结果的收敛速度。

然而，随着信息素不断累积，某些栅格上的信息素浓度可能在较短时间内就会积累较多过高，这样就会导致搜索结果会过度集中在某条线路或某几个栅格上，导致算法陷入局部最优解，使搜索结果过早成熟。为了避免搜索结果早熟的情况，还需引入信息素挥发系数。设定信息素挥发系数 σ，$\sigma \in (0, 1)$，每组蚂蚁搜索完成后，更新后在 (x, y) 位置的栅格信息素浓度为 τ_{xy}'，

$$\tau_{xy}' = (1 - \sigma)(\tau_{xy} + \Delta\tau)$$

因此，基本蚁群算法通过其移动规则和信息素更新挥发机制，使得蚂蚁搜索的结果越来越趋近于最优解，最终实现求得最优路径解的目的。

（二）改进的蚁群算法

传统单蚁群算法通过大量蚂蚁依次进行搜索，由邻居栅格信息素浓度和与邻居栅格距离决定每步的行走方向，当搜索到达路径终点时，根据搜索结果的优劣改变走过的路径所经过的栅格的信息素浓度，比较多次的搜索结果，最终得到最优的路径。在输电线路路径选择中，处理的往往是规模非常大的数据，搜索结果变量组合多，传统蚁群算法需要花费很长时间，效率较低。这里结合输电线路形成路径与蚁群形成路径的些许之处，引入以下三种机制来解决传统蚁群算法在形成输电线路路径方面的不足之处。

1. 蚁群变步长跨越机制

由于栅格数据的性质，栅格地图具有一定的精度，在地图处理时，每个栅格的属性值由其中心点的属性值代表。对一个实际规划范围为 20km × 20km 的区域来说，如果栅格像素过大，如：200m × 200m，虽然形成的栅格规模只有 [100 × 100]，但是每个栅格代表的实际区域过大，使得其属性数据不能够很精确地反映该栅格的具体成本情况，易产生误差；如果栅格像素过小，如：2m × 2m，虽然此时栅格的属性代表的实际区域较小，可以很好地描述实际情况，基本蚁群算法中蚂蚁每次行进的步长为与其相邻的栅格，但是由于生成的栅格规模 [10000 × 10000] 过大，蚁群将难以搜索到达终点，需要耗费大量时间。因此，这里引入变步长跨越机制来解决该问题。

传统蚁群算法，当蚂蚁每走下一步时，其可选择的邻居栅格是与蚂蚁当前位置相邻的八个栅格，如图 9-2 中 A 所示。在小规模数据中尚可，在大规模数据中，搜索耗时效率低，并且容易产生较多曲折，不利于下一步进行杆塔选型定位设计。

因此，结合输电线路可以跨越地面障碍物的特点，引入跨越机制，在搜索过程中可以对栅格进行跨越，因此每一步的搜索步长变长，可选择的邻居栅格图 9-2 中 B 所示。

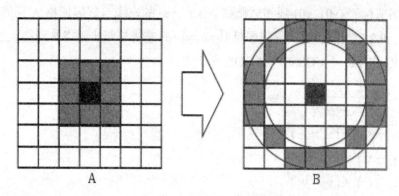

图 9-2 跨越机制示意图

如果只按固定跨越步长进行搜索，可能发生在跨越步长内的点均属于不可跨越区域的情况，因此，需要引入变步长机制，当在当前步长情况下邻居栅格均属于不可跨越区域时，自动拉近跨越步长，直至邻居栅格中有栅格属于可行区域为止。

引入变步长跨越机制后：第一，采用大跨越步长搜索，取代了原本的相邻单位步长搜索，减少了搜索次数，提高了搜索效率；第二，采用大跨越步长搜索，减少了数据计算量，节约了数据储存空间，路径搜索结果的点的数量大大减少；第三，改进后的模型更适合输电线路设计的实际情况，对于障碍物不会一味地避让，对于可以跨越的障碍物可进行跨越；第四，改进后的模型搜索结果，由于步长较大，有效减少了线路的转角数量和迂回，有利于线路搜索。

2. 双蚁群机制

在蚁群算法的搜索过程中，传统蚁群算法是由一组蚂蚁由起点开始，逐步推进直到终点，每织蚂蚁独立进行搜索路径，有较大的盲目性，需要一步一步地搜索路径，直到搜索到终点才形成最终路径，效率较低。随着地图规模的扩大，这一劣势体现得更加明显。

因此，引入双蚁群算法，每组搜索由两只蚂蚁分别从起点和终点出发搜索，搜索过程中，当两只蚂蚁相遇时，就完成路径搜索。具体过程为：两只蚂蚁分别从 A、B 处相对前行，分别记录这对蚂蚁走过的路径，搜索过程中两只蚂蚁不是各自独立的，而是互相保持通讯，当其中一只的蚂蚁下一步的搜索范围内包含另一只蚂蚁走过的路径栅格时，则直接将此栅格作为两条搜索路径的交叉栅格，将两只蚂蚁走过的路径拼合则得到该组蚂蚁的路径搜索结果。

这样，两只蚂蚁在相对前进了 8 次后就得到了最终路径，双蚁群机制使路径构建成功的概率大大增加，每次搜索的范围在最理想的情况下可由原来 $n \times n$ 缩小为 $(n/2) \times (n/2)$，在大规模数据路径搜索中显著减少了搜索时间。

在大规模数据中进行搜索，由于起点和终点距离较远，搜索过程中如果仅依靠信息素作为启发因子，容易产生绕路现象，并且从起点和终点出发的两组蚂蚁不一定会相遇，较难成功构建线路路径。

θ1 为当前位置 (x0，y0) 到邻居栅格 A(xa，ya) 的连线与邻居栅格 A 到终点 (xd，yd) 连线的夹角，θ2 为当前位置到邻居栅格 B(xb, yb) 的连线与邻居栅格 B 到终点连线的夹角。设方向控制因子为 f，f=COSθ，以 $COS_1θ$，则：

$$
\begin{cases}
\cos\theta_1 = \dfrac{a_1^2 + b_1^2 - c_1^2}{2a_1b_1} \\
a_1^2 = (x_a - x_0)^2 + (y_a - y_0)^2 \\
b_1^2 = (x_d - x_0)^2 + (y_d - y_0)^2 \\
c_1^2 = (x_a - x_d)^2 + (y_a - y_d)^2
\end{cases}
$$

当 θ 越小，即移动方向越靠近终点方向时，方向因子 f 越大，选择该方向概率越大，通过方向因子的方向导向性，使移动方向趋向于目标点，可以有效缩小搜索范围。由于方向因子导向性较强，初始搜索路径时有助于两组蚂蚁相遇，较快成功形成路径，但如果保持其导向性不变，容易使搜索范围过度集中于目标点方向，得到局部最优路径，忽略了其他可能性，造成搜索结果早熟。因此，需要设定方向因子挥发系数 0，在每组蚂蚁搜索完成后，更新方向因子对路径选择影响程度的权重系数 γ 的大小：

$$\gamma' = (1-0)\gamma$$

通过逐渐减小方向因子的导向作用，让蚂蚁在成功搜索到初始路径之后 γ，逐渐解放方向上的约束，通过其他导向因子的引导让路径解更具多样性，有更大概率获得最优解。

3. 拐角处理机制

在输电线路路径规划中，杆塔及基础的造价占整个线路的造价比重很高，在 220kv 线路中占高达 20%～30%。因此在路径搜索过程中，当搜索得到的线路耐张段较短、转角较多时，线路的单位造价就会显著增加。由于蚁群算法搜索过程是蚂蚁一步一步搜索得到的结果，再加之以栅格数据的特点，每个栅格的位置由其中心点的位置表示，导致蚂蚁在行进过程中很容易使线路产生曲折：

（1）无障碍物时：在起始点和终点间没有障碍物，且规划区域内每个栅格的成本值相等的情况下，由于每个栅格的成本值相等，因此由起点 A 到终点 C 的最优路径，但是因为虚线 AC 不经过栅格中心点，在搜索路径时，由于栅格数据的由中心点位置代表整个栅格的特性，搜索得到的最优路径结果可能是由蚂蚁从起点 A 先跨越到 B 中心点所在的栅格，再跨越到终点 C 所在的栅格，导致增长线路的同时又增加了线路转折点。

（2）有障碍物时：在 AE 间有障碍物时，且规划区域内每个栅格的成本值相等的情况下，由起点 A 到终点 E 的线路搜索过程中，由于每个栅格成本值相等，最优路径搜索结果本应由 A→D→E。但是由于蚁群算法是由蚂蚁一步一步行走来形成路径，其视野决定蚂蚁必须到即将碰到障碍物时才可能产生转折避让动作，因此，蚂蚁从 A 点出发在到达 B 点后，在 BE 方向上由于存在障碍物的关系，会在 B 点产生转折，到达 C 点后再到 D 点最终到达终点 E0 这样形成的路径 A→B→C→D→E，比搜索 A→D→E 增长了距离且增加了两个拐点，增加了线路建设成本和建设难度。

为了解决上述问题，这里引入了拐点处理机制：对每三个连续的点中的 A 点、B 点、C 点，比较线段 AB 与线段 BC 的斜率，如果两个线段斜率不相等，则说明 AB 与 BC 的夹角不为 0，判断线段 AC 是否经过不可跨越区域，如果不经过不可跨越区域，则说明线段 AC 是输电线路可行的解，此时，比较线段 AC 和线段 (AB+BC) 的成本，如果线段 AC 的成本低于线段 (AB+BC)，则去掉中间点 B，选取 AC 作为该段路径。

通过这三个处理机制对基本蚁群算法的优化，可以有效弥补蚁群算法在大规模栅格数据中计算的不足，增加目标的导向性、减少算法所需储存容量提高计算速度、优化线路曲折度，从而有效提高求解效率、优化了解的结果，并且充分结合了电力线路设计的特点，使改进后的蚁群算法更加适宜进行输电线路路径选择。

（三）路径自动搜索模型

路径搜索采用连点成线的方式，分别从起点和终点出发，记录蚂蚁所走过的两条线路所经过的栅格，当两条线路发生交汇时，将该栅格作为交叉点，依次连接起点到交叉点再到终点，最终形成输电线路路径。

1. 栅格状态分类

将规划区域内的栅格分为三类：Ⅰ类：已走过的栅格；Ⅱ类：未走过的栅格；Ⅲ类：当前时刻可选的邻居栅格。其中，Ⅱ类栅格可转化为Ⅲ类，Ⅲ类可转化为Ⅰ类，当搜索过程结束时，Ⅰ类栅格集合中的点即确定为最终规划路径。

2. 确定邻居栅格

由于引入了变步长跨越机制，邻居栅格需要满足以下三个条件：

（1）邻居栅格所在位置与当前栅格的距离在规定的搜索步长范围内；

（2）栅格的栅格类型为 A 类，表示其可以跨越；

（3）栅格的栅格状态为Ⅱ类，防止线路发生迂回。

满足以上三个条件的栅格即为蚂蚁当前位置栅格的邻居栅格，是蚂蚁下一时刻位置的待选栅格，如果在规定的搜索步长范围内没有满足这三个条件的栅格，则算法自动修改跨越步长继续搜索，直到搜索到有可选的邻居栅格为止。

设当前栅格坐标为 $(x0，y0)$，搜索距离当前栅格 $[d1，d2]$ 的可选邻居栅格，若搜索结果邻居栅格个数为 0，修改跨越步长，每次缩进长度 dc。

3. 路径单位距离成本值计算

由于算法跨越式搜索的特点，每两个路径点之间要经过多个栅格，这里以该段线路跨越的所有栅格的成本值的平均作为路径单位距离成本值。设蚂蚁由点 i 到达点 j 所经过的栅格构成的集合为 $N = (b_1, b_2, \ldots \ldots b_n)$，则 ij 段路径单位长度成本值 c，为：

$$c_i = \frac{\sum_{j=1}^{n} a(b_i)}{n}$$

其中，a(bi)为点 bi 所在的栅格的栅格成本值。

4. 路径搜索过程

路径搜索的基本流程，就是两组蚂蚁分别从初始点和终点出发，在 t 时刻，确定 t+1 时刻可选的邻居栅格，计算每个邻居栅格在多个启发因子的影响下被选择的概率，根据轮盘赌的方式决定其下一时刻所在的位置，直至两组蚂蚁路线相交的过程。

改进后的蚁群算法，启发因子除了原有的信息素引导和局部成本最优引导，还加入了双蚁群机制中的方向导向因子。设当前蚂蚁位置栅格为 0 点，则对每个可选的邻居栅格 i(i=1，2……n)，其被选择的概率 pi 经归一化处理后为：

$$p_i = \frac{\tau_i^{\alpha} b_i^{\beta} f_i^{\gamma}}{\sum_{i=1}^{M} \tau_i^{\alpha} b_i^{\beta} f_i^{\gamma}}$$

式中，M 表示所有可选的邻居栅格集合；ai 为邻居栅格 i 的信息素浓度；$b_i = \dfrac{k}{c_i \sqrt{(x_i - x_0)^2 + (y_i - y_0)^2}}$ 为邻居栅格成本值影响系数；ci 为从 0 点到 i 点的单位距离成本值，k 为修正系数，防止邻居栅格代价值过大而导致该影响系数影响程度过小而失去意义；$f_i = \cos\theta_i$ 为方向因子影响系数；θ_i 为 0 点到 i 点的方向与 0 点到目标点的方向的夹角；α，β，γ 分别表示 ai、bi、fi 的控制强度。

具体路径选择流程如下：

Step 1：通过 RS 获得规划地区遥感数据，分类 A，B 类栅格；通过 GIS 对地理信息、天气因素分布图进行栅格处理并根据其影响情况对其不同情况进行等级评定。

Step2：将影响因素的等级评定矩阵代入模糊层次分析模型，得到最终的成本值矩阵，获得栅格属性数据：栅格位置 (x，y)、栅格类型（A 或者 B）和栅格成本值 c。

Step3：初始化，设定运行组数 n，每组搜索次数 m、路径的起点和终点坐标分别为 (x0，y0) 和 (xd，yd)、信息素初始值 $m_{xy} = m_0$、各控制系数的控制强度系数 α、β、γ。

Step4：分别确定从起点和终点出发的蚂蚁当前位置的可选邻居栅格，如果有另一条线路经过的栅格，则跳到 Step7；如果邻居栅格列表中没有另一条线路已经过的栅格，则通过公式计算得到 pi，根据 pi 大小，通过轮盘赌的方式决定下一时刻所在栅格位置。

Steps：计算并记录从起点到当前栅格的线路线段的成本值。

Step6：重复 Step4 和 Steps，直到当从起点或者终点出发的蚂蚁的邻居栅格列表中包含另一端点出发的蚂蚁所走过的栅格时，执行 Step7。

Step7：拼合两段路径，组成该组蚂蚁搜索路径结果，并进行拐点处理，得到本次搜索的最终结果。

Step8：记录本次搜索最终结果，将本次搜索结果路径总成本值与当前记录的本组最优路径搜索结果的总成本值相比，若本次搜索结果成本值较低，则用本次搜索结果替代上次路径搜索结果成为本组当前最优路径；若本次搜索结果成本值较高，则记录的本组当前最优路径不变。

Step9：判断当前运行次数是否达到 >2，如果未达到，则返回步骤 Step4；如果达到，则继续 step 10。

Step 10：根据公式更新本组搜索最优路径结果所经过的栅格的信息素浓度，得到新的信息素浓度矩阵；根据更新方向因子影响强度。判断是否达到运行组 n，如果未达到，则返回步骤 Step4；如果达到，则输出最终结果。

二、杆塔自动定位模型

输电线路路径选择完成后，需要在已选定的路径上进行杆塔选型定位。输电线路杆塔选型定位，是根据已选路径沿线的气温、覆冰、风速等天气情况，选定杆塔类型，然后把杆塔的位置测设到已经选好的线路中线上，其主要要求是使导线上任意一点在任何正常运行的情况下都保证有足够的对地安全距离。其需要考虑规划路径沿线的气温、覆冰、风速等情况，根据规划的路径制作的平断面图进行杆塔定位。

杆塔定位推导属于多阶段决策过程，传统通过人工加计算机辅助的方法，推导过程复杂且设计人员主观因素影响较大，需花费较多时间。这里通过粒子群算法，从全局角度出发来规划杆塔定位方案，避免了逐个塔位推导过程中容易陷入局部最优方案的情况，并且通过数学分析方法，数字化杆塔定位和杆塔定位后的校验过程，提高了杆塔定位的自动化程度。

（一）粒子群算法

粒子群算法 (Particle Swarm Optimization，简称 PSO) 是一种模拟鸟类进行捕食活动时的行为的一种全局优化算法，属于进化算法的一种。它的特点是，以随机解出发点，通过解的适应度来量化评价解的品质，经过多次迭代来寻找最优解，并且它的规则十分简单，只通过追随当前群体的最优解来寻找得到全局最优解，具有容易实现、精度高、收敛快的特点。

假设在一个 n 维解的搜索空间中，有 m 个粒子，采用粒子群算法，随机生成第 i 个粒子的初始解为 $\vec{x_i} = (x_{i1}, x_{i2}, ... x_{in})$，$i = 1, 2...m$，第 i 个粒子以速度 $\vec{v_i} = (v_{i1}, v_{i2}, ... v_{in})$ 运动，设目标函数为：$\min f(\vec{x_i})$

第 i 个粒子在第 j 次运动时，迄今为止该粒子自身所得到的最优解为 $\vec{s_i} = (s_1, s_2, ... s_n)$，称为第 i 个粒子的历史最优解；整个粒子群在进行第 j 次运动时，迄今为止所得到的整体最优解为 $\vec{h} = (h_1, h_2, ... h_n)$，称为全局最优解。各粒子根据公式进行迭代操作，不断更新自己的速度和位置。

$$\vec{x}_i^{j+1} = w\vec{x}_i^j + c_1 r_1^j \left(\vec{s}_i^j - \vec{x}_i^j \right) + c_2 r_2^j \left(\vec{h}^j - \vec{x}_i^j \right)$$

$$\vec{x}_i^{j+1} = \vec{x}_i^j + \vec{v}_i^{j+1}$$

其中，w 为非负常数，称为惯性权重，为保持粒子原本的运动速度；c1，c2 为非负常数，称为学习因子，为粒子向最优解方向运动的加速度；r1，r2 为 [0，1] 之间的随机数。当运动次数 j 达到最大运动次数 jmax 时粒子群停止运动。

（二）杆塔自动定位模型

传统人工进行杆塔选型定位，首先根据选择好的输电线路路径沿线的地形、气象条件等选定一套杆塔方案，然后在规划路径的平断面图上，根据设计人员的经验，假设该耐张段代表挡距，根据代表挡距制作弧垂模板，然后根据特殊杆塔（如终端杆塔、转角杆塔等）的位置，利用弧垂模板进行推算，使杆塔定位方案在满足对地最小距离要求的前提下尽可能经济，最终得到杆塔定位结果，再根据定位结果计算得到实际代表挡距，并与之前假设的代表挡距进行对比，当误差在一定范围内即可把该方案作为备选方案。但是这种定位方法需要制作较多弧垂模板，且在图上使用模板进行人工比对，较容易产生误差，费时费力。

1. 杆塔定位具有以下两个特点

（1）相邻杆塔的挡距出于安全性考虑不能相差太大；

（2）杆塔之间关系密切，其中一个杆塔的塔高、塔位、塔形发生改变，都可能产生一个新的杆塔排位方案。

粒子群算法的记忆和反馈机制，适用于处理在大规模数据中的优化问题，具有收敛速度快，并且能顾及全局的特点，因此，对于解决杆塔排位这种大规模、带有较多约束条件和离散变量的非线性规划问题非常有效。

在杆塔排位中，选定杆塔方案以后，根据杆塔的代表挡距及耐张段长度，可以得到每个耐张段的杆塔数量"a1，a2...an，"则整个规划路径下杆塔的数量为 a=a1+a2+...+an。第 j 次运动时，杆塔定位方案 $\vec{T}_i^j = (t_1, t_2 \ldots t_a)$ 中的每个 tk 元素代表该方案中的第 k 个塔，包含杆塔排位的三个要素：塔位 twk、塔高 tgk、塔型 txk，因此每个粒子的维数为 3a，每个粒子云的杆塔 k 的 twk、tgk、txk 分别根据以下公式进行转化：

$$\begin{cases} v_{tw_k}^{j+1} = w_{tw_k} v_{tw_k}^j + c_1 r_1^j \left(s_{tw_k}^j - tw_k^j \right) + c_2 r_2^j \left(h_{tw_k}^j - tw_k^j \right) \\ \qquad tw_k^{j+1} = tw_k^j + 50 \times \left\lfloor\!\left\lfloor v_{tw_k}^{j+1}/50 \right\rfloor\!\right\rfloor \\ v_{tg_k}^{j+1} = w_{tg_k} v_{tg_k}^j + c_1 r_1^j \left(s_{tg_k}^j - tg_k^j \right) + c_2 r_2^j \left(h_{tg_k}^j - tg_k^j \right) \\ \qquad tg_k^{j+1} = tg_k^j + 3 \times \left\lfloor\!\left\lfloor v_{tg_k}^{j+1}/3 \right\rfloor\!\right\rfloor \\ v_{tx_k}^{j+1} = w_{tx_k} v_{tx_k}^j + c_1 r_1^j \left(s_{tx_k}^j - tx_k^j \right) + c_2 r_2^j \left(h_{tx_k}^j - tx_k^j \right) \\ \qquad tx_k^{j+1} = tx_k^j + \left\lfloor\!\left\lfloor v_{tx_k}^{j+1} \right\rfloor\!\right\rfloor \end{cases}$$

其中，当杆塔处在起始、终端和转角处时，tw 保持不变；在其他位置时，tw 按公式运动变化，由于断面图数据是以连点成线的方式构成的，这里设置的断面图数据精度为50m，因此，在断面图上每两个相邻点之间的距离为 50m，需要处理 $v_{tw_k}^{j+1} = 50 \times \left[\!\left[v_{tw_k}^{j+1} / 50 \right]\!\right]$，保证每次塔位变化的幅度均为 50 的倍数；tw 除了受到精度限制外，还需要根据 RS 技术获得的路径沿线影像信息，判断出输电线路所经过的不可架设杆塔的点位，当 tw 处在这些点位时需要对其进行调整；当杆塔在转角位置时 tx 根据转角大小进行选择，在起始和终端位置时 tx 选择终端杆塔，在其他位置时 tx 在几种可选的直线杆塔中转换，由于 tx 为整数，所以需要进行取整；确定完 tx 后，tg 的约束范围为：tgmin ≤ tg ≤ tgmax，(tgmin 和 tgmax 为 tx 对应下的杆塔最低和最高塔高)，由于杆塔典型设计中，塔高的变化幅度一般为 3m 的倍数，所以需要对 $v_{tg_k}^{j+1}$ 进行处理为 $v_{tg_k}^{j+1} = 3 \times \left[\!\left[v_{tg_k}^{j+1} / 3 \right]\!\right]$，保证每次杆塔高度变化后均可以找到对应塔型塔高的数据资料；$s_{tw_k}^{j}$、$s_{tx_k}^{j}$、$s_{tg_k}^{j}$ 分别为粒子 $\overline{T_i}$ 在第 j 次运算时的历史最优方案在第 k 个塔处的塔位·塔高·塔型；$h_{tw_k}^{j}$、$h_{tx_k}^{j}$、$h_{tg_k}^{j}$ 为整个粒子群在第 j 次运算时的全局最优方案在第 k 个塔处的塔位、塔高、塔型。

全局最优方案和历史最优方案均以方案耗费总的杆塔重量最低为标准，目标函数：

$$W_{\text{总}} = f\left[W(t_1) + W(t_2) + \ldots + W(t_a) \right]$$

W 总越小，说明该方案经济性越高。

迭代操作中，惯性权重 w 使粒子保持一定惯性，具有拓展空间、搜索新的解的区域的能力。w 较大时，粒子扩展能力较强，能搜索到未搜索的区域，有利于提高粒子的全局搜索能力；当 w 较小时，粒子较局限于在当前区域附近搜索，粒子的局部搜索能力较强。由于杆塔排位中塔位、塔高、塔形的变化都是整数变化，且变化幅度不算特别大，这里采取分段惯性权重的方法，在迭代过程中，先选取 1 作为惯性权重，扩大搜索范围增大搜索到全局最优解的概率，在迭代超过 1/2 最大迭代次数后，选取作为惯性权重，提高算法的收敛性能。

由于杆塔定位对线路安全性要求较高，杆塔的定位需要满足导线对地最小距离检验、荷载校验和上拔校验等，因此在使用粒子群算法的过程中，每个杆塔定位方案根据公式变化后，均要进行这几项检验，只有满足这几项检验的方案才有可能成为全局最优和历史最优解。

2. 导线最小对地距离校验

架空导线与地面间需要有一定的高度距离，导线距离地面太近时，当导线下方有人或动物通过，有可能会引发触电危险，并且距离地面太近，容易被障碍物等勾到或者刮擦，造成漏电等危险，因此导线距离地面最低处需要保持最小对地安全距离，以保证本段线路的安全性。传统导线的最小对地距离检验是在杆塔定位的过程中进行的，由于这里采用粒子群算法，杆塔定位方案在随机生成和运动的过程中，只朝向全局最优和历史最优两个方向运动，运动过程中不会考虑对地距离是否满足要求，因此在每次运动之后，需要校验相邻杆塔之间每个点位对应的导线高度在产生最大弧垂的情况下对地高度是否满足最小对地距离的设计要求。

3. 杆塔荷载校验

作用在杆塔上的荷载按照荷载性质可以分为永久荷载、可变荷载和特殊荷载三种，在计算时可以将它们按照作用方向分解成水平和垂直两个方向进行校验，荷载过大会导致杆塔变形甚至发生倒塔事故，因此出于安全考虑需要对杆塔进行荷载校验。杆塔的荷载校验根据方向分为杆塔水平挡距校验和杆塔垂直挡距校验，一般来说，只要杆塔的水平挡距和垂直挡距的计算值小于各自的设计挡距即可满足校验要求：

4. 杆塔上拔校验

对相邻高差较大的杆塔，在最不利的气象条件下，可能该杆塔的一侧或者两侧的导线最低点位于挡距之外，导致导线的垂直挡距变为负值，此时作用于杆塔垂直方向上的载荷是方向向上的倒拔力，因此当某一直线杆的悬点位于相邻两侧杆塔的悬点之下时，应进行上拔校验。一般采用最低温度气象条件作为杆塔倒拔的校验条件，在该条件下不会倒拔，便不会出现倒拔现象。如果产生倒拔现象，则对该塔增加 3m 塔高后重新校验。

在完成这三个校验以后，基本可以保证杆塔定位在正常运行情况下的安全性。粒子群算法杆塔自动定位具体流程如下：

Step 1：根据输电线路输送容量、沿线地形和天气情况，选定一套杆塔方案及架空导线型号；

Step2：导入输电线路中心线的断面图数据，并根据 RS 获得的地面建筑物等分布图的信息，标记出不能立塔的点位；

Step3：设计人员根据线路情况，假设代表挡距，由于输电线路杆塔定位的特点，相邻杆塔之间的挡距差不宜过大，因此根据线路长度 l 和代表挡距，设定杆塔个数 a，将线路按杆塔个数平均分为 a-1 份；

Step4：随机生成 n 个杆塔定位方案，每个方案有 a 个杆塔，对于塔位，首端、末端和转角杆塔的塔位不变，其余第 m 个杆塔的塔位在 $\left| \dfrac{m-1}{a-1} l \right|$，附近变化，m=(2...a-1)；对于塔型，首端和末端选择终端杆塔塔型，转角杆塔根据转角大小选择转角杆塔塔型，其余中间杆塔的塔型在一套杆塔方案中的直线杆塔中选取；对于塔高，根据所选择的塔型的要求，在塔型对应的塔高范围内变化；

Steps：设置方案计数器 i，运行次数 j；

Step6：判断方案 i 是否满足最小对地距离校验、荷载校验和导线上拔校验，如果均满足，则执行 Step7；如果不满足其中任一一个校验条件，则执行 Step 10；

Step7：判断方案 i 的杆塔总重量是否比方案 i 历史最优方案的杆塔总重量低，如果较低，则执行 Step8；如果较高，则跳到 Step10；

Step8：将方案 i 作为方案 i 的历史最优方案，并判断方案 i 的杆塔总重量是否比全局最优方案的杆塔总重量低，如果较低，则执行 Step9；如果较高，则跳到 Step10；

Step9：将方案 i 作为全局最优方案；

Step 10：根据公式更新方案 i 的各个杆塔的塔形、塔位、塔高及方案的运动速度；

Step 11：令方案计数器 i=i+1，并判断 i 是否大于方案个数 n，如果是的话，执行 Step 12；如果不是的话，返回 Step6；

Step 12：令运行次数 j=j+1，并判断 J 是否大于最大运行次数 jmax，如果是的话，执行 Step 13；如果不是的话，令 i=1，返回 step6；

Step 13：输出全局最优方案。

第十章　无人机影像在输电线路中的应用

第一节　无人机测绘技术特点

一、无人机测绘的特点

一直以来航天遥感和航空摄影测量在大面积地理信息获取方面都占有最主要的地位，但是在一些地形复杂、面积小、分辨率要求高的地区却无法取得较好的效果。直到无人机测绘技术的运用，这种情况才得以改变。无人机摄影测量作为一种新的测量技术与方式，在一些特定的环境中拥有广阔的运用前景，无人机摄影测量技术具有以下优势：

（一）成本低、无人员伤亡的危险

无人机的研制费用、生产成本和后期维护成本较低，操作人员培训的费用较低，故执行作业任务时的成本较低，无人机的安全性使其能够在对人体有害的恶劣环境下如发生火灾的区域也能直接获取影像，即使是由于设备意外出现故障，发生坠机对人的生命也不会造成威胁。

（二）作业方式灵活快捷，任务周期短

无人机结构简单，机动灵活，作业准备时间短，对起降产地要求不高，不需要到特定的机场；体积小，可以迅速地进行摄影测量的作业任务；可以云下飞行，特别适合在建筑物密集的城市和多云地区应用。

（三）空间分辨率高，可多角度观测

无人机搭载了精度较高的数码相机作为航拍设备进行低空摄影，获得影像地面分辨率可以达到分米级，能够运用于高精度的大比例尺地形图测绘。此外，无人机摄影还有倾斜摄影能力，能够从不同角度得到被测物的影像信息，弥补了卫星遥感和传统航空摄影在摄取城市建筑物时无法获得侧面纹理和高层建筑物的遮挡问题。

（四）受天气和地形的限制因素小

无人机飞行高度低，在云层下飞行，除非遇到雨雪和大风天气，即使在光照程度较低的阴天，也可以进行摄影测量任务。无人机可以通过无线电设备进行远距离遥控，在有毒地区、重度污染或者地质灾害地区，无人机遥感系统都可以正常的完成航测任务。

（五）高时间分辨率，针对性强

无人机摄影测量的时效性好，不受重访周期的限制，可以根据任务需要随时起降；无人机针对性较强，可以对重点目标进行长时间的凝视监测。虽然近年来无人机技术发展迅速，各项技术都在不断成熟，但无人机自身也还是存在不少缺点：

1. 影像像幅偏小，数量多

无人机摄影测量系统采用的航拍设备为非测量型的数码相机，像幅较小，同时由于无人机飞行高度较低，照片的覆盖范围小，使得所需要拍摄的相片较多，整体数量较大，使得在制作 DOM 影像时，增加了立体相对的模型数量，加大了影像匹配与拼接的工作量。

2. 姿态稳定性较差

无人机体积小，机动灵活，但是同时由于惯性较小，因此更容易受到气流的影响，造成俯仰、侧滚和航偏等姿态角的变化加剧，不仅使得所拍摄的照片倾斜角较大，还会使飞行轨迹一定程度的偏离原来规划的航线，导致相片的重叠率不一致，对后期数据处理提出了更高的要求。

3. 相片畸变较大

目前无人机遥感系统搭载的摄影设备多为非测量型普通数码相机，存在镜头畸变等问题，使得拍摄的相片会产生像点位移和形变等问题。需要在航拍前进行检校，解算出数码相机的内参数和镜头畸变系数。

二、无人机光学载荷遥感原理

无人机光学遥感载荷原理主要包括传感器原理、多角度摄影原理、摄影导航与控制系统原理、数据存储与传输原理等内容。

（一）传感器原理

无人机光学传感器按成像波段可分为：全色黑白、可见光彩色、红外和多光谱传感器。按成像方式可分为：线阵列传感器和面阵列框幅式传感器。按相机用途可分为：量测式相机和非量测式相机。由于无人机受到载荷和成本的限制，往往采用非量测式的可见光框幅式相机，即一般市面上常用的卡片机或单反相机。

无人机框幅式传感器的测绘原理为小孔成像原理，即摄影测量中的共线条件方程—像点 a，像点对应的地面点 A 和相机透镜 s，三点在空间同一条直线上。如果已知相机的内参数和相机的外方位—位置与姿态，就可以根据相片的像点 a，采用共线条件方程进行立体交会求出感兴趣的地面坐标 A，计算公式如下所示：

$$x - x_0 = -f \frac{a_1(X - X_s) + b_1(Y - Y_s) + c_1(Z - Z_s)}{a_3(X - X_s) + b_3(Y - Y_s) + c_3(Z - Z_s)} = -f \frac{\overline{X}}{\overline{Z}}$$

$$y - y_0 = -f \frac{a_2(X - X_s) + b_2(Y - Y_s) + c_2(Z - Z_s)}{a_3(X - X_s) + b_3(Y - Y_s) + c_3(Z - Z_s)} = -f \frac{\overline{Y}}{\overline{Z}}$$

$$\begin{bmatrix} \overline{X} \\ \overline{Y} \\ \overline{Z} \end{bmatrix} = \begin{pmatrix} a_1 b_1 c_1 \\ a_2 b_2 c_2 \\ a_3 b_3 c_3 \end{pmatrix} \begin{bmatrix} X - X_s \\ Y - Y_s \\ Z - Z_s \end{bmatrix} = R^{-1} \begin{bmatrix} X - X_s \\ Y - Y_s \\ Z - Z_s \end{bmatrix}$$

其中像点 a 为 (x，y)，像平面上主点为 (x0，y0)，地面点 A 为 (X，Y，Z)，相机透镜位置为 (XS，YS，ZS)，R 为旋转矩阵，用于确定相机姿态。地面点 A 和像点 a 通过传感器联系到一起。

无人机遥感虽然与传统摄影测量的方式相近，但也有自身的特点。主要包括：

1. 传感器镜头畸变

无人机一般对载荷有要求，故传感器重量不可能太大，往往使用的是非量测相机，造成相机存在严重的畸变差，如采用传统的摄影测量方式，需要对其进行校正。校正方法可以使有室内相机标定的方法，求出畸变模型的系数。

常用的畸变模型系数可用下列公式表示：

$$\begin{pmatrix} x_d \\ y_d \end{pmatrix} = L(\tilde{\gamma}) \begin{pmatrix} x \\ y \end{pmatrix} + \begin{pmatrix} p_x \\ p_y \end{pmatrix}$$

其中，$(x，y)^T$ 表示无畸变的理想像方坐标；$(x_d，y_d)$ 表示包含畸变的像方坐标；$\tilde{\gamma} = \sqrt{x^2 + y^2}$ 表示径向距离；$L(\tilde{\gamma}) = 1 + k_1 \tilde{\gamma}^2 + k_2 \tilde{\gamma}^4 + k_3 \tilde{\gamma}^6$ 表示径向畸变；$p_x = 2p_1 xy + p_2(\tilde{r}^2 + 2x^2)$，$p_y = 2p_2 xy + p_1(\tilde{\gamma}^2 + zy^2)$ 表示切向畸变。

检校完成后，将每张相片带入到畸变模型中去，即可完成内参数检定，得到像点在像平面坐标下的坐标。近年来，由于计算机视觉技术的发展，通过 SFM(Structure From Motion) 技术，可以在无人机影像处理和相片三维建模过程中，将相机内参数作为附属信息同时标定出来。在无检校参数并且精度要求不高的情况下，可以进行无人机相机的标定。

2. 无人机影像全自动匹配

相对于传统有人飞机，无人机多在低空飞行。因其质量相对都比较轻，在受到风速的影响时会使飞行平台的不稳定性变差，使得无人机影像在进行全自动影像匹配时会出现以下问题：

（1）影像的航向重叠和旁向重叠变化较大，算法无法确定搜索的范围；

（2）相邻影像间的旋偏角大，难以进行灰度相关；

（3）飞机的飞行高度、侧滚角和俯仰角变化大，造成影像间的比例尺相差较大，使难以进行灰度相关。

所以，原来数字摄影测量中常用的各种灰度相关匹配方法都不太适应于低空遥感影像的全自动匹配。

3. 影像像幅小、重叠率大、数量多

由于无人机采用了带畸变差的非量测相机且畸变中绝大部分是径向畸变，因此，一般利用镜头中心部分来成像，使得无人机影像的像幅和像素没有传统相机大，一般在 5000×5000 像素以内。考虑到无人机影像像幅较小，一个测区往往需要几百甚至上千张影像，这对于影像的存储、传输和处理能力提出了更高的挑战。另外无人机平台倾斜角和旋偏角较大，影像并不能按照事先设定的航线保证重叠度，故往往为了成像时的重叠度和处理时的几何稳健性，加大重叠度，以保证相片之间的连接性。

（二）多角度摄影原理

无人机遥感的主要目的是测绘被摄地区的地面信息，形成各种数字地理信息产品，并进行三维建模。由共线条件方程可知，一张相片可以得到地面点对应的像点坐标，并由此列出两个方程。而未知数是地面点坐标，含有三个未知数，故一张相片在没有其他因素约束条件下，利用无人机遥感无法解得地面点坐标。地面点三维信息的求解，可以利用已知地区的 DEM 或利用其他遥感和地理信息手段获取三维信息，联合求解地面点坐标。求解地面点的三维坐标常用的方法是利用相邻摄站上拍摄的相片，采用空间前方交会的方法计算地面点的坐标，如图 10-1 所示。

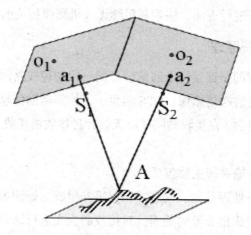

图 10-1 空间前方交会计算地面点坐标

已知地面点 A 在射线 a1s1 上，这时 A 也在另一张照片上成像，故其也在 a2s2 上，它们在理论上相交于空间一点，即我们要求的地面点 A。由于误差的原因往往会造成它们并不能相交于一点，这种情况下我们可以利用最小二乘法求解；用基线与高程方面的平面三角形进行交会，即 X 方向和 Z 方向。在计算机视觉中，除上述方法以及考虑地面点误差外，

还考虑了像点可能匹配的误差而造成三角形无法交会的因素，采用了黄金三角形交会法。无论我们采用什么方法都要确保测区内地面点在两张影像上，估测区内至少有两度重叠。由于无人机遥感摄影时重叠度较大，往往地面点会有更多的重叠。这时采用最小二乘或其他方法求解地面点，由于观测数量的增多，精度和稳健性都会有所提高。多角度摄影原理就是基于此发展起来的。特别是近年来利用航摄像片进行城市三维建模的发展，倾斜摄影方式成为一种新型的无人机光学成像方式。

（三）摄影导航与控制系统原理

无人机摄影导航与控制系统负责无人机的飞行航线、飞行时平台姿态、飞行速度与曝光时间等参数，用于按照事先规划好的航线执行飞行任务。无人机航线规划一般采用之字形或几字形飞行方式，根据影像的 CCD 尺寸、镜头焦距、航高和影像重叠度，设置摄影基线长度。如图所示，一个红点表示一个摄站位置，即相片位置。航线一经规划完成，无人机将严格按照规划路径飞行。飞行时根据导航信息自动选择曝光时间，同时控制飞控系统保证在最佳的姿态和速度下进行摄影成像，并将导航信息保存，用于后续的影像处理。

（四）数据存储系统原理

无人机存储系统主要是指机载存储控制单元用于存储影像数据和对应各张影像的飞行信息数据，包括飞机的 GPS 信息、IMU 中飞机姿态 POS 信息、飞行速度、成像的曝光时间等信息。数据的组织形式按时间顺序存储，一般常用的照片格式为 jpg，有的无人机影像中附带有 EXIF 信息，可为后续无人机影像处理提供相机内参数信息。其他信息可采用文本、XML，或系统自定义的格式进行磁盘存储写入工作。一般存储照片命名方式为字母加数字顺序存储，方便进行查阅、检索和后续无人机影像相关的处理和使用。

（五）数据传输系统原理

无人机传输系统使用的是连接两个通信节点的一段物理线路而中间没有任何其他的交换节点数据链路系统。发射端将影像、GPS 信息、飞控等辅助信息经过处理转化为信号，输出给发射机并由天线发射。在接收端同样由天线经过接收机接收，并由调制解调器解码，得到基带信号上的信息。

无人机的空地数据传输系统主要包括：

1. 机载设备，由任务处理单元、伺服器和传感器组成。处理单元负责收集、整理和记录飞机的各项参数，然后成报文发向地面，对接收的报文进行译码，改变飞行参数，并通过伺服系统控制飞行状态。

2. 数据链设备，包括调制解调器、发射端和接收端，对内容进行发送和接收。

3. 地面监控系统包括：模式控制模块、信息处理模块和图形显示模块。主要功能是将数据信息以图像的方式显示在终端设备上。

（六）系统集成原理

低空无人航摄系统是集成了无人机平台、数码相机、航迹规划、相机检定技术于一体的软硬件系统。无人机数据包括飞行控制数据、姿态位置数据和有效载荷数据。飞控数据量少，突发性强，不能有丝毫的差错，要求具有实时性和较强的容错和纠错能力。低空无人机飞行器摄影系统的空间位置和姿态角对平台的稳定控制与导航起着关键作用，直接影响图像的质量，所以无人机系统直接决定了无人机的性能指标。无人机系统集成包括无人机平台、飞行控制系统、嵌入式控制系统和地面站系统软件4个主要部分。

三、无人机航摄作业与数据处理

（一）无人机航摄作业流程

1. 航摄作业关键技术

（1）摄影导航与控制系统

航摄自主导航与制导控制系统是低空无人机进行航摄任务的根本。自动导航与制导控制系统是由机载计算机子系统、自主飞行控制系统、航线设计和自动控制存储系统等组成。摄影导航与控制系统使无人机实现大面积自动飞行，是飞行作业航测任务规划、飞行状态实时掌控、定点曝光摄影、引导和控制无人机自动飞行，完成预定任务的关键。

无人机机载飞行控制系统主要检测无人机飞行平台各部分的协调情况，并向地面控制系统传送飞行器速度、高度、经纬度、姿态等信息。无人机的导航以惯性导航和GPS导航为主。按照功能模块划分，无人机飞行控制系统可以分为三个部分，即用于保持无人机稳定飞行的垂直陀螺、用于获取相关控制信号的接收天线和用于对无人机自主飞行进行控制的微型处理器。

（2）相机曝光同步

为了获得高质量的无人机航测数据，航摄仪传感器、GPS接收机和IMU之间通过固件连接的方式实现同步作业，通过GPS/IMU数据的联合后处理精密单点定位，获得每一个曝光点影像的高精度外方位元素。所以，无人机载传感器和GPS/IMU模块同步曝光技术一直是一个技术难点，目前尚无完美的解决方案。但是，应该采用各种补偿及改进措施来尽量减小各个模块采集数据的时间差，使这个差值在可能的条件下达到一个足够小值，这样才能保证航测数据的精度。

（3）存储系统设计

无人机遥感载荷系统在无人机飞行作业过程中会产生大量的高速遥测数据，这要求数据存储系统具有大容量、高速度、抗震性和低功耗的特点，能够实现多路高速数据并行写操作。4G无限实时传输和机载固态硬盘SSD是普遍采用的技术，其中机载SSD技术较为成熟，通过数据总线和SDRAM缓存可以直接将传感器中的数据并行写入SSD，然后传入电脑进行后续数据处理。4G 无限实时传输技术在面临广域范围情况下，存在数据丢失和运行成本高的问题，并未广泛应用于实际作业项目。

2. 航摄作业流程

无人机航摄作业流程与常规航空摄影测量作业流程基本一致，但也有些许差别，主要有以下几点：

（1）航带设计：根据成图比例尺，确定影像地面分辨率、摄影比例尺和飞行高度。设计航向旁向重叠度并确定基线距离和航线距离。

（2）选择起降场地：根据测区的地形条件选择适合测区飞行的场地。

（3）飞行前检查：设定航时，航程和飞行架次。

（4）飞行监控：实时观察航高、航速和飞行轨迹的变化；对燃油消耗量进行评估；随时查看拍摄照片的数量。

（5）数据检查：数据下载备份，检查曝光点数据，对影像质量进行评价，检查有无摄影漏洞，检查无误后提交飞行数据结果。

（二）无人机摄影数据处理技术

1. 无人机数据处理技术关键点

（1）相机检校

无人机航空摄影系统搭载的面阵 CCD 数码相机，目前国内市场上的小型非量测光学数码相机还不能达到量测相机的性能要求，如运动补偿、曝光延时、镜头几何畸变。所以为了获得高精度的影像，就必须按照严格的成像模型对 CCD 相机做内参数检校，测定每一个像元的偏移畸变量。

（2）影像拼接

影像拼接方法可分为基于像素灰度差最小化方法和基于特征匹配的方法。目前已有不少商业成熟拼接软件，如 Hugin，panorama maker，ENVI，PTGui 和 Photo Stitch 等。影像拼接分为影像相对定向参数求解和影像融合重建两部分。在影像相对定向过程中，首先要做特征提取和匹配，然后以匹配关系解算影像间变换矩阵。

（3）地面控制点布设

选择布点方案时需要考虑地形类别、成图方法和成图精度要求。此外还应考虑到实际情况如航摄比例尺，航摄平台稳定性对成像质量的影响，测区地形地貌条件，仪器设备和技术条件以及内外业任务的平衡情况等，这样才能选出较好的布点方案。

2. 数据处理流程

无人机航空摄影时，采用单镜头相机垂下对地观测获得数据。采用该方式获取的航空影像处理技术，主要是基于摄影测量专业理论。一般要求遥感影像有足够的重叠度，立体观测能连续无缝覆盖任务测区。目前无人机数据处理过程主要涉及影像预处理、空三加密、遥感影像制作等关键技术。

四、无人机摄影测量在输电工程中的应用优势

将无人机摄影测量技术运用到输电线路路径优化选线设计，具有以下优势：

1.产品更丰富。无人机影像经过处理，可获得高精度的 DEM 和高分辨率的 DOM。可直接在高分辨率的影像上进行路径初选，然后再搭建三维立体模型，对地物信息直接量测，直观的进行线路的优化，从而更加准确的开展输电线路路径优化工作。高精度的 DEM 同样可以为杆塔的设置提供了更加可靠的数据。

2.快速响应，受天气影响相对较小，可以进行云下低空摄影，因此对项目区域进行航摄时间相对自由，可及时获得项目区域最新的地理空间信息。采用无约束网平差与空三加密，可快速获得区域高分辨率影像和 DEM 数据，用于可行性研究和优化选线阶段。

3.相对传统的输电线路作业模式，无人机作业效率高、周期短、可对人工难以到达的地方进行测绘。

总之，利用无人机测绘技术的特点，可大幅度提高输电线路工程室内选线的效率。改变了传统的实地踏勘选线的工作，降低了大量的野外作业工作量。

五、无人机测绘技术在输电工程线路设计中的技术流程

（一）前期数据准备

1.无人机摄影测量所获取的正射影像图 (DOM) 和数字高程模型 (DEM) 成果数据。

2.设计收资资料整理：因电气设计人员收资资料来源渠道较广泛，诸如行政区划图、地下电缆路径图、石油管道路径图、水源保护区划图、森林保护区画图等资料，因此前期需要对所有收资资料进行数据处理，将其坐标归化至统一的坐标系统下。

3.制作全息影像地形图：将所整理的设计收资资料与影像地形图叠加，制作信息丰富的影像地形图，为路径初选提供数据依据。

4.创建大场景三维模型：利用无人机摄影测量所获取的 DOM 和 DEM 成果，创建大场景三维模型，为三维优化选线提供立体模型数据。

（二）全息影像地形图初选路径

根据设计人员需要，将设计人员收资的地形图进行拼图，从而辅助设计人员在全息影像地形图上初选路径。

（三）大场景三维模型优化选线

1.辅助路径优化：利用无人机摄影测量所获取的 DOM 和 DEM 成果，辅助设计人员进行精细化判读与室内量测，如特征点判读、建筑距离和面积量测、坡度量测等，从而合理避让重要设施，优化线路路径。

2.绘制平断面图：利用无人机所获取的高精度 DEM，在三维选线平台上，实时、准确地提取线路平断面图。

3.多路径方案比选：利用线路路径平断面图，充分考虑地形、地貌，避免大挡距、大高差、塔位地形陡峭、坡度较大，以及相邻档距相差悬殊地段，通过预排塔位进行多方案优化比选。

4.交叉跨越设计：通过点云数据对交叉跨越铁塔塔高进行净空量测，并将塔高数据导入三维选线平台中，进行交叉角量测，同时提取带有交叉跨越信息的线路路径平断面图，从而优化交叉跨越设计。

5.基于谷歌等卫星影像的突发路径变更优化选线：由于环评等因素影响，可能会突发超出航飞影像范围的路径变更，航飞补测时常难以满足工期需求，可利用谷歌等卫星影像与已有 DEM 来创建三维模型，立即开展路径优化设计工作。

（四）选线成果提交

1.输电线路全息影像路径图。

2.全息房屋分布图。

3.平断面图（ORG，DXF，TL，MAP，PLSCADD 等格式）。

第二节　无人机测绘技术应用关键问题

一、影像质量评价

与传统的航天影像和航空影像相比，无人机飞行高度低、视野小，获取的影像有像幅较小、数量多、部分影像质量较差等问题，为了后续无人机影像数据处理的顺利完成，必须先对无人机获取的影像进行质量评价，剔除不符合测绘成果规范的影像。

（一）影像重叠度

影像重叠度指两张相邻相片所覆盖共同区域的大小。根据飞行方式有航向重叠和旁向重叠两种，用像幅边长的百分比来表示相片重叠区域的大小。

航向重叠度计算公式为：

$$P = \frac{l_x}{L_x} \times 100\%$$

旁向重叠度计算公式为：

$$Q = \frac{l_y}{L_y} \times 100\%$$

式中，l_x，l_y 为像片上航向和旁向重叠区域的边长；L_x，L_y 为像片上像幅的边长。相比传统航空摄影测量航向重叠和旁向重叠的要求，无人机航空摄影测量的要求相对更为严格，航向重叠度一般为 65% ~ 85%，旁向重叠度一般为 35% ~ 60%。

（二）航向弯曲度及航高差

航线弯曲度是指航线两端像主点之间的连线 1 与偏离该直线最远的像主点与直线 1 的垂直距离 d 的比值，即航线弯曲度会直接影响航向重叠度和旁向重叠度，如果弯曲过大，则有可能出现航拍漏洞，按规范要求航线弯曲度不大于 3%。

航高差是反映无人机在空中拍摄时是否平稳飞行的重要指标，如果无人机空中的姿态不稳定，就会导致航高差变化过大，这时要分析不稳定的原因，是风速过大还是无人机硬件故障造成的，必要时需进行补拍。规范要求同一航线上两张相片的航高差要低于 30m，最大航高与最小航之间的差值应小于 50m，实际航高与设计航高之差应在 50m 范围内。

（三）相片倾斜角

相片倾角是指无人机相机主光轴与铅锤线的夹角。相片倾角应控制在 50。最大的不超过 120。出现超过 80 的相片数不应多于总相片数的 10%。特殊地区如风向多变的山区，相片倾角一般不应大于 80，最大不应超过 150，出现超过 100 的相片数不应多于总数的 10%。

（四）相片旋角

相片旋角指相邻两张相片像主点间的连线与沿飞行方向的两框标连线之间所夹的角度，依据规范相片旋角一般不应超过 150。相片航向和旁向重叠度都符合要求的前提下，个别最大旋角可以超过 150 但也不宜超过 300。在同一条航线上旋角超过 200。的相片数要控制在 3 张以内。

二、影像预处理

无人机航摄系统在获取区域影像的过程中，会受到地形起伏和光照不均等多种因素的影响。得到的原始图像存在噪声的干扰，由于搭载的是非量测型相机所以必须进行镜头畸变校正。为了避免图像噪声和镜头畸变的累积影响，必须首先对影像进行预处理来保证后续的处理质量。

（一）滤波处理

对数字图像去除噪声的操作称为滤波处理。图像获取的环境条件和传感元本身的质量均会对图像传感器的工作造成影响。例如，在使用 CCD 相机获取图像的过程中，由于光照强度和传感器温度的影响，图像中会产生的大量噪声。数字图像噪声的产生是一个随机过程，其主要形式有高斯噪声、椒盐噪声、泊松噪声、瑞利噪声等，可以通过利用滤波处理去噪，滤波处理的主要方法有空域滤波和频域滤波。

1. 空域滤波

空域滤波是使用空域模板（空域滤波器）进行图像处理的方法。它是基于图像的像素进行处理的一种邻域操作。空域滤波的原理是在待处理的图像中逐点地移动模板，将模板各元素值与模板下各自对应的像素值相乘，最后将模板输出的响应作为当前模板中心所处像素的灰度值。空域滤波有平滑滤波和锐化滤波两种方法。

平滑滤波主要的作用是抑制噪声并保持边缘、模糊掉小物体，从数学形态上它又可以分为线性滤波和非线性滤波。线性滤波的缺点是会造成图像边缘的模糊，因而一般常用非线性滤波器。主要功能是去除那些相对于其邻域像素更亮或者更暗的点，所以对处理椒盐噪声效果非常好。

锐化滤波的主要作用是强化图像细节，可分为基于一阶导数和基于二阶导数两类。常用的基于一阶导数锐化滤波器的算子有 Roberts 算子和 Sobel 算子，常用的基于二阶导数锐化滤波器的算子有 Laplacian 算子。

2. 频域滤波

频域滤波是将图像进行变换后，在变换域中对图像的变换系数进行滤波，完成后再进行逆变换，获得滤波后图像的一种变换域滤波。频域滤波的优点是可以有选择地让某些频率通过。目前使用最多的变换方法是傅里叶变换。由于计算机只能处理时域和频域离散的信号，处理信号之前需要进行离散傅里叶变换。

（二）镜头畸变矫正

由于无人机有效载荷重量相对于较小，因此无人机搭载的航空摄影测量设备大多是非量测型相机，镜头存在着不同程度的畸变。镜头畸变实际上是光学透镜固有的透视失真的总称，它可使图像的实际像点位置偏离理论值，破坏了物方点、投影中心和相应的像点之间的共线关系，即同名光线不再相交，造成了像点坐标产生位移，空间后方交会精度降低，最终影响空中三角测量的精度，制作的数字正射影像也同样产生了变形。镜头畸变分为径向变形、偏心变形和切向变形。

径向变形主要是由透镜的径向曲率误差造成像主点的径向偏移，且离中心越远，变形越大。偏心变形和切向变形源于装配误差，分别由遥感光学组件轴心不共线和 CCD 面阵排列误差所造成的。三种变形共同导致了遥感数字图像的畸变，图像畸变的校正模型表示为：

$$
\left.
\begin{aligned}
\Delta x &= (x-x_0)(k_1 x^2 + k_2 x^4) + p_1\left[r^2 + 2(x-x_0)^2\right] + 2p_2(x-x_0)(y-y_0) + \alpha(x-x_0) + \beta(y-y_0) \\
\Delta y &= (y-y_0)(k_1 x^2 + k_2 x^4) + p_2\left[r^2 + 2(y-y_0)^2\right] + 2p_1(x-x_0)(y-y_0) + \alpha(x-x_0) + \beta(y-y_0) \\
&\qquad\qquad\qquad r = \sqrt{(x-x_0)^2 + (y-y_0)^2}
\end{aligned}
\right\}
$$

式中，Δx，Δy 为像点改正值；(x, y) 为像点坐标；(x_0, y_0) 为像主点坐标；r 为像点

向径 k_1，k_2 为径向畸变系数；p_1，p_2 为切向畸变系数；α 为像素的非正方形比例因子；β 为非正交性的畸变系数。

校正镜头畸变的方法是：建立一个高精度检校场，检校场内的标志点坐标已知；用待检校数码相机对其拍摄，在照片上提取数个标志点的像点坐标；然后根据共线方程，将标志点的物方坐标经过透视变换反算出控制点的理想图像坐标，设为无误差的图像坐标，然后代入图像畸变校正的模型公式中，即可求出畸变改正参数，完成镜头畸变的校正。其中，建立高精度检校场是关键，检校场可分为二维和三维两种。检校场的控制点精度要求非常高，通常在亚毫米级，标靶、标杆等相关器件也是由膨胀系数极小的特殊合金材料制作。

三、空中三角测量

空中三角测量主要目的是利用少量地面控制点，快速解算出影像的定向元素及地面点坐标。主要原理是依据摄影像片与所摄物体之间存在的几何关系，加上一定量的野外控制点数据和相片上的量测数据，在室内测定出相片的方位元素。其基本过程是用连续摄取的具有一定重叠的相片，建立同实地相应的航带模型或区域模型，从而获得待测点的平面坐标和高程。

（一）航带法空中三角测量

航带法空中三角测量是把单个模型由许多立体像对所构成的，连接成航带模型，然后将其视为一个单元模型进行分析与处理。因单个模型在转变成航带模型的过程中，由于自身存在的偶然误差和残余的系统误差，也会传递累积到下一模型，这就使得组建的航带模型容易扭曲变形，因此要得到较为满意的处理效果，还需在航带模型经过绝对定向后，进行非线性改正，这就是航带法空中三角测量的思想。

1. 航带法空中三角测量主要的解算步骤为：

（1）像点坐标获取和系统误差改正。

（2）像对的相对定向。

（3）模型连接及航带网的构成。

（4）航带模型的绝对定向。

（5）航带模型的非线性改正。

单航带法空中三角测量的基本解算单元是一条航带，以此解算出待定点的地面坐标。与单航带法空中三角测量不同航带法区域网空中三角测量是以单航带作为基础，然后将几条航带或一个测区看作成整体进行解算，可以同时求得整个测区内全部待定点的坐标。其基本思想是将每条航带作为一个平差单元，以它的摄影测量坐标作为观测值，采用非线性多项式的方法，将自由网纳入待求区的地面坐标系，同时使公共点上差值的平方和达到最小值。

2. 航带法区域网空中三角测量的主要解算流程为：

（1）建立一个自由比例尺的航带网。对每条航带的模型进行相对定向与连接，然后求出摄站点、控制点和待定点的摄影测量坐标。

（2）建立松散的区域网。把建立的自由比例尺航带网逐条依次进行空间相似变换即概略绝对定向，然后拼成松散的区域网。

（3）区域网整体平差。每个航带网同时进行非线性改正平差后求出待定点地面坐标。

（二）独立模型法区域网空中三角测量

独立模型法区域网空中三角测量是将单模型或双模型作为平差计算的基本单元。因为相互连接的单模型不仅可以构成一条航带网，也可以组成一个区域网，这样就不易发生传递累积，这样就可以克服航带法区域网空中三角测量误差累积的影响，提高加密精度。

独立模型法区域网空中三角测量思想基础是：把一个单元模型（可由多个立体像对模型构成）看作是刚体，由于刚体只能平移、缩放、旋转，所以在将各单元模型公共点连成一个区域的过程中，只能通过单元模型的三维线性变换完成。在变换中要使模型间公共点的坐标和控制点的模型坐标应与其对应的地面坐标差值达到最小，并且达到平方和最小的观测值改正数，最后利用最小二乘法原理求得待定点的地面坐标。

独立模型法区域网空中三角测量的解算流程为：

1. 求出每个单元模型中模型点和摄站点坐标。

2. 利用模型中的控制点和相邻模型之间的公共点，进行空间相似变换，列出误差方程式和法方程式。

3. 建立改化方程式，按循环分块法求出七个参数。

4. 由求出的七个参数，计算出各个模型待定点平差的坐标。

（三）光束法区域网空中三角测量

光束法区域网空中三角测量以一幅影像所组成的一束光线（影像）作为平差的基本单元，基础方程为中心投影的共线方程。旋转和平移使各光线束的公共点光线实现最佳的交会，最终将整个区域纳入到已知的控制点坐标系统中去的效果达到最佳。

光束法区域网空中三角测量主要解算流程为：

1. 求得相片的外方位元素和地面点坐标近似值。

2. 根据控制点和待定点的像点坐标，利用每条摄影光线的共线条件方程列出误差方程式。

3. 逐点法化建立改化法方程式。按循环分块的求解方法先求出其中一类未知数，一般是先求得待定点的地面坐标，对于相邻影像公共交会点取其均值作为最后的结果。

（四）三种区域网平差方法的对比

分析以上三种区域网空中三角测量平差方法的平差单元可知：航带法区域网平差的平

差单元是每条航带，观测值是单航带的摄影测量坐标；独立模型法区域网平差的平差单元是单元模型作为，观测值是点的模型坐标；光束法区域网平差的平差单元是单张影像作为，观测值是影像坐标量测值。显然，只有影像坐标才是真正原始的，独立的观测值，而其他两种方法的观测值往往是相关而不独立的。

由于光束法区域网平差的与其他两种方法的区别，它的理论最为严密，解算精度最高，并且还能及时顾及系统误差的影响和引入非摄影测量附加观测值，对于非常规摄影和非量测型数码相机的影像数据特别适用，考虑到无人机遥感影像的特点和缺陷，光束法区域网平差是无人机遥感影像空中三角测量处理的主要方法。

四、图像拼接

空中三角测量平差完成后，得到了比较精确的各影像外方位元素，根据这些定向元素，采用数字微分纠正的间接法，可以得到单张航摄像片的正射影像，由于无人飞行器飞行高度低，单张航摄像片的视场范围小，需要利用图像拼接技术拼接出大区域场景的正射影像。

基于特征点匹配的图像拼接算法比较适用于无人机的自动匹配，其中最关键的问题就是如何利用计算机自动就建立两幅或多幅图像之间的匹配关系，即图像配准。图像配准通常分两部分完成：首先是特征点提取，然后是特征点匹配 Moravec，Foerstner，Harris 和 SIFT 等算法是在摄影测量和计算机视觉中应用最广泛的几种图像特征点提取算法。

（一）Moravec 算法

Moravec 算法基本思想是：用像素的四个主要方向上最小灰度方差表示该像素的兴趣值，然后在图像中选择最大兴趣值的点作为特征点，具体算法如下所示：

1. 计算各像素的兴趣值，如解算像素 (c，r) 兴趣值，是在像素 (c，r) 为中心的，n×n 的图像窗口中，求出四个主要方向相邻像素灰度差的平方和。

$$\left.\begin{aligned}
V_1 &= \sum_{i=-k}^{k-1}\left(g_{c+i_nr} - g_{c+i+L_r}\right)^2 \\
V_2 &= \sum_{i=-k}^{k-1}\left(g_{c+i_nr+i} - g_{c+i+L_r+i+1}\right)^2 \\
V_3 &= \sum_{i=-k}^{k-1}\left(g_{cy+i} - g_{cy+i+1}\right)^2 \\
V_4 &= \sum_{i=-k}^{k-1}\left(g_{c+i_nr-i} - g_{c+i+L_r-i-1}\right)^2
\end{aligned}\right\}$$

式中，k=INT(n/2)，为 n 除以 2 后取整。取其中最小者为像素 (c，r) 的兴趣值：

$$IV_{c,r} = \min\left\{V_1, V_2, V_3, V_4\right\}$$

2. 选择兴趣值比设定阈值大的点作为特征点候选点。阈值的设定应为候选点中基本包含了所需要的主要特征点。

3. 选取候选点中的极大值点为所需特征点。用一定大小的窗口内去删掉其中不是最大兴趣值的候选点，只保留最大的兴趣值，该像素即为一个特征点。

(二)Foerstner 算法

Foerstner 算法会计算得到每个像素点的两个兴趣值，然后评价这两个兴趣值来确定特征候选点。Foerstner 算法会给出特征点的类型描述，而且重复性和定位性能也比较好，是摄影测量中应用广泛的一种方法。通过计算 Roberts 算子梯度值和以像素 (c，r) 为中心的一个窗口的灰度协方差矩阵，在影像中寻找比较和圆相似的误差椭圆点作为特征点。其步骤为：

1. 计算各点像素的 Roberts 梯度

$$\left.\begin{array}{l} g_N = \dfrac{\partial g}{\partial_N} = g_{i+Lj+1} - g_{i \cdot j} \\[3mm] g_v = \dfrac{\partial g}{\partial_v} = g_{i \cdot j+1} - g_{i+Lj} \end{array}\right\}$$

2. 计算 1×1 灰度协方差矩阵

$$Q = N^{-1} = \begin{bmatrix} \sum g_N^2 & \sum g_N g_v \\ \sum g_N g_v & \sum g_v^2 \end{bmatrix}$$

其中，

$$\sum g_N^2 = \sum_{i=c-k}^{c+k-1} \sum_{j=r-k}^{r+k+1} \left(g_{i+Lj+1} - g_{i \cdot j} \right)^2$$

$$\sum g_v^2 = \sum_{i=c-k}^{c+k-1} \sum_{j=r-k}^{r+k+1} \left(g_{i \cdot j+1} - g_{i+Lj} \right)^2$$

$$\sum g_N g_v = \sum_{i=c-k}^{c+k-1} \sum_{j=r-k}^{r+k+1} \left(g_{i+Lj+1} - g_{i \cdot j} \right) \left(g_{i \cdot j+1} - g_{i+Lj} \right)$$

$$k = INT \left(n/2 \right)$$

3. 计算兴趣值 q 与 ω

$$q = \frac{4DetN}{(trN)^2}$$

$$\omega = \frac{1}{trQ} = \frac{DetN}{trN}$$

其中 DetN 代表矩阵的 N 的行列式，trN 为矩阵 N 的际，q 为像素 (c，r) 对应的误差椭圆的圆度。

$$q = 1 - \frac{\left(a^2 - b^2 \right)^2}{\left(a^2 + b^2 \right)^2}$$

其中，a 与 b 为椭圆的长、短半轴。如果 a，b 中任一为零，则 g=0，表明该点可能位于边缘上；如果 a=b，则 q=1，表明为一个圆，ω 为该像元的权。

4. 确定待定点。若感兴趣值大于阈值，则就把该点作为一个待选点。阈值为经验可参考下列值：

$T_\eta = 0.5\sim0.7$

$T_\omega = \begin{cases} f\varpi, f = 0.5\sim0.7 \\ c\omega_c, c = 5 \end{cases}$

ω 为权平均值；ωc 为权中值。当 q>Tη 且 ω>Tω 时，该像元为待选点。

5.选取极值点。根据权值臼的大小，选择比它大的作为极值点。

（三）Harris 算法

Harris 算法是一种经典的特征点提取算法，由 C.Harris 和 M.J.Stephens 在 1988 年提出的一种特征点提取算子。相比 Moravec 算子的主要优点是用一阶偏导描述亮度变化，列出自相关函数相联系的矩阵 M，M 矩阵的特征值是自相关函数的一阶曲率，如果求得矩阵 M 两个特征值都高，那么就认为该点是特征点。

Harris 算子角点检测算法的大致步骤是：

首先计算出图像亮度 I(x，y) 在点 (x，y) 处的梯度：

$\left.\begin{array}{l} X = I \otimes [-1,0,1] = \dfrac{\partial I}{\partial x} \\ Y = I \otimes [-1,0,1]^T = \dfrac{\partial I}{\partial y} \end{array}\right\}$

然后构造自相关矩阵

$\left.\begin{array}{l} A = X^2 \otimes \omega \\ B = Y^2 \otimes \omega \\ C = (XY) \otimes \omega \end{array}\right\}$

式中⊗是苍积算子；$\omega = \exp\dfrac{-\left(x^2 + y_2\right)}{2\delta^2}$ 是高斯窗平滑函数。

根据二阶实对称矩阵：

$M = \begin{bmatrix} A & C \\ C & B \end{bmatrix}$

可求得矩阵的两个特征值 λ1 和 λ2。

最后，提取特征点。当两个特征值凡和凡是极大值时，点 (x，y) 就为一个特征点。Harris 算子角点检测算法是一种比较有效的特征点检测算法，检测效率较高，常被用在图像拼接中。

（四）SIFT 算法

SIFT 算法即尺度不变特征变换算法，是 Lowe 总结了现有的基于不变量技术的特征检测方法后，提出的一种基于尺度空间的图像局部特征描述算子。该方法包括提取高斯差分尺度空间的特征点和特征点匹配两部分。

特征点提取分为三步：

1. 建立高斯差分尺度空间

将一张图像用 I(x，y) 表示，则图像的尺度空间可以表示为：

$$L(x,y,\sigma) = G(x,y,\sigma) \otimes I(x,y)$$

$$G(x,y,\sigma) = \frac{1}{2\pi\sigma^2} e^{\frac{-(x^2+y^2)}{2\sigma^2}}$$

其中，(x，y) 为图像平面中的坐标，σ 为尺度参数。

由热传寻力程：$\frac{\partial G}{\partial \sigma} = \sigma\nabla^2 G$，利用尺度 $k\sigma$ 利 σ 的差分算子逼近 $\frac{\partial G}{\partial \sigma}$ 得到：

$$\sigma\nabla^2 G = \frac{\partial G}{\partial \sigma} = \frac{G(x,y,k\sigma) - G(x,y,\sigma)}{k\sigma - \sigma}$$

由此可得到

$$D(x,y,\sigma) = \big(G(x,y,k\sigma) - G(x,y,\sigma)\big) \otimes I(x,y) = L(x,y,k\sigma) - L(x,y,\sigma)$$

$$G(x,y,k\sigma) - G(x,y,\sigma) \approx (k-1)\sigma^2\nabla^2 G$$

利用 $\sigma^2\nabla^2 G$ 中的最大值、最小值点可以在尺度空间中提取出最稳定的特征点。

2. 极值点的提取

为检测出图像高斯差分空间中的极大值与极小值点，可在每一个采样点和其八个邻点还有上下两个相邻尺度中各 9 个邻点总共 26 个像素值进行比较，极值点就是其中最大或最小值点。

3. 剔除边缘像素点

在图像的边缘处高斯差分函数也会产生很强的反应，要得到较为准确的效果，就必须对图像检测出的边缘像素点进行去除。在极值点处计算 Hessian 矩阵：

$$D = \begin{bmatrix} I_x^2, I_xI_y \\ I_xI_y, I_y^2 \end{bmatrix}$$

如果求得的两个特征值相等则为特征点，否则为边缘点。

第三节　优化选线平台功能设计与实现

三维优化选线系统 (3DS-Route) 是采用三维 GIS 平台 Skyline，以数字式摄影测量技术为核心，融合了遥感、空间定位、地理信息处理、输变电勘测、输变电设计等多项技术。总体设计思路是基于 Skyline 三维软件平台，以卫星和航空摄影测量技术获得的正射影像和 DEM 数据为基础，构建真实的三维可视化场景。使系统可用于各等级的高电压输电线路在勘测设计阶段的方案选择、路径优化，平断面量测、交互式设计排位，线路的三维漫游和设计方案的评价。系统的功能模块主要包括：多源数据处理模块、优化选线模块、交互式设计排位模块、三维漫游巡检模块和成果输出模块。系统结合了多位开发人员的设计理念，本章只对本人参与的模块设计进行主要的介绍。

系统开发的界面设计是利用 Dev Express 插件中的控件来设计完成的。Dev Express 开发的控件功能丰富，操作简便快捷。它的一些菜单栏控件比 Visual Stodio 2012 开发环境提供的基本控件更具有代表性。DevExpress 插件中有一些高级控件是零代码的，非常适合初学者进行开发使用可节约大量的开发时间。

一、多源数据处理模块

多源数据处理模块的主要功能是利用卫星和航空摄影所得到的正射影像数据和 DEM 模型快速搭建立体模型，得到具有可量测的三维可视化立体模型。创建输电线路路径优化设计的立体环境，是多源数据处理模块的核心技术。采用立体匹配片的原理可将正射影像 (DOM) 和数字高程模型 (DEM) 进行有机的结合。立体匹配片的思想是将 DEM 的高程数据转换为视差值，在叠加正射影像图来产生立体效果。以一角度为 a 斜光束照射到地面点 P 为例，它相对于投影面的高差为 ΔZ，该点的正射投影为 P0，斜平行投影为 P0 正射投影得到正射影像，人造左右视差值 ΔX 为：$\Delta X = \Delta Z \times \tan \alpha = k \times \Delta Z$，其中 $k = \tan \alpha$，该人造视差值直接反映了实地高差的变化，斜平行投影得到立体匹配片，立体观测得到左右视差 $\Delta P = P1P0$。

由于斜平行投影光束与 XZ 面平行，这就使立体匹配片和正射影像上同名点坐标只有左右视差，而无上下视差，创造了立体观测所需的基础条件，从而达到三维立体设计的量测环境。在影像上进行立体量测时，即可得到图上任意点的平面坐标和高程值。

立体匹配片实现了地形的三维可视化与量测功能，为后续的工作创造了基础，是系统功能实现的关键技术。

在系统中的实现流程为：导入正射影像和对应的 DEM 文件，指定视线的夹角，创建 OST 模型。数据来源可以是航空影像、基础测绘成果数据、卫星遥感影像和无人机数据。一般情况下，若导入的是卫星正射影像数据，视角应设置为 5，传统航空摄影正射影像数据，视角设为 30。本工程采用的是无人机数据，视角设为 20。

二、优化选线模块

优化选线模块是系统的主体模块。优化选线的模块的主要功能是将电力设计人员初选的路径导入到立体模型中，即可看到线路在图形中的实际位置，带上偏正光眼镜可以观看到图像的三维立体效果，可以任意查询直线距离、坡度与线的夹角，在图上优化所选位置。导入规划、可研线路、采集线路断面；采集房屋、植被、河流、交叉跨越等地物；路径节点修改与；地物的种类、数量、拆迁量等统计；实时显示路径各转点的坐标、累距、旋转角度、根开等；立体窗口还可以加载专题数据图层如地质环境、地质灾害环境、水文气象、外业调绘等专业数据。

（一）模块设计关键技术

优化选线模块中要实现的功能角度，每一个功能开发的难易程度也不一样，所以就不对每个功能的实现过程逐一进行说明，只对开发过程中比较重要的功能或者技术环节进行论述。主要介绍系统开发过程中的几项关键技术。

1. 信息树遍历

信息树的遍历主要有两种遍历：对信息树中的每个对象进行遍历的完整遍历和对遍历该组以内的对象的用户选择的组内的非组对象遍历。完整遍历，采用递归方法从信息树中自上往下对每个对象进行遍历，每个对象可以是一级对象，也可以是组。组里有可能会产生二级对象，然后对二级对象也进行从上往下的遍历，若二级对象为组，则对该组内的对象再进行遍历，循环反复，直到遍历该信息树的最后一个对象为止。第二种遍历是用循环的进行式遍历，先寻找到选择组的第一级子节点，再对该组内的非组对象依次进行遍历，直到寻找到该组内的最后一个元素对象。

2. 属性页面动态生成

在优化选线处理模块中需要经常对图像上的地物属性信息进行查询，如查询任意两点之间的距离、角度和房屋面积统计，都需要有属性页面来显示查询的结果。由于所查询的地物结果不同，想要展示的属性信息字段也不一致，这就需要针对每种类型的地物信息来单独定制属性页面。如果单独定制属性页面就会变得比较麻烦加大工作量。所以，针对这种情况可以采用针对不同类型的对象动态生成页面来显示查询结果。

（二）模块功能实现

1. 距离量测：单击"工具"菜单下的"距离量测"，然后用鼠标左键点击量测的起点，移动鼠标，在用户区中即可实时显示现在所在点到起点的距离，单击左键可设置线段拐点，单击右键结束此次测量，但程序仍处于距离量测状态，可继续进行第二次量测，再次单击右键退出距离量测状态。

2. 高程差量测：单击"工具"菜单下的"高程差量测"，然后用鼠标左键点击量测的起点和终点，系统在用户区中自动显示两点间距离、高程差和坡度。

3. 边线距离量测：单击"工具"菜单下的"边线距离量测"，然后用鼠标左键点击需要测量的点，系统在用户区中自动显示该点到中心线和两条边线的距离。

4. 多边形面积量测：单击"工具"菜单下的"多边形面积量测"，然后用鼠标左键绘制需要量测的多边形，用户区中会实时显示当前绘制的多边形面积。

5. 查看角度：单击"工具"菜单下的"查看角度"，然后用鼠标左键绘制需要量测的角度，绘制顺序为角的一边、顶点、角的另一边，绘制结束后用户区中即可显示量测结果。

6.将线路范围线内的地物人工采集完毕后，选中该线路，单击"工具"菜单下的"缓冲区统计"，即弹出"以下统计结果"无显示。

三、交互式设计排位模块

交互模块的设计思想是使电力设计人员可以随时查看和比较线路的平断面，进行杆塔预排位等。同时还可以输出成其他杆塔排位软件使用的格式，如最常用道亨的格式。交互式模块重点是在预排杆塔的时候可以实时计算出杆塔对地距离、挡距、水平挡距、垂直挡距等塔位设计参数。计算公式为：

$$l_v = \frac{l_1 + l_2}{2}\left(\frac{\sigma_{10}h_1}{\gamma_v l_1} + \frac{\sigma_{20}h_2}{\gamma_v l_2}\right) = l_H\left(\frac{\sigma_{10}h_1}{\gamma_v l_1} + \frac{\sigma_{20}h_2}{\gamma_v l_2}\right)$$

式中 lv 表示杆塔的垂直挡距，单位为 m：l1，l2 分别表示杆塔两侧的挡距大小，单位为 m；h_1，h_2 分别表示与相邻档导线悬挂点的高差，单位为 m；σ_{10}，σ_{20} 分别为某一杆塔两侧导线的水平应力，单位为 N/mm²，若为直线杆塔时，$\sigma_{10} = \sigma_{20} = \sigma_0$，$\sigma_0$ 为最低点应力；γ_v 为导线自重比载，单位为 N/m·mm²，$l_H = \frac{l_1 + l_2}{2}$ 表示杆塔的水平档距，单位为 m。

通过计算即可得出在杆塔排位时的平断面图，能实时为设计人员提供线路设计中的各项参考指标，方便线路设计人员及时对方案的可行性进行判断，当出现错误的时候可及时发现和修改。

1.首先查看线路的平断面图，单击选线窗口中"工具"菜单下的"查看线路平断面图"，在断面图上立塔。在菜单栏点击"排位"，即弹出添加塔位的对话框，输入起始塔号，终止塔号。建立转角塔、直线塔还可以对已建立的塔位进行删除和修改，并且改变塔高塔形、K 值等属性。

2.在系统的平断面排位窗口中，平面部分显示的信息为范围线内采集的地物和线路转角度，断面部分显示的信息为线路中心线、边线和风偏线。

四、三维漫游巡检模块

三维漫游巡检模块是利用 Skyline 三维平台中的 Terra Explorer Pro 功能，集合正射影像数据、高程数据和电力线路设计有关的专题数据，建立一个真实的三维交互式现实环境，为电力线路选线检核提供三维地理信息平台。模块功能是在 Net2008 开发环境，利用三维GIS 组件开发包，实现三维场景的漫游操作和模型浏览等功能。

总体框架结构采用的是层次建立的思想，层次间相互独立，这样可以对系统的稳定性、实用性、可扩展性进行增强。采用 C/S 的架构模式，三维地理信息平台数据通过局域网共享式分布的方式进行访问。基本流程为：

1.创建 CVD 模型，可以通过新建测区模型，也可导入已有 CVD 数据。并且在此模型基础上可继续导入相邻的 CVD 模型，可实现多个测区的三维显示。

2. 在模型上导入塔位数据文件、线路设计文件并可以设置塔的颜色、塔形，修改呼高、弧垂系数、旋转角等参数。还可以导入测区内已建立的电力线路数据文件，查看交叉跨越设计。载入点之记，选择飞行漫游的起止电塔、飞行的高度、速度及倾角，点击"开始飞行"即可查看设计线路房屋是否避让，导线是否贴地等线路设计关键点，确保线路设计成果真实可靠。

五、成果输出模块

在文件菜单下可选择导出各种选线成果。可以导出选中地物、转角线路文件、线路平断面图，还可以在系统主界面的工具菜单中导出航带图与塔基地形图。

六、系统特点

本系统具有以下特点：

1. 通过长期的经验积累和技术储备，根据从工程需求出发，结合线路勘测设计的特点，建立了该选线系统。将传统的二维、静态、平断面孤立的工作模式，转变为三维、动态、平断面交互的内外业一体化、勘测设计一体化工作模式。

2. 传统选线的数据来源单一，系统实现了优化选线的信息化、多源化转变。多种数据源融合配准，数据的来源可以是高分辨率的卫星影像数据，也可以是航空遥感数据。现在还可以使用无人机航摄测量影像数据。系统将不同来源的数据进行融合，实现了影像、地形和属性信息的三维可视化。

3. 突破了传统的单个小场景模型的选线模式，实现了优化选线的全局化。由于来源数据一般都是高分辨率影像，涵盖范围广，所以数据的大小都有几十 G，甚至有时会达到上百 G。本工程的数据来源是无人机处理的正射影像数据和 DEM 数据，数据总共大小有13G，面对庞大的数据处理与存储，系统采用分块管理模式，即将立体模型场景分块调入，既保证了工作效率，又实现了大场景立体模型的优化选线。

4. 突破了传统的二维、静态的选线模式，实现了多维、多向、动态的线路优化设计。传统的选线模式都是在中小比例尺的地形图上进行，地形图的测绘一般都年代久远，不能实时更行，而且不能进行分析和统计。利用快速创建的大场景三维模型，可以对任意两点进行距离、坡度和高差量测，可以对地物和多边形进行面积统计和缓冲区信息统计，直观立体的对设计线路进行分析优化，实现了三维真实场景立体选线。

5. 突破了传统的简单、抽象的成果校核方法，实现了动态、真实的三维校核方法。传统的对于线路设计的检查，往往都是进行实地的踏勘，检测方法简单，会出现频频繁返工设计的情况，浪费了大量的时间与人力物力。系统可将优化线路导出，直接导入到建立的三维漫游场景中进行检测，模拟线路与塔的搭建，可动态检查，塔基位置是否合理，线路设计是否贴地，实现动态真实的三维漫游巡检。

6. 构建了一种便携式摄影测量系统突破了传统选线环境的局限性，实现了室内外一体化选线，实现了在三维场景中对输电线路路径进行优化设计的方案，满足了电力选线的要求，极大地减少了野外工作的时间，提高了工作效率，节约了设计成本，符合快速发展的社会对电力建设发展的需求，并且可有效地降低对周边环境的影响，适合现代社会可持续发展的目标。

结束语

　　随着电网电压等级的提高和商业化运营的大规模实施，"数字电力"不断地发展和完善，输电线路的设计研究工作又面临着新挑战。本书通过对输电线路规划设计及其三维技术的应用研究，实现了对输电线路的状态监测、动态跟踪，提高了输电线路运行效率，能够确保及时发现问题，提高状态监测效率，确保了输电线路的安全，为我国数字电力的发展与创新做出突出贡献。